Electrical Machine Analysis Using Finite Elements

Nicola Bianchi

역자소개

신흥교 (辛興教)

- 한양대학교 학사, 석사, 공학박사(전기기기 해석)
- 한양대학교 조교, 강사
- 대한전기학회 전기기기 및 에너지변환시스템 부문회 회장
- 대한전기학회 부회장, 감사
- 현 경상대학교 공과대학 전기공학과 교수

전기기기에서의

유한요소법

I. 기기 특성 해석

NICOLA BIANCHI 지음 | 신흥교 역

도서출판 홍릉

ELECTRICAL MACHINE ANALYSIS USING FINITE ELEMENTS

by NICOLA BIANCHI

전기기기에서의

유한요소법 I. 기기 특성 해석

인 쇄: 2020년 2월 17일 초판 1쇄
발 행: 2020년 2월 24일 초판 1쇄

역자와의 협의하에 인지생략

저 자: NICOLA BIANCHI
역 자: 신흥교
발행인: 송 준
발행처: 도서출판 홍릉
주 소: 01093 서울시 강북구 인수봉로 50길 10
등 록: 1976년 10월 21일 제5-66호

전 화: 02-999-2274~5
팩 스: 02-905-6729
e-mail: hongpub@hongpub.co.kr
http://www.hongpub.co.kr
ISBN: 979-11-5600-733-3(93560)

정 가: 25,000원

낙장 및 파본은 구입처나 본사에서 교환하여 드립니다.

Translator's Preface

편미분 방정식의 수치해법인 유한요소법이 항공역학에 적용된 이래 지금은 공학의 전 분야에 걸쳐 거의 만능인 해석 도구로 자리매김하였다. 전기공학에서도 마찬가지로 전기기기의 해석에 유한요소법이 필수 도구로 사용되고 있다. 그런데 지금의 전기기기의 특성 해석에 관련된 상당수의 연구자들이 유한요소법 이론의 이해는 도외시하고, 소프트웨어 패키지의 사용법에만 익숙해 있다는 문제점이 있다. 더욱이, 전자장 이론에 대한 이해가 부족하여 유한 요소 해석 결과에 대한 전자기적 및 물리적 의미의 이해에 어려움을 겪는 연구자도 상당히 많다고 느끼고 있다.

이러한 유한요소법을 이용한 전기기기의 해석에 대하여 다룬 우리 말로 된 저서가 고 임달호 교수님의 집필에 의해 "전기계의 유한요소법"이란 제명으로 34년 전인 1985년에 출판되었다. 하지만 그 저서는 관련 수학 이론이 너무 어렵게 표현된 듯하여 지금 수학하는 연구자들이 읽고 내용을 이해하기에는 어렵거나 불편하다고 느끼는 것 같아 읽어서 비교적 쉽게 이해할 수 있는 우리 말로 된 전기기기에서의 유한요소법 응용에 관한 내용을 다룬 교재의 필요성을 절감하고 있었다.

그러던 중 이탈리아 Padova 대학의 N. Bianchi 교수가 2005년에 출판한 저서 "유한 요소를 사용한 전기기기 해석(Electrical Machine Analysis Using Finite Elements)"을 약 5년 전에 발견하였다. 이에 이 저서를 본 역자가 재직하고 있는 경상대학교에서 전기기기 해석 전공의 대학원생용 교재로 수년간 사용하며 내용을 검토한 바 있다. 이 저서는 유한요소법과 전자장 이론에 관한 내용은 최소한의 기본적인 사항만을 비교적 간략하게 다루고, 유한요소법을 적용한 전기기기의 해석을 위주로 설명하고 있다. 더구나 이 저서는 출판된 지 이미 15년 정도가 되었는데도 불구하고, 내부 (내장, 매립, 매입) 영구자석 동기전동기(Interior Permanent Magnet Synchronous Motor, IPMSM), 자기저항형 (릴럭턴스) 동기전동기(Reluctance Synchronous Motor, RSM), 표면 장착 영구자석 전동기(Surface-Mounted Permanent Magnet Motor, SMPMM), 스위치드 릴럭턴스 전동기(Switched Reluctance Motor, SRM) 등 요즈음 많이 연구되고 응용되고 있는 전기기기 모델들을 다양하게 다루고 있다. 이에 이 저서가 전기공학과 대학원의 초급 유한요소법 응용 교재 또는 전기공학과 학부 고학년의 전자장 수치해석 교재로 적당하다고 생각되어 차제에 번역서의 출판을 마음먹게 되었다.

그런데 이 저서는 유한요소법에 의한 전기기기의 해석을 다루고는 있지만, 해석 결과의 기기 특성 검토에만 너무 치중되어 있고 전기기기의 해석에 있어서 필수적으로 포함되어야 하는 비선형 자기 특성, 영구자석의 처리, 와류의 계산, 시변 문제의 모델링 등과 같은 전자기적 특성의 처리 방법에 대한 설명은 모두 참고문헌으로 미루고 있다. 이로 인해 번역을 완료한 후 유한요소법에 의한 전기기기 및 전자장 해석에 관한 전반적인 이해를 위해서는 이 저서만으로는 상당히 부족함을 크게 느꼈다.

한편, MAGSOFT사의 유명한 전자장 수치해석 소프트웨어인 FLUX2D의 개발에 크게 기여한 미국 Rensselaer Polytechnic Institute: RPI)의 S. J. Salon 교수가 1995년에 출간한 "전기기계의 유한 요소 해석(Finite Element Analysis of Electrical Machines)"도 Bianchi 교수의 저서가 출간되기 전 수년간 대학원생용 교재로 사용하였지만 실제 전기기계 모델에 적용한 예가 상당히 부족하다고 느껴 번역서의 출판은 생각하지 않고 있었다. 하지만 이 저서는 유한요소법 이론은 Galerkin 법 만을 매우 간략하게 소개하고, 비선형 자기 특성, 영구자석의 처리, 손실, 저항, 인덕턴스 및 힘과 토크의 계산, 시간 영역 모델링, 공극 요소 기법, 그리고 축대칭 문제 등 자계형 에너지 변환 장치에서 필수적으로 다루어야 하는 내용을 간략하면서도 쉽게 설명하고 있다. 따라서 Bianchi 교수의 저서를 접한 후 이 두 저서가 전기기기의 유한 요소 해석이라는 같은 주제에 대해 서로 부족한 점을 보완할 수 있다고 느꼈다. 물론, 동기기 및 유도기의 해석에 관한 내용은 두 저서의 내용이 중복되는 것처럼 보인다. 하지만 Bianchi 교수는 주로 해석 결과로부터 유추되는 기계 특성을 검토하고 있는 반면, Salon 교수는 이들 기계의 해석에 유한요소법을 적용하는 기법에 대한 설명을 주로 하고 있어 실제로 내용이 중복되는 부분은 거의 없다고 해도 과언이 아니다.

이에 따라 본 역자는 두 교수의 저서를 하나의 시리즈 번역서로 묶어 Bianchi 교수의 저서를 "전기기기에서의 유한요소법: I 기기 특성 해석", Salon 교수의 저서를 "전기기기에서의 유한요소법: II 자기 특성 해석"이라는 제명으로 2권의 책으로 출간하기로 하였다.

원서에 포함된 오류나 부정확한 표현은 적절하게 수정하여 번역하였다. 또한 원저자의 서술 의도를 그대로 살리고자 가능한 한 의역은 피하고 직역하려고 노력하였다. 문맥이 매끄럽지 못하거나 내용 속에 포함되었을지도 모를 잘못되었거나 부정확한 번역은 전적으로 본 역자의 부족한 능력 탓이다. 혹시 그런 부분이 있더라도 독자 여러분들의 너그러운 이해를 바라며, 아낌없는 지도를 부탁드린다.

그리고 이 역서는 당초 국한문 혼용으로 집필하여 출판하고자 하였다. 우리는 지금 한글 전용의 시대에 살고 있기는 하다. 하지만, 본 역자의 사견으로는, 우리말 단어의 70% 정도가 한자어에서 유래되었는데도 불구하고, 한자를 아예 배우지 않고 사용하지 않음으로 인해 한자를 모르는 일반인들이 일상 생활에서 사용하는 말에서 조차 단어의 의미를 잘 몰라 많이들 어려워하고 있다는 점을 절실히 느끼고 있다. 특히, 전공 용어의 경우에는 한자의 의미를 생각하지 않으면 용어 자체를 이해하지 못하여 내용의 파악이 불가능하게 될 수도 있어, 한자의 사용이 반드시 필요하다고 생각한다. 하지만 국한문 혼용으로 작성된 원고를 학생들에게 읽어보도록 한 결과, 한자를 몰라 읽을 수 없어 매우 난감해함을 보고 하는 수 없이, 한

글로 다시 작성하고 중요한 전공 용어와 의미의 이해를 위해 필요하다고 생각되는 단어는 괄호 속에 한자를 병기한 형태로 원고를 다시 만들었다.

이 역서가 전기기기 해석, 설계 및 제어를 다루는 학생, 연구자 및 산업체 종사자들에게 다소나마 도움이 되는 좋은 참고 자료가 되기를 바란다.

끝으로, 이 교재가 학부생을 위한 기초 또는 필수 교재가 아니어서 출판 부수가 많지 않을 것임에도 불구하고 흔쾌히 출판을 결정해 주신 홍릉과학 출판사에게 깊은 감사를 드린다.

2019년 7월

역자 신 흥 교

Bianchi's Preface

오랜 기간 동안 강좌 "전기기기의 설계 방법론(Design Methodology of Electrical Machines)"은 전기 응용을 겨냥한 전기공학의 교육 과목이었다. 이것은, 전기-기계 설계에 대한 다년간의 경험을 기반으로 한, Luciano Merigliano 교수에 의해 다루어진 주제와 교육 과목의 조직 둘 다에 의한 것이다.

강좌의 실험실 활동은, 그 당시 몇 년 동안의 책임 선생이었으며 교육 과목 혁신의 영예가 주어진, Silverio Bolognani 교수의 감독에 따라 그와 함께 1996년에 시작되었다.

이 책은 강좌 "전기기기의 설계 방법론"의 몇 가지 실험실 실습을 기록한다. 목적은 유한요소법의 핵심 개념을 고찰하는 동시에, 전기기기의 해석에 이 방법을 응용하는데 있어서의 유의점에 집중하는 것이다.

강좌가 시작된 지 얼마 지나지 않아, 학생들이 유한요소법에 의한 전기 및 자기 장치의 해석을 설명하는 교재의 필요성을 이야기하였다. 덧붙여, 정밀한 해석을 요구하는 전기기기 산업체도 또한 그러한 교재가 필요하게 되었다. 이것은 전자장 문제의 유한 요소 해석을 위한, 웹(Web)에서 바로 허용되는, 소프트웨어 프로그램의 대중화의 결과였다. 그들 중, 몇 가지 잘 알려진 패키지는 ANSYS, CAMEDA, FEMM, FLUX, MAXWELL, MEGA, QFIELD, 그리고 VECTOR-FIELD 등이다.

이 교재의 첫 번째 초고는 Padova 대학교의 전기공학과 학생들을 위하여 2001년에 이탈리아어로 출판되었다. 그것은 또한 이탈리아의 다른 대학교들과 몇 개의 산업체에서 채택되었다. 현재의 이 교재는, 약간의 개정과 함께, 본래는 같은 책의 이탈리아어 판의 번역판이다.

이 책은 위에서 설명한 목적에 합치하도록 구성되었다. 전기기기의 유한 요소 해석에 관한 여러 가지 예제가 다루어졌다. 융통성 있는 취급을 위하여, 여러 장에서 의도적인 약간의 반복이 이루어졌다. 좀 더 쉽게 읽을 수 있도록 하고 서장을 여러 번 보는 것을 피할 수 있도록, 다소의 이론적 개념, 수치 기법, 그리고 시뮬레이션 법이 여러 장에서 차례로 서술되었다.

이해를 돕기 위한 목적으로, 몇 가지 전기공학의 원리와 전기기기의 개념이 때때로 재검토되었다. 더욱이, MATLAB 또는 BASIC 소프트웨어를 사용하여 쓰여진 간단한 수치 앨고리즘도 또한 서술되었다. 그것들은 장 해석 결과의 처리와 자동 계산 과정의 예이다.

끊임없는 관심과 변치 않는 가르침을 주었을 뿐만 아니라 기술적인 분야에서 이끌어주신 나의 두 관대한 선생 L. Merigliano 교수와 S. Bolognani 교수에게 감사드린다. 이 교재의 완성에 불가결한 도움을 준 나의 친구이자 동료인 F. Dughiero 교수와 A. Tortella 박사에게도 또한 감사드린다. 마지막으로, 활발한 호

기심과 근면한 연구로 이 교재의 개선에 중요한 기여를 한 나의 학생들에게도 적지 않은 감사를 드린다.

Nicola Bianchi

The Author

Nicola Bianchi, Ph.D.는, 만점과 칭찬을 받으며, 1991년에 Padova 대학교에서 전기공학의 Laurea 학위를 받았다. 그의 Laurea 학위 주제는 동기 릴럭턴스 전동기의 전기-기계적 해석과 설계에 관한 것이다. 그 논문은 1991년에 AEI(이탈리아 전기 협회, Italian Electrical Association)로부터 신진 연구자에 대한 "Stefano and Flora Bodoni" 상을 수여받았다. 그는 1995년에 논문 제목 "PM Motors for AC Drives: Electromagnetic Analysis and Innovative Design Procedures" (이탈리아어)로 Ph.D. 학위를 받았다.

1998년부터, 그는 Padova 대학교 전기공학과의 Electric Drives Laboratory에서 조교수로 근무하였다. 그의 연구 활동 분야는 성능 해석, 정수 결정, 그리고 통상 및 혁신 기계를 포함한 전동기의 설계 과정의 개선, 유한요소법과 함께 최적 기법의 사용에 의한 설계 등에 관한 것이다.

1998년부터, 그는 IEEE 및 Electric Machines Committee의 회원이다. 그는 기술 논문(technical transactions), 잡지(journals) 및 학술대회(conferences)의 기술 심사위원이다. 덧붙여, 그는 같은 분야의 다양한 학술대회에서 위원장으로 봉사해 왔다.

2002년에 그는 이학 분야 "Electrical Machines, Drives and Converters"의 부교수로 승인되었다.

그는 Electric Drives Laboratory와 지역 산업체 사이의 전동기와 구동회로의 해석과 설계에 관련된 다양한 연구 계획에 기여하고 있다.

Bianchi 박사는 전기기계와 구동회로의 주제와 관련된 많은 논문의 저자 및 공저자이다. Romania Brasov Poiana에서 개최된 국제 학술대회 *OPTIM 2000*(IEEE IAS 후원)에서 발표한 논문 "Design Criteria of Embedded PM Motors for Squarewave Current Control" (S. Bolognani 공저)이 "Electrical Machines and Drives" 부문에서 최우수상을 받았다.

Dedication

어린 천사 Giacomo, Chiara, 그리고 그들의 놀라운 엄마에게

"… 어떤 사람이 타국에 갈 때 그 종들을 불러 자기 소유를 맡김과 같으니. 각각 그 재능대로 한 사람에게는 금 다섯 달란트를, 다른 한 사람에게는 두 달란트를, 또 다른 한 사람에게는 한 달란트를 주고 …"

마태복음 25장 14-15절

Contents

List of Symbols

A	Tm	자기 벡터 포텐셜 (magnetic vector potential)
A_m	m^2	m-번째 유한 요소의 면적 (surface of the m-th finite element)
a	—	변환 비 (변압 비) (transformation ratio)
B	T	자속밀도 (flux density)
B_{dM}, B_{qM}	T	d-축과 q-축 기본파 자속밀도 (d-axis and q-axis fundamental harmonic flux density)
B_g	T	공극 자속밀도 (air-gap flux density)
B_r	T	자속밀도의 반경 방향 성분 (radial component of the flux density)
B_{res}	T	영구자석의 잔류 자속밀도 (residual flux density of the permanent magnet)
B_ϑ	T	자속밀도의 방위각 방향 성분 (azimuthal component of the flux density)
C	F	정전용량 (capacitance)
D	C/m^2	전기 변위 (전속밀도) (electric displacement)
D	m	직경, 공극 직경 (diameter, air-gap diameter)
D_e	m	외 직경 (outer diameter)
D	—	적분 영역 (면 또는 체적) (integration domain (surface or volume))
d	m	직경 (diameter)
d_{Cu}	m	권선 직경 (wire diameter)
E	V/m	비 전기력(전계) (specific electric force)
E, e	V	기전력(electromotive force) (EMF)
E_1, E_2	V	1차 또는 2차 권선에서 유도되는 기전력 (EMF induced in primary or secondary winding)
E_{rms}	V	실효치 전압 (RMS voltage)
$\mathbf{E}_c$	V/m	Coulomb 전계 (Coulombian electric field)
$\mathbf{E}_i$	V/m	유도 전계 (induced electric field)
$\mathbf{E}_m$	V/m	운동 비 전기력 (motional specific electric force)
F	N	힘 (force)
F_t, F_n	N	접선 및 법선 방향 힘 (면 또는 선에 대한) (tangential and normal force (to a surface or to a line))

F	—	범함수 (functional)
f	—	강제 범함수 (forcing functional)
f	Hz	주파수 (frequency)
f_r	Hz	회전자 주파수 (rotor frequency)
f_a, f_b, f_c	A	a, b, c 상의 자기 전압(기자력) (magnetic voltage of the a, b, c phases)
g	m	공극 두께 (air-gap thickness)
H	A/m	자계의 세기 (magnetic field strength)
H_c	A/m	영구자석의 보자력(항자력) (coercive force of the permanent magnet)
H_{knee}	A/m	B-H 곡선의 무릎 부에서의 자계의 세기 (magnetic field strength at the knee of the B-H curve)
H_n, H_t	A/m	자계의 세기의 법선 및 접선 성분 (normal and tangential component of the magnetic field strength)
h_w	m	권선 높이 (winding height)
h_m	m	영구자석 높이 (permanent magnet height)
h_t	m	치 (또는 슬롯) 높이 (tooth (or slot) height)
I, i	A	전류의 세기 (electric current intensity)
i_1, i_2	A	1차 및 2차 전류 (primary and secondary currents)
I_{10}	A	무부하에서의 1차 전류 (primary current at no-load)
I_c	A	각 코일에 흐르는 전류 (current flowing in each coil)
I_e	A	여자 전류 (excitation current)
I_{rms}	A	실효치 전류 (RMS current)
I_L	A	선 전류 (line current)
I_M	A	전류의 최대치 (maximum value of the current)
I_m	A	자화 전류 (magnetizing current)
I_0	A	무부하에서의 상전류 (phase current at no-load)
I_q	A	q-번째 슬롯에서의 등가 전류 (equivalent current within the q-th slot)
i_a, i_b, i_c	A	a, b, 그리고 c 상의 전류 (current of the a, b, and c phase)
i_d, i_q	A	d-축과 q-축 전류 (d-axis and q-axis current)
J	kgm^2	관성 (inertia)
J	A/m^2	전류밀도 (electric current density)
J_{sd}	A/m	직축 선 전류밀도 (direct axis linear current density)
J_{sq}	A/m	횡축 선 전류밀도 (quadrature axis linear current density)

k_B	Nms	점성 마찰 계수 (coefficient of viscous friction)
k_f	—	적층 패킹 계수 (lamination packing factor)
k_{jq}	—	j-번째 상에 대한 q-번째 슬롯의 채움 계수 (fill factor of the q-th slot by the j-th phase)
k_w	—	권선 계수 (winding factor)
L	—	일반적인 미분 연산자 (예를 들어, Laplacian 연산자) (generic differential operator (e.g., Laplacian operator))
L	m	평면 대칭인 구조의 축 방향 길이 (axial length of a structure with planar symmetry)
L	H	자기 인덕턴스 (magnetic inductance)
L_1, L_2	H	1차와 2차 자기 인덕턴스 (primary and secondary self-inductance)
L_{1m}, L_{2m}	H	1차와 2차 자화 인덕턴스 (primary and secondary magnetizing inductances)
$L_{1\sigma}$, $L_{2\sigma}$	H	1차와 2차 누설 인덕턴스 (primary and secondary leakage inductances)
L_a, M_{ba}	H	각 상의 자기- 및 상호 인덕턴스 (self- and mutual inductances of each phase)
L_d, L_q	H	d-축과 q-축 동기 인덕턴스 (d-axis and q-axis synchronous inductances)
L_{app}	H	겉보기 인덕턴스 (apparent inductance)
L_{dif}	H	미분 인덕턴스 (differential inductance)
L_{Fe}	m	평면 대칭인 기계의 실제 철 길이 (actual iron length of machine with planar symmetry)
L_M	H	유도전동기의 자화 인덕턴스 (magnetizing inductances of an induction motor)
L_σ	H	누설 인덕턴스 (leakage inductance)
l	m	선 (line)
l_g	m	공극의 중간을 지나가는 선 (line passing in the middle of the air-gap)
l_{cv}	m	통풍 채널 길이 (ventilation channel length)
l_m	m	영구자석 두께 (permanent magnet thickness)
l_{ave}	m	1 turn의 평균 길이 (average length of a turn)
M	A/m	영구자석의 자화 (magnetization of a permanent magnet)
M	H	상호 인덕턴스 (mutual inductance)
M	—	영역 내의 유한 요소의 수 (number of finite elements in

		the domain)
N	—	유한 요소의 절점의 수 (number of nodes of the finite elements)
N	A/m	전위 벡터 (전기 벡터 포텐셜) (electric potential vector)
N	—	상당 직렬 도체의 삭 (number of series conductors per phase)
N_1, N_2	—	1차와 2차 권선의 권수 (number of turns of primary and secondary winding)
N_c	—	샘플링된 점의 수 (number of sampled points)
N_{cv}	—	냉각을 위한 채널의 수 (number of channels for cooling)
N_e	—	여자 권선의 권수 (number of turns of the excitation winding)
N_{sp}	—	권수 (number of turns)
n	—	법선 방향 단위 벡터 (선 또는 면에 대한) (normal unity vector (to a line or to a surface))
n_b	rpm	기저 속도 (base speed)
n_{fw}	rpm	약 계자 속도 (일정 동(전)력 영역에서) (flux-weakening speed (in the constant power region))
n_{pm}	—	병렬 경로의 수 (number of parallel paths)
n_q	—	1 슬롯 내의 도체 수 (number of conductors within a slot)
P	—	점 P의 종속, 예를 들어, 좌표 (x, y, z) (dependence on the point P, e.g., on the coordinate (x, y, z))
p	—	자극 쌍의 수 (number of pole pairs)
p_{Fe}	W	철손 (iron losses)
p_J	W	Joule 전력 손실 (Joule power losses)
p_n	N/m^2	자기 압력 (magnetic pressure)
p_s	W/kg	비 철손 (specific iron losses)
Q	—	총 슬롯의 수 (number of total slots)
Q_r, Q_s	—	회전자와 고정자 슬롯의 수 (number of rotor and stator slots)
q	C	전하 (electric charge)
q_s	—	상당 극당 고정자 슬롯의 수 (number of stator slots per pole per phase)
r, ϑ, z	—	원통 좌표계 (cylindrical coordinates)
R, r	—	잔차 (residue)
R	Ω	전기 저항 (electric resistance)

R_r	Ω	회전자 저항 (rotor resistance)
R_g	H^{-1}	공극에 대응되는 자기저항(magnetic reluctance corresponding to the air-gap)
S	m^2	면 (면적, 단면적) (surface)
S_{Cu+}, S_{Cu-}	m^2	도체의 등가 단면적 (equivalent surface of the conductors)
S_{Fe}	m^2	실제 철 단면적 (actual iron surface)
S_n	VA	공칭 피상 전력 (nominal VA power)
S_q	m^2	슬롯의 단면적 (surface of the slot)
s	—	슬립 (slip)
[SS]	—	강성 행렬 (stiffness matrix)
[T]	—	기지 항 벡터 행렬 (known terms vector matrix)
T	Nm	전자 토크 (electromagnetic torque)
T_b	Nm	기저 토크 (base torque)
T_{cog}	Nm	코깅 토크 (cogging torque)
T_{fw}	Nm	약 계자 토크 (일정 동(전)력 영역에서) (flux-weakening torque (in the constant power region))
$T_{abc/dq}$	—	abc/dq 변환 행렬 (transformation matrix abc/dq)
t	—	선 또는 면에 대한 접선 방向 단위 벡터 (tangent unity vector to a line or to a surface)
t	s	시간 (time)
t*	s	기준 순간 (reference instant time)
U_0	V	무부하 선 전압 (line voltage at no-load)
U_{vcos}, U_{vsin}	V	차수 ν의 전압 고조파 성분 (voltage harmonic component of order ν)
u	—	좌표 단위 벡터(기본 벡터) (coordinate unity vector)
V, v	V	전압 (electric voltage)
V	V	전위 (electric potential)
V_{dc}	V	직류 전원 전압 (direct-current source voltage)
v_1, v_2	V	1차와 2차 전압 (primary and secondary voltage)
v_d, v_q	V	d-축과 q-축 전압 (d-axis and q-axis electric voltages)
$\mathbf{v}_m$	m/s	전하가 속박된 매질의 속도 (velocity of medium on which the charge is bounded)
v_N	V	성형-중성점 전위 (star-center potential)
$\mathbf{v}_q$	m/s	전하의 속도 (velocity of the electric charge)
$\mathbf{v}_\rho$	m/s	전하밀도의 속도 (velocity of the electric charge density)
x, y, z	—	데카르트 좌표계 (Cartesian coordinates)

y_q	—	슬롯 절 (슬롯 수로) (slot pitch (in number of slots))
w_i	—	i-번째 가중(하중) 함수 (i-th weight function)
w_m	J/m^3	자기 에너지 밀도 (magnetic energy density)
w_t	m	치 폭 (tooth width)
W_m	J	자기 에너지 (magnetic energy)
W_m'	J	자기 수반 에너지 (magnetic coenergy)
W_{el}	J	전기적 일 (electric work)
W_{mech}	J	기계적 일 (mechanical work)

그리스 문자 기호 (Greek symbols)

α_c	rad	전기 슬롯 각도 (electric slot angle)
β_r	rad	전기 단절 각도 (electric shortened angle)
β_r, β_s	rad	회전자와 고정자 폭 각도 (rotor and stator width angle)
δ	rad	부하 각 (load angle)
Δi	A	전류 변화 (current variation)
$\Delta\vartheta$	rad	기계 각 변화 (mechanical angle variation)
ε	F/m	전기 유전율 (electric permittivity)
ϕ, φ, ψ	—	결정되어야 하는 미지 전위 (unknown potential to be determined)
ϕ^*	—	미지 전위에 접근하는 함수 (function that approaches the unknown potential)
Φ	Wb	자속 (magnetic flux)
Φ_0	Wb	무부하에서의 자속 (magnetic flux at no-load)
φ	rad	전력 각 (power angle)
φ	rad	초기 전압 위상 (initial voltage phase)
Φ_j	—	전위 ϕ에 접근하기 위한 j-번째 계수 (j-th coefficient to approach the potential ϕ)
$[\phi]$	—	미지 계수 Φ_j의 행렬 벡터 (matrix vector of the unknown coefficients Φ_j)
Γ	—	영역의 경계 (선 또는 면) (boundary of the domain (line or surface))
γ_{Fe}	kg/m^3	철의 비중 (specific iron weight)
Λ, λ	Wb, Vs	쇄교 자속 (flux linkage)
Λ_d, Λ_q	Vs	d-축과 q-축 쇄교 자속 (d-axis and q-axis flux linkages)
Λ_{rms}	Vs	실효치 쇄교 자속 (RMS flux linkage)
Λ_j	Vs	j-번째 (j = a, b, c) 상의 쇄교 자속 (flux linkage of the j-th phase (j = a, b, c))

λ_1, λ_2	Vs	1차와 2차 쇄교 자속 (primary and secondary flux linkages)
$\lambda_{1\sigma}$, $\lambda_{2\sigma}$	Vs	1차와 2차 누설 쇄교 자속 (primary and secondary leakage flux linkages)
λ_{pm}	Vs	영구자석에 기인한 쇄교 자속 (flux linkage due to the permanent magnet)
λ_r, λ_s	rad	회전자와 고정자 극 간격 각도 (rotor and stator pole pitch angle)
μ	H/m	자기 투자율 (magnetic permeability)
μ_r	—	자기 비투자율 (relative magnetic permeability)
η	—	효율 (efficiency)
ν_j	—	j-번째 보간 함수 (j-th interpolation function)
ρ	C/m^3	전하의 체적 밀도 (volume density of electric charge)
ρ_s	C/m^2	전하의 면(적) 밀도 (surface density of electric charge)
ρ	Ωm	전기 저항률, $\rho = \sigma^{-1}$ (electric resistivity, $\rho = \sigma^{-1}$)
ϑ	rad	각도 좌표 (전기 각) (angular coordinate (electric angle))
ϑ_m	rad	각도 좌표 (기계 각) (angular coordinate (mechanic angle))
ϑ_{off}	rad	스위치-오프 각 (switch-off angle)
ϑ_{on}	rad	스위치-온 각 (switch-on angle)
ϑ_r	rad	회전자 자극 축에 대한 각도 좌표 (angular coordinate referred to the rotor polar axis)
ϑ_s	rad	고정자 a-상 축에 대한 각도 좌표 (angular coordinate referred to the stator a-phase axis)
ξ	—	돌극비 (철극비), $\xi = L_q / L_d$ (saliency ratio, $\xi = L_q / L_d$)
ω	rad/s	전기 각주파수 (electric angular frequency)
ω_m	rad/s	기계 각속도 (mechanic angular speed)
ω_r	rad/s	회전자 전기 각속도 $\omega_r = 2\pi f_r$ (rotor electric angular speed $\omega_r = 2\pi f_r$)
σ	S/m	전기 도전율 (electric conductivity)
τ	m^3	체적 (volume)
τ_{Cu}	m^3	도전 물질 체적 (conductive material volume)
τ_m	Nm	순시 전자 토크(instantaneous electromagnetic torque)
τ_L	Nm	부하 토크 (load torque)
Ψ	A	자기 전압 (자위) (magnetic voltage)

그 외 기호 (Further Symbols)

Im	—	허수부 (imaginary part)

Re	—	실수부 (real part)
~	—	공액 복소 (conjugate complex)

1

Outline of Electromagnetic Fields

이 장에서는 벡터 해석(vector analysis)과 전자장(電磁場, electromagnetic field)의 몇 가지 기본 개념이 개략적으로 소개된다. 이 개념은 이 교재의 나머지 부분에서 사용될 것이다. 목표는 간결한 처리법과 실제적인 공식집(公式集)을 제공하는 것이지만, 철저한 처리는 하지 않는다. 이 주제에 대한 숙달에 관심이 있는 독자들은 참고문헌에 나열된 책에서 찾아보기 바란다.

1.1 Vector Analysis

3차원 공간에서, V = V(P)를 스칼라 장(場)(scalar field)을 정의하는 스칼라 양(量)(scalar quantity), 그리고 **A** = **A**(P)를 벡터 장(vector field)을 정의하는 벡터 양(vector quantity)이라 하자. 점 P에 대한 의존성은 기준 곡선 직교 좌표계(基準曲線 直交 座標系, a reference system with curvilinear orthogonal coordinates)를 사용하여 표현된다: 그들은 데카르트(直角, Cartesian) (x, y, z), 원통(圓筒, cylindrical) (r, ϑ, z) 또는 구(球, spherical) (r, ϑ, ϕ) 좌표계이다.

일반적으로, 이 양들 각각은 시간의 함수, 즉, V = V(P, t) 와 **A** = **A**(P, t)일 수 있다. 이 의존성은 1.1.8절에서 고려된다. 하지만, 본문을 간단하게 하기 위하여, 위치 P와 시간 t에 대한 여러 가지 양들의 의존성을 나타내는 명백한 표기는 생략된다.

1.1.1 Operations Among Vectors

A와 **B**를 크기가 각각 |**A**|와 |**B**|이며 그들이 향하는 방향 사이의 각도가 γ인 두 벡터라 하자. 스칼라 적(積)(내적(內積), scalar product)은 식 (1.1)로 주어지는 실수(實數, real number)이다.

$$\mathbf{A}\cdot\mathbf{B} = |\mathbf{A}|\,|\mathbf{B}|\cos\gamma \tag{1.1}$$

벡터 적(외적(外積), vector product)은 식 (1.2)와 같이 주어지는 벡터이다.

$$\mathbf{A}\times\mathbf{B} = \left(|\mathbf{A}|\,|\mathbf{B}|\sin\gamma\right)\mathbf{n}_{AB} \tag{1.2}$$

여기서 $\mathbf{n}_{AB}$는 **A**와 **B**에 의해 정의되는 평면(平面)에 수직(垂直)인 단위(單位) 벡터(unity vector)이다. 式 (1.2)의 벡터는 벡터 **A**와 벡터 **B** 모두에 수직이며, 그 방향은, 그림 1.1 (a)에 보여준 바와 같이, 벡터 **A**의 위치에서 벡터 **B**가 있는 방향으로 회전할 때, 오른나사가 진행하는 방향에 대응된다.

데카르트 좌표계를 사용하면, 두 벡터는 $\mathbf{A} = (A_x, A_y, A_z) = A_x\,\mathbf{u}_x + A_y\,\mathbf{u}_y + A_z\,\mathbf{u}_z$와 $\mathbf{B} = (B_x, B_y, B_z) = B_x\,\mathbf{u}_x + B_y\,\mathbf{u}_y + B_z\,\mathbf{u}_z$이다. 여기서 $\mathbf{u}_x$, $\mathbf{u}_y$ 및 $\mathbf{u}_z$는 좌표 단위 벡터(coordinate unity vector)이다. 스칼라 및 벡터 적은 式 (1.3) 및 (1.4)와 같이 된다.

$$\mathbf{A}\cdot\mathbf{B} = A_xB_x + A_yB_y + A_zB_z \tag{1.3}$$

$$\begin{aligned}\mathbf{A}\times\mathbf{B} &= \begin{vmatrix} \mathbf{u}_x & \mathbf{u}_y & \mathbf{u}_z \\ A_x & A_y & A_z \\ B_x & B_y & B_z \end{vmatrix} \\ &= (A_yB_z - A_zB_y)\mathbf{u}_x + (A_zB_x - A_xB_z)\mathbf{u}_y + (A_xB_y - A_yB_x)\mathbf{u}_z\end{aligned} \tag{1.4}$$

다음의 성질이 존재한다.

$$\begin{aligned} &\mathbf{A}\cdot\mathbf{A} = |\mathbf{A}|^2 && \mathbf{A}\cdot(\mathbf{B}+\mathbf{C}) = \mathbf{A}\cdot\mathbf{B}+\mathbf{A}\cdot\mathbf{C} \\ &\mathbf{A}\cdot\mathbf{B} = \mathbf{B}\cdot\mathbf{A} && \mathbf{A}\times(\mathbf{B}+\mathbf{C}) = \mathbf{A}\times\mathbf{B}+\mathbf{A}\times\mathbf{C} \\ &\mathbf{A}\times\mathbf{B} = -\mathbf{B}\times\mathbf{A} && \mathbf{A}\times(\mathbf{B}\times\mathbf{C}) = (\mathbf{A}\cdot\mathbf{C})\mathbf{B}-(\mathbf{A}\cdot\mathbf{B})\mathbf{C} \end{aligned} \tag{1.5}$$

1.1.2 Line Integral and Flux of a Vector Field

그림 1.1 (b)에 보여준 바와 같이, 점 P_1에서 점 P_2까지 그리고 단위 벡터 **t**에 의해 각 점에서의 방향이 주어지는, 곡선 l을 따른 벡터 장 **A**의 선 적분(line integral)은 식 (1.6)과 같다.

$$\Gamma_{12} = \int_{P_1}^{P_2} \mathbf{A}\cdot\mathbf{t}\,dl \tag{1.6}$$

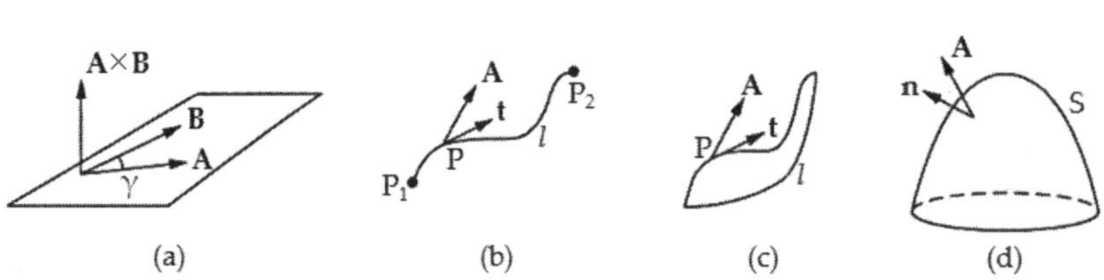

Figure 1.1
Operations among the vectors.

벡터 장의 폐곡선(閉曲線) 적분(루프 적분, loop integral)은, 그림 1.1 (c)에 보여준, 식 (1.7)과 같은 폐곡선(a closed curve)을 따른 선 적분에 대응된다.

$$\Gamma = \oint_l \mathbf{A} \cdot \mathbf{t}\, dl \tag{1.7}$$

그림 1.1 (d)에 보여준 바와 같은, 각 점에서 법선(法線) 방향 단위 벡터(normal unity vector) **n**으로 향하는, 표면 S를 통과하는 벡터 장 **A**의 선속(線束, flux)은 식 (1.8)과 같이 주어진다.

$$\Phi = \int_S \mathbf{A} \cdot \mathbf{n}\, dS \tag{1.8}$$

표면이 닫힌 경우에, **n**을 관습적으로 외향(外向, external direction)을 갖는 것으로 가정하면, Φ는 표면 S 자체를 통하여 밖으로 나오는 선속을 정의한다.

1.1.3 Differential Operators

스칼라 장 V의 경도(傾度, 구배(勾配), gradient)는 각 점 P에서 단위 벡터 $\mathbf{u}_{max}$로 정의되는 최대 방향 도함수(導函數)(maximum directional derivative)에 대응되는 방향과 이 도함수와 같은 크기(magnitude)로 정의되는, 式 (1.9)로 주어지는, 벡터 함수(vector function)이다.

$$\text{grad}\, V = \max\left[\frac{\partial V}{\partial l}\right] \mathbf{u}_{max} \tag{1.9}$$

단위 벡터 **u**로 정의되는 임의의 방향을 따른, 식 (1.10)과 같은 grad V와 **n**의 스칼라 적은 **u**의 방향을 따르는 V의 도함수가 된다.

$$\text{grad}\, V \cdot \mathbf{u} = \left.\frac{\partial V}{\partial l}\right|_{\mathbf{u}} \tag{1.10}$$

마지막으로, 장(場) V가 법선 방향 단위 벡터 $\mathbf{n}_\Sigma$로 특성지어지는 표면 Σ를 통하여 연속이 아니라면, 그리고 Σ의 두 면에서의 값이 V_1과 V_2라고 가정하면, 표면 경도(surface gradient)는 식 (1.11)로 정의된다.

$$\text{grad}_\Sigma V = (V_2 - V_1)\, \mathbf{n}_\Sigma \tag{1.11}$$

벡터 장 **A**의 발산(發散, divergence)은 식 (1.12)와 같이, 체적이 점 P 자체로 향할 때 각 점 P에서 폐곡면(閉曲面, closed surface) S_c를 통하여 밖으로 나오는 **A**의 선속과 S_c에 의해 포함되는 체적 τ 사이의 비로 정의되는 스칼라 함수(scalar function)이다.

$$\operatorname{div}\mathbf{A} = \lim_{\tau\to 0}\frac{\oint_{S_c}\mathbf{A}\cdot\mathbf{n}\,dS}{\tau} \tag{1.12}$$

미소 체적(微小 體積, infinitesimal volume) $d\tau$를 포함하는 폐곡면을 통하여 밖으로 나오는 벡터 **A**의 미소 선속(infinitesimal flux) $d\Phi$는 $d\Phi = \operatorname{div}\mathbf{A}\,d\tau$로 주어진다. 그러면 발산 $\operatorname{div}\mathbf{A} > 0$은 장 **A**의 선이 발생하는 점을 의미하는 반면, $\operatorname{div}\mathbf{A} < 0$는 장 **A**의 선이 끝나는 점을 의미한다.

마지막으로, 장 **A**가 법선 방향 단위 벡터 $\mathbf{n}_\Sigma$를 갖는 면 Σ를 통하여 연속이 아니라면, 그리고 Σ의 두 면에서의 값이 $\mathbf{A}_1$과 $\mathbf{A}_2$라고 가정하면, 그러면 표면 발산(surface divergence)은 식 (1.13)과 같이 정의될 수 있다.

$$\operatorname{div}_\Sigma\mathbf{A} = (\mathbf{A}_2 - \mathbf{A}_1)\cdot\mathbf{n}_\Sigma \tag{1.13}$$

벡터 장 **A**의 회전(回轉, curl, rotation)은 각 점 P에서 폐 루프(closed loop) l을 따른 **A**의 적분과 l에 의해 경계지어 지는 면 S 사이의 비(比)로 정의되는, 식 (1.14)로 주어지는, 벡터 함수이다.

$$\operatorname{curl}\mathbf{A} = \lim_{S\to 0}\frac{\oint_l \mathbf{A}\cdot\mathbf{t}\,dl}{S} \tag{1.14}$$

방향이 **n**인 미소 면 dS를 둘러싸는 폐 루프 l을 따른 벡터 **A**의 미소 루프 적분(infinitesimal loop integral) $d\Gamma$는 $\operatorname{curl}\mathbf{A}\cdot\mathbf{n}\,dS$로 주어진다. 그러면 회전은 벡터 **A**의 선이 회전하는 주위의 소용돌이(vortex)를 나타낸다.

장 **A**가 수직 방향 단위 벡터 $\mathbf{n}_\Sigma$를 갖는 면 Σ를 통하여 연속이 아니라면, 그리고 Σ의 두 면에서의 값이 $\mathbf{A}_1$과 $\mathbf{A}_2$라고 가정하면, 그러면 표면 회전(surface curl)은 식 (1.15)와 같이 정의될 수 있다.

$$\operatorname{curl}_\Sigma\mathbf{A} = -(\mathbf{A}_2 - \mathbf{A}_1)\times\mathbf{n}_\Sigma \tag{1.15}$$

스칼라 장 V의 Laplacian은 식 (1.16)과 같이 스칼라 함수 V의 경도 벡터의 발산으로 주어진다.

$$\nabla^2 V = \operatorname{div}(\operatorname{grad} V) \tag{1.16}$$

벡터 장 **A**의 Laplacian은 식 (1.17)로 주어진다.

$$\nabla^2\mathbf{A} = \operatorname{grad}(\operatorname{div} V) - \operatorname{curl}(\operatorname{curl}\mathbf{A}) \tag{1.17}$$

위에서 정의된 미분 연산자(微分 演算子, differential operator)를 참조하면, 다음과 같은 몇 가지 특성이 성립한다. U와 V는 스칼라 장, **A**와 **B**는 벡터 장, k와 h는 일반적인 상수이다.

1.1.4 Integral Identities

경도 정리(定理)(gradient theorem)는 식 (1.18)과 같이, 경도 벡터 grad V의 점 P_1에서 점 P_2까지의 선 적분은 점 P_1과 P_2에서의 V의 값에만 의존함을 나타낸다:

$$\Gamma_{12} = \int_{P_1}^{P_2} \mathrm{grad}\,V \cdot \mathbf{t}\,dl = V_2 - V_1 \tag{1.18}$$

폐곡선 적분인 경우에는 0이 된다. 덧붙여, 식 (1.19)가 성립한다.

$$\int_\tau \mathrm{grad}\,V\,d\tau = \oint_S V\,\mathbf{n}\,dS \tag{1.19}$$

발산 정리(divergence theorem)(또는 Gauss의 정리(Gauss' theorem))는, 식 (1.20)과 같이, 발산 div **A**의 체적 적분은 체적을 내포하는 폐곡면을 통한 벡터 **A**의 적분과 같음을 나타내며, 그것은 폐곡면을 통하여 나오는 **A**의 선속이다.

$$\Phi = \oint_{S_c} \mathbf{A} \cdot \mathbf{n}\,dS = \int_\tau (\mathrm{div}\,\mathbf{A})\,d\tau \tag{1.20}$$

회전 정리(curl theorem)(또는 Stokes의 정리(Stokes' theorem))는 벡터 curl **A**의 면 S를 통한 적분은 면 S 자체를 둘러싸는 폐곡선 *l*을 따른 벡터 **A**의 선 적분과 같음을 나타낸다. 선 *l*에 접하는 단위 벡터 **t**는 면 S에 수직인 단위 벡터 **n**을 따르도록 (오른나사의 법칙에 따라) 선택되어야 한다. 마지막으로, 그것은 식 (1.21)과 같다.

$$\oint_l \mathbf{A} \cdot \mathbf{t}\,dl = \int_S \mathrm{curl}\,\mathbf{A} \cdot \mathbf{n}\,dS \tag{1.21}$$

제 1 Green의 스칼라 정리(first Green's scalar theorem)는 식 (1.22)와 같다.

$$\int_\tau \left[U\,\mathrm{div}(h\,\mathrm{grad}\,V) + h\,\mathrm{grad}\,U\,\mathrm{grad}\,V\right] d\tau = \oint_{S_c} hU \frac{\partial V}{\partial n}\,dS \tag{1.22}$$

제 2 Green의 스칼라 정리(second Green's scalar theorem)는 식 (1.23)과 같다.

$$\int_\tau \left[U\,\mathrm{div}(h\,\mathrm{grad}\,V) - V\,\mathrm{div}(h\,\mathrm{grad}\,U)\right] d\tau = \oint_{S_c} h\left(U\frac{\partial V}{\partial n} - V\frac{\partial U}{\partial n}\right) dS \tag{1.23}$$

제 1 Green의 벡터 정리(first Green's vector theorem)는 식 (1.24)와 같다.

$$\int_\tau [k\,\mathrm{curl}\,\mathbf{A}\cdot\mathrm{curl}\,\mathbf{B}-\mathbf{A}\cdot\{\mathrm{curl}\,(k\,\mathrm{curl}\,\mathbf{B})\}]\,d\tau = \oint_{S_c} k\,(\mathbf{A}\times\mathrm{curl}\,\mathbf{B})\cdot\mathbf{n}\,dS \tag{1.24}$$

제 2 Green의 벡터 정리(second Green's vector theorem)는 식 (1.25)와 같다.

$$\begin{aligned}&\int_\tau [\mathbf{B}\cdot\{\mathrm{curl}\,(k\,\mathrm{curl}\,\mathbf{A})\}-\mathbf{A}\cdot\{\mathrm{curl}\,(k\,\mathrm{curl}\,\mathbf{B})\}]\,d\tau\\ &= \oint_{S_c} k\,(\mathbf{A}\times\mathrm{curl}\,\mathbf{B}-\mathbf{B}\times\mathrm{curl}\,\mathbf{A})\cdot\mathbf{n}\,dS\end{aligned} \tag{1.25}$$

1.1.5 Differential Identities

경도:

$$\mathrm{grad}(UV) = U(\mathrm{grad}\,V)+V(\mathrm{grad}\,U) \tag{1.26}$$

$$\mathrm{grad}\,(kU+hV) = k\,\mathrm{grad}\,U+h\,\mathrm{grad}\,V \tag{1.27}$$

$$\mathrm{grad}\,V(U) = \frac{\partial V}{\partial U}\mathrm{grad}\,U \tag{1.28}$$

발산:

$$\mathrm{div}(U\mathbf{A}) = U(\mathrm{div}\,\mathbf{A})+\mathrm{grad}\,U\cdot\mathbf{A} \tag{1.29}$$

$$\mathrm{div}\,(k\mathbf{A}+h\mathbf{B}) = k(\mathrm{div}\,\mathbf{A})+h(\mathrm{div}\,\mathbf{B}) \tag{1.30}$$

$$\begin{aligned}&\mathrm{div}\,(\mathbf{A}\times\mathbf{B}) = -\mathbf{A}\cdot(\mathrm{curl}\mathbf{B})+(\mathrm{curl}\,\mathbf{A})\cdot\mathbf{B}\\ &\mathrm{div}\,(\mathrm{curl}\,\mathbf{A}) = 0\end{aligned} \tag{1.31}$$

회전:

$$\mathrm{curl}(U\mathbf{A}) = U(\mathrm{curl}\,\mathbf{A})+(\mathrm{grad}\,U)\times\mathbf{A} \tag{1.32}$$

$$\mathrm{curl}\,(k\mathbf{A}+h\mathbf{B}) = k(\mathrm{curl}\mathbf{A})+h(\mathrm{curl}\mathbf{B}) \tag{1.33}$$

$$\mathrm{curl}\,(\mathrm{grad}\,U) = 0 \tag{1.34}$$

Laplacian:

$$\nabla^2(UV) = U\nabla^2 V + V\nabla^2 U + 2\,\mathrm{grad}\,U \cdot \mathrm{grad}\,V \tag{1.35}$$

$$\nabla^2(kU + hV) = k\nabla^2 U + h\nabla^2 V \tag{1.36}$$

1.1.6 Expression of the Differential Operators within Different Coordinate Systems

1.1.6.1 Cartesian Coordinates

테카르트 좌표계를 사용하면, 그림 1.2 (a)에 보여준 바와 같이 점 P는 P(x, y, z)로 주어지며 좌표 단위 벡터는 $\mathbf{u}_x$, $\mathbf{u}_y$ 및 $\mathbf{u}_z$이다. 미분 연산자는 다음과 같다:

$$\mathrm{grad}\,V = \frac{\partial V}{\partial x}\mathbf{u}_x + \frac{\partial V}{\partial y}\mathbf{u}_y + \frac{\partial V}{\partial z}\mathbf{u}_z \tag{1.37}$$

$$\mathrm{div}\,\mathbf{A} = \frac{\partial A_x}{\partial x} + \frac{\partial A_y}{\partial y} + \frac{\partial A_z}{\partial z} \tag{1.38}$$

$$\mathrm{curl}\,\mathbf{A} = \begin{vmatrix} \mathbf{u}_x & \mathbf{u}_y & \mathbf{u}_z \\ \dfrac{\partial}{\partial x} & \dfrac{\partial}{\partial y} & \dfrac{\partial}{\partial z} \\ A_x & A_y & A_z \end{vmatrix} = \left(\frac{\partial A_z}{\partial y} - \frac{\partial A_y}{\partial z}\right)\mathbf{u}_x + \left(\frac{\partial A_x}{\partial z} - \frac{\partial A_z}{\partial x}\right)\mathbf{u}_y + \left(\frac{\partial A_y}{\partial x} - \frac{\partial A_x}{\partial y}\right)\mathbf{u}_z \tag{1.39}$$

$$\nabla^2 U = \mathrm{div}(\mathrm{grad}\,U) = \frac{\partial^2 U}{\partial x^2} + \frac{\partial^2 U}{\partial y^2} + \frac{\partial^2 U}{\partial z^2} \tag{1.40}$$

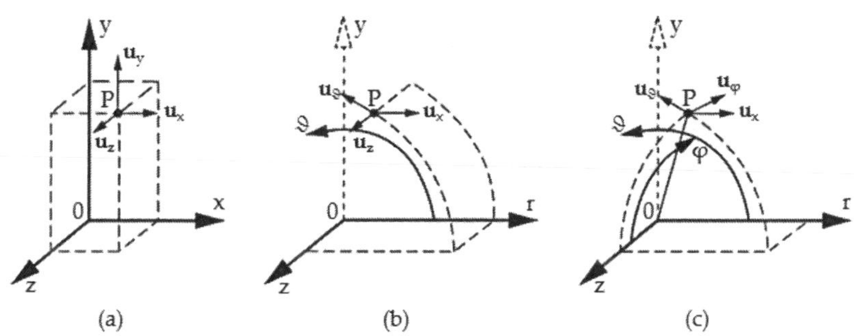

Figure 1.2
Systems of orthogonal coordinates: Cartesian (a), cylindrical (b), and spherical (c) coordinates.

$$\begin{aligned}\nabla^2 \mathbf{A} &= \text{grad}(\text{div}\,V) - \text{curl}(\text{curl}\,\mathbf{A}) \\ &= \nabla^2 A_x \mathbf{u}_x + \nabla^2 A_y \mathbf{u}_y + \nabla^2 A_z \mathbf{u}_z \\ &= \left(\frac{\partial^2 A_x}{\partial x^2} + \frac{\partial^2 A_x}{\partial y^2} + \frac{\partial^2 A_x}{\partial z^2}\right)\mathbf{u}_x + \left(\frac{\partial^2 A_y}{\partial x^2} + \frac{\partial^2 A_y}{\partial y^2} + \frac{\partial^2 A_y}{\partial z^2}\right)\mathbf{u}_y \\ &+ \left(\frac{\partial^2 A_z}{\partial x^2} + \frac{\partial^2 A_z}{\partial y^2} + \frac{\partial^2 A_z}{\partial z^2}\right)\mathbf{u}_z\end{aligned} \tag{1.41}$$

1.1.6.2 Cylindrical Coordinates

원통 좌표계를 사용하면, 그림 1.2 (b)에 보여준 바와 같이 점 P는 P(r, ϑ, z)로 주어지며 좌표 단위 벡터는 $\mathbf{u}_r$, $\mathbf{u}_\vartheta$ 및 $\mathbf{u}_z$이다. 미분 연산자는 다음과 같다.

$$\text{grad}\,V = \frac{\partial V}{\partial r}\mathbf{u}_r + \frac{1}{r}\frac{\partial V}{\partial \vartheta}\mathbf{u}_\vartheta + \frac{\partial V}{\partial z}\mathbf{u}_z \tag{1.42}$$

$$\text{div}\,\mathbf{A} = \frac{1}{r}\frac{\partial (r A_r)}{\partial r} + \frac{1}{r}\frac{\partial A_\vartheta}{\partial \vartheta} + \frac{\partial A_z}{\partial z} \tag{1.43}$$

$$\text{curl}\,\mathbf{A} = \left(\frac{1}{r}\frac{\partial A_z}{\partial \vartheta} - \frac{\partial A_\vartheta}{\partial z}\right)\mathbf{u}_r + \left(\frac{\partial A_r}{\partial z} - \frac{\partial A_z}{\partial r}\right)\mathbf{u}_\vartheta + \frac{1}{r}\left(\frac{\partial (r A_\vartheta)}{\partial r} - \frac{\partial A_r}{\partial \vartheta}\right)\mathbf{u}_z \tag{1..44}$$

$$\nabla^2 V = \frac{1}{r}\frac{\partial}{\partial r}\left(r\frac{\partial V}{\partial r}\right) + \frac{1}{r^2}\frac{\partial^2 V}{\partial \vartheta^2} + \frac{\partial^2 V}{\partial z^2} = \frac{1}{r}\frac{\partial V}{\partial r} + \frac{\partial^2 V}{\partial r^2} + \frac{1}{r^2}\frac{\partial^2 V}{\partial \vartheta^2} + \frac{\partial^2 V}{\partial z^2} \tag{1.45}$$

1.1.6.3 Spherical Coordinates

구 좌표계를 사용하면, 그림 1.2 (c)에 보여준 바와 같이 점 P는 P(r, ϑ, φ)로 주어지며 좌표 단위 벡터는 $\mathbf{u}_r$, $\mathbf{u}_\vartheta$ 및 $\mathbf{u}_\varphi$이다. 미분 연산자는 다음과 같다.

$$\text{grad}\,V = \frac{\partial V}{\partial r}\mathbf{u}_r + \frac{1}{r}\frac{\partial V}{\partial \vartheta}\mathbf{u}_\vartheta + \frac{1}{r\sin\vartheta}\frac{\partial V}{\partial \varphi}\mathbf{u}_\varphi \tag{1.46}$$

$$\text{div}\,\mathbf{A} = \frac{1}{r^2}\frac{\partial (r^2 A_r)}{\partial r} + \frac{1}{r\sin\vartheta}\frac{\partial (\sin\vartheta\, A_\vartheta)}{\partial \vartheta} + \frac{1}{r\sin\vartheta}\frac{\partial A_\varphi}{\partial \varphi} \tag{1.47}$$

$$\operatorname{curl}\mathbf{A} = \frac{1}{r\sin\vartheta}\left(\frac{\partial(\sin\vartheta\, A_\varphi)}{\partial\vartheta} - \frac{\partial A_\vartheta}{\partial\varphi}\right)\mathbf{u}_r + \frac{1}{r}\left(\frac{1}{\sin\vartheta}\frac{\partial A_r}{\partial\varphi} - \frac{\partial(r\,A_\varphi)}{\partial r}\right)\mathbf{u}_\vartheta + \frac{1}{r}\left(\frac{\partial(r\,A_\vartheta)}{\partial r} - \frac{\partial A_r}{\partial\vartheta}\right)\mathbf{u}_z \tag{1.48}$$

$$\nabla^2 V = \frac{1}{r^2}\frac{\partial}{\partial r}\left(r^2\frac{\partial V}{\partial r}\right) + \frac{1}{r^2\sin\vartheta}\frac{\partial}{\partial\vartheta}\left(\sin\vartheta\frac{\partial V}{\partial\vartheta}\right) + \frac{1}{(r\sin\vartheta)^2}\frac{\partial^2 V}{\partial\varphi^2} \tag{1.49}$$

1.1.7 Conservative, Irrotational, Solenoidal, and Harmonic Fields

벡터 장 **B**는 정의역(定義域, domain of definition) 내에서 각 폐곡선을 따른 루프 적분이 0(null)을 나타내면 보존적(保存的, conservative)이다. 그 결과, 일반적인 개곡선(開曲線, open line)을 따른 **B**의 선적분은 선의 끝 점(end points)에만 의존하며 그 경로에는 의존하지 않는 것으로 귀착한다. 스칼라 포텐셜(scalar potential) Φ를 보존 장(conservative field) **B**와 결합하는 것이 가능하다. 포텐셜 Φ는 **B** = −(grad Φ + **C**)와 같이 정의되는데, 여기서 **C**는 임의의 상수이다. Φ가 같은 값을 보이는 면(面)은 등(等) 포텐셜 면(equipotential surface)이며 항상 場 **B**의 선에 수직이다.

벡터 장 **B**는 모든 정의역 내에서 회전이 0이면 비 회전적(irrotational)이다. 보존 장은 물론 비 회전 장이다. 거꾸로 비 회전 장(irrotational field)은 단연결 영역(單連結 領域, simply connected domain)(영역은 적분이 계산될 때 따르는 각 폐곡선이 점으로 축소될 때 항상 영역 내에 남아 있을 때 단연결이다)에서 정의되는 경우에만 보존 장이다.

벡터 장 **B**는 전 정의역 내에서 발산이 0이면 비 발산적(solenoidal)이다. 그 결과, 임의의 폐곡면을 통과하는 **B**의 선속이 0으로 귀착한다. 비 발산 장 **B**는 벡터 포텐셜(vector potential) **A**의 회전에 의해 표현하는 것이 가능하다. 벡터 포텐셜 **A**는 **B** = curl (**A** + **C**)와 같이 정의되는데, 여기서 **C**는 임의의 비 회전 벡터 장이다. 이에 따라 폐곡선 *l*을 따른 벡터 포텐셜의 루프 적분은 *l*에 의해 둘러싸이는 임의의 면을 통과하는 비 발산 장의 선속과 같게 된다.

B를 발산과 회전이 각각 div **B** = f 와 curl **B** = **g**로 주어지는 벡터 장이라 하자. 벡터 장 **B**를 비 회전 장 $\mathbf{B}_{irr}$과 비 발산 장 $\mathbf{B}_{sol}$의 합으로 분리하는 것이 편리하다. 이러한 분리는 Clebsh-Helmholtz의 분해(resolution of Clebsh-Helmholtz)라 한다. 장 $\mathbf{B}_{irr}$은 발산이 f와 같게 나타나야 하며, 장 $\mathbf{B}_{sol}$은 회전이 **g**와 같게 나타나야 한다. 장이 무한 원점(無限 遠點, infinite)에서 정상적(正常的)이라면(원점(原點, origin)으로 부터의 거리 r이 무한 원점으로 갈 때 크기가 $1/r^2$에 따르는 장이라면) 해(解, solution)는 유일하다(unique). 따라서, 식 (1.50)이 성립한다.

$$\mathbf{B} = \mathbf{B}_{irr} + \mathbf{B}_{sol} \quad \text{with} \quad \begin{cases} \text{div}\,\mathbf{B} = \text{div}\,\mathbf{B}_{irr} \\ \text{curl}\,\mathbf{B} = \text{curl}\,\mathbf{B}_{sol} \end{cases} \tag{1.50}$$

스칼라 장은 식 (1.51)과 같이 Laplace 방정식(Laplace equation)을 만족하면 조화적(調和的, harmonic)이다.

$$\nabla^2 \phi = \text{div}\,(\text{grad}\,\phi) = 0 \tag{1.51}$$

그러면, 조화 스칼라 장(harmonic scalar field) Φ의 경도, 즉 **B** = grad Φ로서 얻어지는 벡터 장 **B**는 curl (grad Φ) = **0**이기 때문에 비 회전 장이며, 비 발산 장이다.

비 회전이며 비 발산인 벡터 장은 조화적이다. 그러므로 그것은 식 (1.52)로 귀결된다.

$$\nabla^2 \mathbf{A} = \mathbf{0} \tag{1.52}$$

그러면, 조화 벡터 장(harmonic vector field) **A**의 회전, 즉 **B** = curl **A**로서 얻어지는 벡터 장 **B**는 div (curl **A**) = 0이기 때문에 비 발산 장이며, 비 회전 장이다.

1.1.8 Time Dependence

지금까지는, 스칼라 장과 벡터 장이 공간(空間)의 점의 함수로서만 고려되었다. 하지만, 그들은 또한 시간의 함수일 수도 있다. 물론, 공간 변수(space variables)와 시간 변수(time variable) t는 따로 고려된다. 그러면, 식 (1.53)이 얻어진다.

$$\text{grad}\frac{\partial V}{\partial t} = \frac{\partial}{\partial t}\text{grad}\,V \qquad \text{div}\frac{\partial \mathbf{A}}{\partial t} = \frac{\partial}{\partial t}\text{div}\,\mathbf{A}$$
$$\text{curl}\frac{\partial \mathbf{A}}{\partial t} = \frac{\partial}{\partial t}\text{curl}\,\mathbf{A} \qquad \nabla^2\frac{\partial \mathbf{A}}{\partial t} = \frac{\partial}{\partial t}\nabla^2\mathbf{A} \tag{1.53}$$

시간 의존성은, 맥동(脈動, pulsation) ω로 특성지어 지는, 정현적(正弦的)인(sinusoidal) 것으로 고려하는 것이 유용하다. 이 경우 복소 표기(複素 表記, complex notation)가 사용될 수 있다: 각 양은 복소(複素) 페이서(complex phasor)에 의해 표현된다. 예를 들어, 벡터 장 **A**(P, t)의 x-축을 따른 성분 A_x(P, t)에 대하여, 식 (1.54)와 같은 대응을 도입하는 것이 가능하다:

$$\begin{aligned} A_x = A_{xM}\cos(\omega t + \alpha_x) \leftrightarrow \dot{A}_x &= A_{xM}\,e^{j\alpha_x} \\ &= A_{xr} + jA_{xi} \\ &= A_{xM}\cos\alpha_x + jA_{xM}\sin\alpha_x \end{aligned} \tag{1.54}$$

그리고 다른 성분도 상사적(相似的)이다. 성분이 기호 함수(記號 函數, symbolic function) 식 (1.54)로 표현되는 벡터 장 **A**는 式 (1.55)로 나타내진다.

$$\dot{\mathbf{A}} = \dot{A}_x \mathbf{u}_x + \dot{A}_y \mathbf{u}_y + \dot{A}_z \mathbf{u}_z \tag{1.55}$$

1.2 Electromagnetic Fields

1.2.1 Electric Charge and Electric Charge Density

공간의 한 영역(領域, region)에 있는 전하(電荷, electric charge)는 자유(自由) 전하(free charge)와 분극(分極) 전하(charge of polarization)로 구별될 수 있다. 전자는 거시적(巨視的)인 변위(變位)(macroscopic displacement)가 일어날 수 있는 반면에, 후자는 매질의 분자(分子) 구조에 반드시 종속된다. 대전(帶電)된 여러 물체 사이의 인력(引力, attraction)과 척력(斥力, repulsion)의 현상은, 자유 전하의 합과 분극에 따라, 총 전하에 의해 생성된다. 지금부터는 자유 전하만이 다루어지며, 분극 전하는 매질의 특성을 편리하게 정의할 때 고려된다.

(자유) 전하 Δq를 포함하는 무한소 체적(無限小 體積, infinitesimal volume) $\Delta\tau$가 있는 공간의 임의의 점에서는, (C/m^3)로 측정되며 일반적으로 시간에 따라 변화하는 식 (1.56)과 같은 (자유) 전하의 체적 밀도(體積 密度)(volume density of (free) charge) ρ를 정의할 수 있다.

$$\rho = \lim_{\Delta\tau \to 0} \frac{\Delta q}{\Delta \tau} \tag{1.56}$$

전하가 분포(分布)된 요소가 한 차원은 무시할 수 있어 다른 두 차원에 의해 특성지어 진다면, (C/m^2)으로 측정되는, 식 (1.57)과 같은 전하의 면적 밀도(面積 密度)(surface density of charge) ρ_s를 정의하는 것이 가능하다.

$$\rho_s = \lim_{\Delta S \to 0} \frac{\Delta q}{\Delta S} \tag{1.57}$$

1.2.2 Electric Displacement Field

한정된 영역에 있는 자유 전하에 기인한 효과의 공간적 표현은 전기 변위 장(electric displacement field; 전속밀도 장(電束密度 場, electric flux density field))이라 불리는 벡터 場 **D**에 의해 표현된다. 그 크기의 측정 단위는 (C/m^2)이다. 미분형(微分形, differential form)과 적분형(積分形, integral form)으로 나타낸 장 **D**

의 기본적인 성질은 각각 식 (1.58), (1.59)와 같다.

$$\mathrm{div}\,\mathbf{D} = \rho \tag{1.58}$$

$$\oint_{S_c} \mathbf{D}\cdot\mathbf{n}\,dS = q \tag{1.59}$$

두 번째 방정식은 잘 알려진 Gauss의 법칙(Gauss' law)이다. 이 식은, 면에 수직(垂直)인 외향 단위 벡터 **n**의 방향을 갖는, 폐곡면 S_c를 통하여 나오는 벡터 **D**의 선속은 이 면 S_c에 의해 내포되는 자유 전하 q와 같다는 것을 가리킨다.

1.2.3 Current Density Field

전하의 운동은 전류밀도(電流密度, electric current density)에 의해 표현된다. 속도 $\mathbf{v}_\rho$로 움직이는 체적 전하밀도 ρ에 대하여, 전류밀도 벡터 **J**는 기준 정(正)방향(reference positive direction)이 정전하(正電荷, positive charge)의 방향인 식 (1.60)으로 정의된다.

$$\mathbf{J} = \rho\,\mathbf{v}_\rho \tag{1.60}$$

그 크기는 (A/m^2)으로 측정된다. 벡터 **J**는 전류 장(current field)이라 불리는 벡터장을 정의한다. S를 법선 방향 단위 벡터 **n**을 가진 개곡면(開曲面, open surface)이라 하면, (A)로 측정되는 전류의 세기 i는 식 (1.61)로 주어진다.

$$i = \int_S \mathbf{J}\cdot\mathbf{n}\,dS \tag{1.61}$$

미분형으로 나타낸 전류 장의 연속(連續) 방정식(continuity equation)은 식 (1.62)이다.

$$\mathrm{div}\,\mathbf{J} = -\frac{\partial\rho}{\partial t} \tag{1.62}$$

적분형에서는, S_c를 법선 방향 단위 벡터 **n**을 가진 폐곡면이라 하면, S_c에 의해 둘러싸인 체적 내의 전하 Δq의 변화에 대응되는 시간 간격(time interval) Δt 동안에 면 S_c를 떠나는 전류의 세기는 식 (1.63)과 같다.

$$i_{out} = \oint_{S_c} \mathbf{J}\cdot\mathbf{n}\,dS = -\frac{\Delta q}{\Delta t} \tag{1.63}$$

총 전류밀도 벡터(total current density vector)는 식 (1.64)와 같이 전류밀도 벡

터 **J**와 변위 전류밀도 벡터(displacement current density vector) $\partial\mathbf{D}/\partial t$의 합으로 정의하는 것이 가능하다. **D**에 관한 식 (1.58)의 성질과 式 (1.62)의 연속 방정식에 의해, 전류 장 $\mathbf{J}_{tot}$는 비 발산 장이다.

$$\mathbf{J}_{tot} = \mathbf{J} + \frac{\partial \mathbf{D}}{\partial t} \tag{1.64}$$

1.2.4 Magnetic Flux Density Field

전하의 운동은 그 주위 공간에, 자속밀도(磁束密度) 장(magnetic flux density field) **B**로 정의하는 것이 가능한, 효과를 일으킨다. 그 크기는 (T)로 측정된다. 검전하(檢電荷, test charge)가 자속밀도 場 **B** 내에서 속도(速度) $\mathbf{v}_q$로 움직이면 $\delta\mathbf{F} = \delta q\, \mathbf{v}_q \times \mathbf{B}$로 주어지는 힘을 발생한다. 이 힘은 Lorentz의 힘(Lorentz's force)이라 불리며 이후에 설명될 것이다.

장 **B**의 기본적인 성질은 비 발산 장, 즉 임의의 폐곡면 S_c를 통한 **B**의 선속은 0이라는 것이다. 따라서, 그것은 미분형과 적분형으로 각각 식 (1.65)와 (1.66)이다.

$$\mathrm{div}\,\mathbf{B} = 0 \tag{1.65}$$

$$\oint_{S_c} \mathbf{B}\cdot\mathbf{n}\, dS = 0 \tag{1.66}$$

1.2.5 Vector Magnetic Potential Field

자속밀도 장 **B**가 전 공간에서 비 발산이기 때문에, 크기가 (Tm)로 측정되는, 식 (1.67)과 같은 벡터 자기 포텐셜 장 **A**를 정의하는 것이 적절하다.

$$\mathbf{B} = \mathrm{curl}\,\mathbf{A} \tag{1.67}$$

이 관계는 일반적인 비 회전 장을 제외한 장 **A**를 정의한다. **A**의 발산은 임의의 방법으로 정의될 수 있다; 그 조건은 일반적으로 다음과 같이 채택된다.

정적(stationary) 또는 준(準)-정자장(quasi-stationary magnetic field)에서 주로 사용되며 이 교재에서도 사용되는 Coulomb의 조건(Coulomb's position):

$$\mathrm{div}\,\mathbf{A} = 0 \tag{1.68}$$

빠른 시변(時變) 전자장(time-variable electromagnetic field)에 매우 적합한 Lorentz의 조건(Lorentz's position):

$$\operatorname{div}\mathbf{A} = -\mu\varepsilon\frac{\partial\rho}{\partial t} \tag{1.69}$$

1.2.6 Magnetic Field Strength

자속밀도 벡터 **B**와 함께, 자계의 세기 벡터(magnetic field strength vector) **H**가 도입된다. 그 크기의 측정 단위는 (A/m)이다. 두 벡터 장은 식 (1.70)과 같은 구성 법칙(constitutive law)에 의해 결합되는데, 여기서 μ (H/m)는 매질의 자기 투자율(磁氣 透磁率, magnetic permeability)이다.

$$\mathbf{B} = \mu\mathbf{H} \tag{1.70}$$

균일(均一) 매질 내에서는 두 장 **B**와 **H**는 비례(比例)(즉, 그들은 같은 방향과 비례하는 크기를 가진다)하는 반면, 이방성(異方性) 매질(anisotropic medium) 내에서는 텐서적인 성질(tensorial nature)을 나타낸다.

場 **H**의 기본적인 성질은 그 회전의 정의(Ampere의 법칙, Ampere's law)이다:

$$\operatorname{curl}\mathbf{H} = \mathbf{J} + \frac{\partial\mathbf{D}}{\partial t} \tag{1.71}$$

정적(stationary) 또는 준-정자기적 조건(quasi-stationary condition)에서, 즉 변위 전류밀도가 무시될 수 있을 때, 식 (1.71)은 (1.72)와 같이 축약된다.

$$\operatorname{curl}\mathbf{H} = \mathbf{J} \tag{1.72}$$

적분형에서, Ampere의 법칙은 式 (1.73)과 같이 방향 폐곡선(oriented closed line) l을 따른 **H**의 선적분이, 기자력(起磁力, magnetomotive force, MMF)이라 불리는, l 자신에 의해 둘러싸이는 면적을 통하여 흐르는 전류의 세기 i와 같다는 것으로써 표현된다.

$$\oint_l \mathbf{H}\cdot\mathbf{t}\,dl = i \tag{1.73}$$

식 (1.74)와 같은 방향 개곡선(開曲線)(oriented open line) l을 따른 **H**의 선적분은 선의 끝점 P와 Q 사이의 자기압(magnetic voltage)이라 정의한다:

$$\Psi_{PQ} = \int_P^Q \mathbf{H}\cdot\mathbf{t}\,dl \tag{1.74}$$

자계의 세기 **H**와 자속밀도 **B**는 구성 방정식(constitutive equation) [식 (1.70)]과 함께 式 (1.64)와 (1.71)에 의해 완전히 정의된다. 이로부터 **H**의 발산은 식 (1.75)로

Table 1.1
Classification of the specific electric forces

E_k	electromagnetic	conservative	E_c Coulomb	E electric field
		non-conservative	E_i induced	E electric field
			E_L Lorentz	
			E_m motional	
	non-electromagnetic $E_{n.e.}$			

서 당연히 균질(均質) 매질(homogeneous medium)에서 0인 한편, **B**의 회전은 식 (1.76)과 같다.

$$\operatorname{div}\mathbf{H} = -\frac{\mathbf{H}}{\mu}\operatorname{grad}\mu \tag{1.75}$$

$$\operatorname{curl}\mathbf{B} = \mu\mathbf{J} + \operatorname{grad}\mu\times\mathbf{H} \tag{1.76}$$

장 **H**가 단연결(單連結) 영역(simply connected region)에서 비 회전이라면, 이 영역에서 식 (1.77)과 같은 스칼라 자기 포텐셜(스칼라 자위(磁位), scalar magnetic potential) Ψ가 정의될 수 있다.

$$\mathbf{H} = -\operatorname{grad}\Psi \tag{1.77}$$

1.2.7 Specific Electric Force, Electric Field

여러 가지 물질의 힘은 전하에 의해 나타날 수 있다. $\delta\mathbf{F}_k$를 검정전하(檢正電荷, test positive charge) δq에 작용하는 임의의 힘이라 하면, 비(比) 전기력(specific electric force) $\mathbf{E}_k$는, 크기가 (N/C)으로 측정되는, 식 (1.78)과 같이 정의될 수 있다.

$$\mathbf{E}_k = \lim_{\delta q\to 0}\frac{\delta\mathbf{F}_k}{\delta S} \tag{1.78}$$

비(比) 전기력의 유용한 분류가 표 1.1에 주어져 있다.

Coulomb 비(比) 전기력(Coulomb specific electric force) $\mathbf{E}_c$는 전하가 서로를 끌어 당기거나 반발하는 형태로 나타난다. 이것은 공간의 점의 성질이다; 따라서 그것은 벡터 장을 정의한다. 그것의 기본적인 성질은 보존적이라는 것이다. 따라서 그것은 비 회전, 즉 $\operatorname{curl}\mathbf{E}_c = \mathbf{0}$이다. 그러면, 식 (1.79)와 같이 (V)로 측정되는 전위장(electric potential field)인 스칼라 장을 도입하는 것이 가능하다.

$$\mathbf{E}_c = -\text{grad } V \tag{1.79}$$

또한 비(比) 유도(誘導) 전기력(specific induced electric force) $\mathbf{E}_i$는, 시간에 따른 자속밀도 장 **B**의 변화율에 의해 생성되는, 공간의 점의 함수인 벡터 장을 정의한다. 유도 전계(誘導 電界, induced electric field)의 기본적인 성질은 식 (1.80)과 같은 회전의 정의이다.

$$\text{curl}\,\mathbf{E}_i = -\frac{\partial \mathbf{B}}{\partial t} \tag{1.80}$$

$\mathbf{E}_i$의 발산에 대한 제약이 없기 때문에, 그것은 일반적으로 비 발산 장, 즉 div $\mathbf{E}_i$ = 0으로 가정된다. 이 가정에 의해, Coulomb의 조건 [式 (1.68)], 즉 div **A** = 0과 함께, 유도 전계는 式 (1.81)과 같이 주어진다.

$$\mathbf{E}_i = -\frac{\partial \mathbf{A}}{\partial t} \tag{1.81}$$

이 관계는 도전성(導電性) 매질(conductive media) 내에서의 유도 전류(誘導 電流, induced current)의 계산에 특히 유용하다.

Maxwell의 전계(Maxwell's electric field)라고도 불리는 전계 **E**는 Coulomb 전계(Coulomb electric field)와 유도 전계의 합, 즉 식 (1.82)에 대응된다.

$$\mathbf{E} = \mathbf{E}_c + \mathbf{E}_i = -\text{grad}\,V - \frac{\partial \mathbf{A}}{\partial t} \tag{1.82}$$

전계 **E**는 각각 그 발산과 회전, div **E** = div $\mathbf{E}_c$와 curl **E** = curl $\mathbf{E}_i$에 의해 정의된다. 전기 유전율(誘電率)(electric permittivity) ε(일반적으로 텐서)을 가진 유전 매질(dielectric medium) 내에서는, 식 (1.83)의 구성 관계(constitutive relationship)에 의해 전기 변위 장 **D**와 결합된다.

$$\mathbf{D} = \varepsilon \mathbf{E} \tag{1.83}$$

Lorentz의 비(比) 전기력(Lorentz's specific electric force) $\mathbf{E}_L$은 자속밀도 장 **B** 내에서 채택된 기준계(adopted reference system)에 관하여 속도 $\mathbf{v}_q$로 움직이는 전하에 작용한다. 그것은 식 (1.84)이다.

$$\mathbf{E}_L = \mathbf{v}_q \times \mathbf{B} \tag{1.84}$$

운동 비(比) 전기력(motional specific electric force) $\mathbf{E}_m$은 자속밀도 장 **B** 내에서

속도 $\mathbf{v}_m$으로 움직이는 도체에 있는 전하에 작용한다. 그것은 식 (1.85)이다.

$$\mathbf{E}_m = \mathbf{v}_m \times \mathbf{B} \tag{1.85}$$

이 비(比) 힘(specific force) 둘 다 공간의 점의 성질은 아니지만, 기준계에 관한 전하와 도체의 속도에 종속된다. 따라서, 그들은 벡터 장을 정의하지 않는다. 하지만, 기준계의 변화에 의해, 운동 비(比) 힘의 효과를 유도 비(比) 힘으로 고려하는 것이 가능하다. 그 예가 13장의 유도전동기의 연구에서 보여질 것이다.

비(非) 전자기적 성질(nonelectromagnetic nature)의 비(比) 전기력 $\mathbf{E}_{n.e.}$는 화학(化學)적(chemical), 압전(壓電)적(piezoelectric), 광전(光電)적 성질(photovoltaic nature), 기타 등등에서 나타날 수 있다. 그들은 모두 비(非) 보존적(nonconservative)이다. 그들은 벡터 장을 정의하지 않지만, 전자기(電磁氣) 계통(electromagnetic system) 외부의 비(比) 힘으로서 고려되어야 한다.

총 비(比) 전기력 $\mathbf{E}_t$는 식 (1.86)과 같이 장 $\mathbf{E}$와 Lorentz, 운동 및 외부 비(比) 힘의 합이다.

$$\mathbf{E}_t = \mathbf{E} + \mathbf{E}_L + \mathbf{E}_m + \mathbf{E}_{n.e.} \tag{1.86}$$

도전율(conductivity) σ(일반적으로 텐서)에 의해 특성지어 지는 도전 매질(conductive medium) 내에서, 장 $\mathbf{E}_t$는 식 (1.87)의 구성 관계에 의해 전류밀도 벡터 장 $\mathbf{J}$와 결합된다.

$$\mathbf{J} = \sigma \mathbf{E}_t \tag{1.87}$$

비(非) 보존 비(比) 전기력(nonconservative specific electric force) $\mathbf{E}_{emf}$는 회전 비(比) 전기력(rotational specific electric force)이다. 그들은 비 기전력(比 起電力, specific electromotive force)이라 불린다. $\mathbf{E}_i$, $\mathbf{E}_L$ 및 $\mathbf{E}_m$ 사이에는 전자기적 성질이 있다.

1.2.8 Electric Voltage and Electromotive Force

접선 방향 단위 벡터 $\mathbf{t}$의 방향인 선 l을 따른, 선택된 기준계에서 고정되어 있는 두 점 A (+)와 B (−) 사이의 전압(電壓, electric voltage) v_{AB}는 전계 $\mathbf{E}$의 점 A에서 B 까지의 l을 따른 선 적분으로 주어진다. 그것은 식 (1.88)이다.

$$v_{AB} = \int_A^B \mathbf{E} \cdot \mathbf{t}\, dl \tag{1.88}$$

선 l이 채택된 기준계 내에서 속도 $\mathbf{v}_l$로 움직인다면, 선에 머물도록 속박된 전하에 작용하는 운동 비(比) 전기력 또한 고려되어야 한다. 전압은 식 (1.89)와 같이 된다.

$$v_{AB} = \int_A^B (\mathbf{E} + \mathbf{v}_l \times \mathbf{B}) \cdot \mathbf{t}\, dl \tag{1.89}$$

상사적으로, 선 l을 따른 두 점 A (+)와 B (−) 사이의 기전력(起電力, electromotive force, EMF) e_{BA}는 비 기전력 $\mathbf{E}_{emf}$의 點 A에서 B 까지의 l을 따른 선 적분으로 주어진다. 그것은 식 (1.90)이다.

$$e_{BA} = \int_A^B \mathbf{E}_{emf} \cdot \mathbf{t}\, dl \tag{1.90}$$

전기기계(電氣機械, electric machine)의 해석에 있어서는, 유도 기전력(induced EMF)과 운동 기전력(motional EMF)이 특히 중요하다. 유도 기전력은 자속밀도 **B**의 시간 변화에 기인된다. 운동 기전력은 일정 장 **B** 내에서 선의 운동에 기인된다. 폐곡선 l_c를 따라 계산된 두 기전력의 합은 전자기적 성질의 총 기전력을 나타낸다. 이것은 Faraday-Neumann 법칙(Faraday-Neumann law)에 의해 표현된다:

$$e_{l_c} = \oint_{l_c} (\mathbf{E}_i + \mathbf{E}_m) \cdot \mathbf{t}\, dl = -\frac{d}{dt}\int_S \mathbf{B} \cdot \mathbf{n}\, dS = -\frac{d\lambda}{dt} \tag{1.91}$$

여기서 S는 l_c에 의해 둘러싸이는 면이며 λ는 선 l_c에 의해 쇄교되는 장 **B**의 선속이다. 기전력 e_{lc}의 유도 및 운동 기전력의 두 성분으로의 분해는 단지 채택된 기준계에만 종속된다.

1.2.9 Poynting's Vector

Poynting 벡터(Poynting's vector)는 $\mathbf{P} = \mathbf{E} \times \mathbf{H}$로 정의되며 벡터 **E**와 **H**에 의해 정의되는 평면에 수직인 벡터이다. 그 발산은 식 (1.92)와 같이 전력밀도(電力密度, power density)에 대응된다.

$$\begin{aligned} \operatorname{div}\mathbf{P} &= \operatorname{div}(\mathbf{E} \times \mathbf{H}) = \mathbf{H} \cdot (\operatorname{curl}\mathbf{E}) - \mathbf{E} \cdot (\operatorname{curl}\mathbf{H}) \\ &= \mathbf{H} \cdot \left(-\frac{\partial \mathbf{B}}{\partial t}\right) - \mathbf{E} \cdot \left(\mathbf{J} + \frac{\partial \mathbf{D}}{\partial t}\right) = -\mathbf{H} \cdot \frac{\partial \mathbf{B}}{\partial t} - \mathbf{E} \cdot \frac{\partial \mathbf{D}}{\partial t} - \mathbf{E} \cdot \mathbf{J} \end{aligned} \tag{1.92}$$

그러면 체적 τ에 대한 벡터 **P**의 발산의 적분은 체적 τ 자신을 둘러싸는 면을 통해 체적 밖으로 나가는 전력에 대응된다:

$$p = \int_\tau (\text{div}\,\mathbf{P})\,d\tau = -\int_\tau \left(\mathbf{H}\cdot\frac{\partial \mathbf{B}}{\partial t} + \mathbf{E}\cdot\frac{\partial \mathbf{D}}{\partial t} \right) d\tau - \int_\tau (\mathbf{E}\cdot\mathbf{J})\,d\tau \tag{1.93}$$

매개 변수(媒介 變數, parameter) μ(**H**와 **B** 사이)와 ε(**D**와 **E** 사이)이 一定하다고 가정하면, 식 (1.94)와 같이 쓰는 것이 가능하다.

$$\begin{aligned} \mathbf{H}\cdot\frac{\partial \mathbf{B}}{\partial t} &= \frac{1}{2}\frac{\partial(\mathbf{H}\cdot\mathbf{B})}{\partial t} \\ \mathbf{E}\cdot\frac{\partial \mathbf{D}}{\partial t} &= \frac{1}{2}\frac{\partial(\mathbf{E}\cdot\mathbf{D})}{\partial t} \end{aligned} \tag{1.94}$$

식 (1.94)를 사용하고 式 (1.93)에 발산 정리를 적용하면, 식 (1.95)가 얻어진다.

$$p = \int_\tau (\text{div}\,\mathbf{P})\,d\tau = \oint_S \mathbf{P}\cdot\mathbf{n}\,dS = -\frac{\partial}{\partial t}\int_\tau \left(\frac{\mathbf{H}\cdot\mathbf{B}}{2} + \frac{\mathbf{E}\cdot\mathbf{D}}{2} \right) d\tau - \int_\tau (\mathbf{E}\cdot\mathbf{J})\,d\tau \tag{1.95}$$

1.2.10 Maxwell's Stress Tensor

Maxwell 응력(應力) 텐서(Maxwell's stress tensor)는 전자장 내에 있는 물체에 작용하는 전자력(電磁力, electromagnetic force)의 빠른 계산을 허용한다. 먼저, 물체를 둘러싸는 적당한 면이 선택된다; 그러면 힘은 장을 나타내는 포텐셜(potential)로 부터 직접 얻어지는 양의 이 면에 대한 적분으로 계산된다. 포텐셜은 연구하는 대상에 따라 스칼라 포텐셜 또는 벡터 포텐셜일 수 있다. 아래에서는, 이 교재에서 다루는 응용에 더 많은 관심이 있는 자계에 대해 언급한다.

체적 τ를 차지하는 물체를 고려하자. 그림 1.3 (a)에 보여준 것처럼, 체적 τ를 둘러싸며 투자율 μ_0로 특성지어 지는 물질로 된 면 S에 걸쳐 벡터 장 **H**의 값을 안

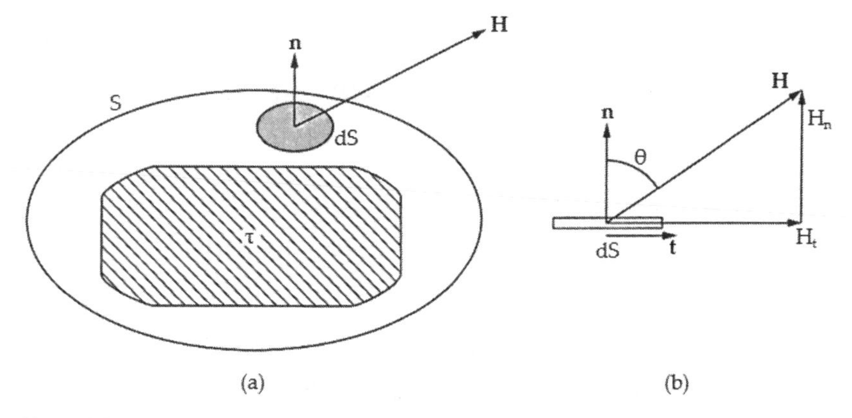

Figure 1.3
Computation of the magnetic force by means of the Maxwell's stress tensor.

다고 가정한다. 면 S의 임의의 무한소 부분 dS에서, Maxwell 응력 텐서는 식 (1.96)으로 주어진다.

$$dF = -\frac{\mu_0}{2}H^2\,\mathbf{n}\,dS + \mu_0(\mathbf{H}\cdot\mathbf{n}\,dS)\mathbf{H} \tag{1.96}$$

여기서 **n**은 면 dS에 수직인 단위 벡터이다. 그림 1.3 (b)에 보여준 것처럼, 벡터 **H**를 식 (1.97)과 같이 면 dS에 접하는 성분과 수직인 성분의 합으로 나타냄으로써, 힘은 식 (1.98)과 같이 주어진다.

$$\mathbf{H} = H_t\,\mathbf{t} + H_n\,\mathbf{n} \tag{1.97}$$

$$\begin{aligned} dF &= \frac{\mu_0}{2}\left(H_t^2 + H_n^2\right)dS\,\mathbf{t} + \mu_0\left[(H_t\,\mathbf{t} + H_n\,\mathbf{n})\cdot\mathbf{n}\right](H_t\,\mathbf{t} + H_n\,\mathbf{n})dS \\ &= (\mu_0 H_t H_n)dS\,\mathbf{t} + \frac{\mu_0}{2}\left(H_n^2 - H_t^2\right)dS\,\mathbf{n} \end{aligned} \tag{1.98}$$

앞에서 선택된 두 방향을 따른 힘의 두 성분을 식 (1.99)와 같이 밝히는 것이 가능하다.

$$\begin{aligned} dF_t &= (\mu_0 H_t H_n)dS \\ dF_n &= \frac{\mu_0}{2}\left(H_n^2 - H_t^2\right)dS \end{aligned} \tag{1.99}$$

힘의 크기는 식 (1.100)과 같이 계산된다.

$$\begin{aligned} dF &= \sqrt{(\mu_0 H_t H_n\,dS)^2 + \left[\frac{\mu_0}{2}\left(H_n^2 - H_t^2\right)dS\right]^2} \\ &= \frac{1}{2}\mu_0\left(H_t^2 + H_n^2\right)dS = \frac{1}{2}\mu_0 H^2\,dS \end{aligned} \tag{1.100}$$

힘 벡터(force vector)와 무한소 면 dS에 수직인 단위 벡터 사이의 각도 α는 식 (1.101)과 같이 계산된다.

$$\tan\alpha = \frac{H_t H_n}{\frac{1}{2}\left(H_n^2 - H_t^2\right)} = 2\frac{H_t/H_n}{1-(H_t/H_n)^2} = 2\frac{\tan\theta}{1-\tan^2\theta} = \tan(2\theta) \tag{1.101}$$

여기서 $\tan\theta = H_t / H_n$으로서, θ는 벡터 **H**와 단위 벡터 **n** 사이의 각도를 나타낸다. 각도 α는 각도 θ의 2배, 즉 $\alpha = 2\theta$로 귀결됨에 주목하라.

특별한 경우들이 표 1.2에 보여졌다.

Table 1.2
Particular cases of the computation of the magnetic force by means of the Maxwell's stress tensor

Case	Field	Force
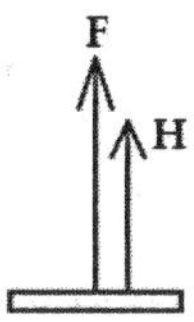	$H_t = 0$ $H_n \neq 0$	$dF_t = 0$ $dF_n \neq 0\ (> 0)$
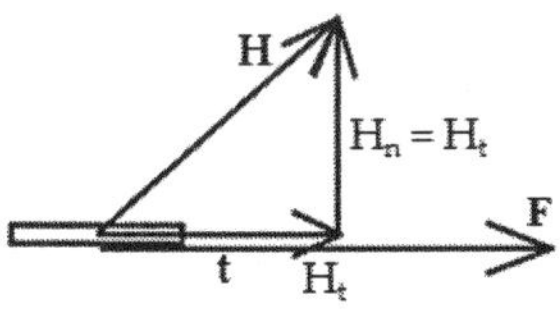	$H_t = H_n \neq 0$	$dF_t \neq 0$ $dF_n = 0$
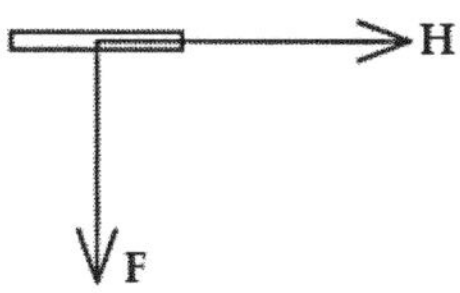	$H_t \neq 0$ $H_n = 0$	$dF_t = 0$ $dF_n \neq 0\ (< 0)$

1.3 Fundamental Equations Summary

전계(電界, 전기장(電氣場))과 자계(磁界,자기장(磁氣場))를 나타내는 주 벡터는

$\mathbf{B}(P, t)$	자속밀도
$\mathbf{D}(P, t)$	전기 변위(전속밀도)
$\mathbf{E}(P, t)$	Maxwell의 전계로서 Coulomb 전계와 유도 전계의 합, $\mathbf{E}(P, t) = \mathbf{E}_c(P, t) + \mathbf{E}_i(P, t)$
$\mathbf{H}(P, t)$	자계의 세기
$\mathbf{J}(P, t)$	전류밀도

이다. 여기서 P는 벡터가 고려되고 있는 점인 반면, t는 벡터가 고려되고 있는 시간이다. 바꾸어 말하면, P는 공간 종속을 가리키는 반면, t는 시간 종속을 가리킨다.

1.3.1 Maxwell's Equations

벡터 장 사이의 상호작용은 식 (1.102)~(1.105)의 Maxwell 방정식(Maxwell's equations)에 의해 기술된다.

$$\text{curl}\,\mathbf{H}(P,t) = \mathbf{J}(P,t) + \frac{\partial \mathbf{D}(P,t)}{\partial t} \tag{1.102}$$

$$\text{curl}\,\mathbf{E}(P,t) = -\frac{\partial \mathbf{B}(P,t)}{\partial t} \tag{1.103}$$

$$\text{div}\,\mathbf{B}(P,t) = 0 \tag{1.104}$$

$$\text{div}\,\mathbf{D}(P,t) = \rho(P,t) \tag{1.105}$$

물론, 정적(靜的) 장(stationary field) 문제에서는, 벡터 **D**와 **B**의 시간 미분은 0이다.

1.3.2 Constitutive Relationships and Continuity Equation

구성 관계(constitutive relationship)는 식 (1.106)이며 연속 방정식은 식 (1.107)이다.

$$\begin{aligned} \mathbf{B}(P,t) &= \mu(P)\mathbf{H}(P,t) \\ \mathbf{D}(P,t) &= \varepsilon(P)\mathbf{E}(P,t) \\ \mathbf{J}(P,t) &= \sigma(P)\mathbf{E}(P,t) \end{aligned} \tag{1.106}$$

$$\text{div}\,\mathbf{J}(P,t) = -\frac{\partial \rho(P,t)}{\partial t} \tag{1.107}$$

일반적으로 매질은 등방성(等方性, isotropic)이 아니다; 그러면 매질에서의 매개변수(parameter)는 식 (1.108)과 같이 텐서의 성질을 가진다:

$$\mu = \begin{vmatrix} \mu_x & 0 & 0 \\ 0 & \mu_y & 0 \\ 0 & 0 & \mu_z \end{vmatrix}, \quad \varepsilon = \begin{vmatrix} \varepsilon_x & 0 & 0 \\ 0 & \varepsilon_y & 0 \\ 0 & 0 & \varepsilon_z \end{vmatrix}, \quad \sigma = \begin{vmatrix} \sigma_x & 0 & 0 \\ 0 & \sigma_y & 0 \\ 0 & 0 & \sigma_z \end{vmatrix} \tag{1.108}$$

일반적으로 μ_i, ε_i 및 σ_i는 일반적인 i-번째 방향을 따라 상수가 아니다. 사실 그들은 위치의 함수(비균질 매질, nonhomogeneous media) 그리고/또는 자계 **H**와 전界 **E**의 함수(비선형(非線形) 매질, nonlinear media)일 수 있다.

1.3.3 Laplace, Poisson, Helmholtz Equations

식 (1.65), (1.70) 및 (1.72)에 의해 기술되며, 벡터 **D**의 시간 미분이 0인 정자장(靜磁場, magnetostatic field)을 고려하자. 벡터 자기 포텐셜 **A**에 대한 식 (1.68)의

Coulomb 조건의 가정에 의하여, 장 문제(場 問題, field problem)는 식 (1.109)와 같은 준(準) 조화 방정식(quasi-harmonic equation)에 의해 기술된다.

$$\mathrm{curl}\left(\frac{1}{\mu}\,\mathrm{curl}\,\mathbf{A}\right) = \mathbf{J} \tag{1.109}$$

물질이 균질(homogeneous)로서, 투자율 μ가 상수라면, 그러면 식 (1.109)는 식 (1.110)으로 주어지는 Poisson 방정식(Poisson equation)으로 축약된다.

$$\nabla^2 \mathbf{A} = -\mu \mathbf{J} \tag{1.110}$$

고려되는 영역에서 전류밀도 장이 0이라면, 문제는 式 (1.111)과 같은 Laplace 방정식(Laplace equation) [식 (1.52)]에 의해 기술된다.

$$\nabla^2 \mathbf{A} = \mathbf{0} \tag{1.111}$$

자계와 전류밀도 장이 시간에 따라 변화할 때에는, 그들은 서로 상호 결합된다. 그러한 변화가 시간에 따라 정현적(sinusoidal)이라고 가정하자; 그러면 장 양은 식 (1.54)에서 지적한 기호 표기(symbolic notation)를 사용하여 표현될 수 있다. 균일 매질(uniform medium)이 고려되면, 일정한 전기 도전율 σ와 일정한 자기 투자율 μ가 얻어진다. 마지막으로, 변위 장(displacement field) **D**의 시간 미분은 다른 장과 비교하여 무시될 수 있다. 따라서 전계 **E**는 유일한 비 전기력(unique specific electric force)이다. 그러므로 전류밀도 **J**는 전원(電源, source) 전류밀도 $\mathbf{J}_s$와 식 (1.112)에 주어진 바와 같은 유도 전류밀도 $\mathbf{J}_i$의 합으로 얻어진다.

$$\dot{\mathbf{J}}_i = \sigma \dot{\mathbf{E}}_i = \sigma \frac{\partial \dot{\mathbf{A}}}{\partial t} = j\omega\sigma \dot{\mathbf{A}} \tag{1.112}$$

이것을 식 (1.110)에 대입하면 식 (1.113)과 같은 벡터 **A**의 공간 변화(space variation)와 시간 변화(time variation)가 결합된 Helmholtz 방정식(Helmholtz equation)이 도출된다.

$$\nabla^2 \dot{\mathbf{A}} - j\omega\sigma \dot{\mathbf{A}} = -\mu \dot{\mathbf{J}}_s \tag{1.113}$$

References

1. J. A. Stratton, *Electromagnetic Theory*, McGraw-Hill, New York, 1941.

2. M. Abramowitz and I. A. Stegun, *Handbook of Mathematical Functions,* Dover Publications, Inc., New York, 1965, pp. 374–376.
3. D. R. Corson and P. Lorrain, *Introduction to Electromagnetic Field and Waves,* W. H. Freeman & Co., San Francisco–London, 1970.
4. J. D. Kraus and K. R. Carver, *Electromagnetics,* McGraw-Hill, New York, 1973.
5. G. Someda, *Elementi di Elettrotecnica Generale,* Patron Editore, Bologna, 1977 (in Italian).
6. P. Larrain, and D. R. Corson, *Electromagnetism. Principles and Applications,* San Francisco, 1978.
7. M. A. Plonus, *Applied Electromagnetics,* McGraw-Hill, New York, 1978.
8. R. E. Collin, *Field Theory of Guided Waves,* IEEE Press, New York, 1991.
9. D. K. Cheng, *Fundamentals of Engineering Electromagnetics,* Addison-Wesley, Reading, 1993.
10. M. Guarnieri and G. Malesani, *Elettromagnetismo Stazionario e Quasi-Stazionario,* Edizioni Progetto, Padova, 1999 (in Italian).
11. J. M. Jin, *Electromagnetic Analysis and Design in Magnetic Resonance Imaging,* CRC Press, Boca Raton, 1998.

2

Basic Principles of Finite Element Methods

유한요소법(有限要素法, finite element method)의 몇 가지 기본 개념이 이 장과 다음 장에서 다루어진다. 이 장에서는, 장 문제 해석의 고전적인 방법과 비교한 유한요소법의 차이가 강조된다. 방법의 수학적인 표기법(mathematical notation)이 소개된다. 다음 장에서는 해를 위한 계 방정식(系 方程式, system of equations)의 구성이 조사되고, 유한요소법이 몇 가지 2차원(次元) 장(場) 문제(two-dimensional field problem)에 적용된다. 여기서 소개된 개념은 주로 두 권의 뛰어난 책(참고문헌 16과 17을 보라)으로부터 인용된 것이다.

이 두 장은 이 방법이 어떻게 작동(作動)하는 지에 대한 완전한 이해를 획득하기 위해 유용하다. 하지만, 이 부분은 유한요소법의 응용에 주로 관심이 있는 독자는 건너뛸 수도 있다.

2.1 Introduction

전기기기(電氣機器)의 설계(設計)와 해석 과정 동안의 더욱 더 좋은 정밀도(精密度, accuracy)에 대한 요구는 전계와 자계의 계산을 위해 적합한 광범위한 수치 모델(numerical model)을 촉진하였다. 이 수치적 방법(numerical method)은 본질적으로, Maxwell 방정식의 해를 기초로 하여, 연구 중인 구조 내에서의 전계와 자계 분포의 결정에 기반을 둔다. 해석해(analytical solution)는, 복잡한 기하학적 기계 구조와 물질의 비선형 특성 때문에, 거의 수행되지 않는다. 그런 연유로, 대부분의 경우에서 수치 해(數値 解, numerical solution) 만이 가능하다.

유한요소법은 이런 목적에 적합한 수치 기법(numerical technique)이다. 그것은 시변 장(時變 場)뿐만 아니라 비균질, 이방성, 또는 비선형 물질을 가진 경우에도 장 해(場 解, field solution)가 얻어지는 것을 허용한다. 유한요소법의 사용에서, 전 해석 영역은 유한 요소(有限 要素, finite element)라 불리는 기본적인 부분(部分) 영역(subdomain)으로 분할되며, 장 방정식은 이들 각각에 적용된다.

이 방법은 1940년대에 제안되었지만, 거의 10년 후에 항공기(航空機) 설계와 구조 해석에 처음 적용되었다. 세월이 지나감에 따라, 유한요소법은 거의 모든 물리(物理) 및 수학(數學) 문제에 널리 채택되게 되었다. 오늘날에는 이것이 벡터 장 문제의 해를 위한 가장 널리 보급된 방법이다.

장 분포(場 分布, field distribution)의 연구는, 특히 전자장 문제에서, 다음과 같은 이점(利點)을 나타낸다. 그것은 세부까지 정확한 국부(局部) 해석, 위험한 장 경도(field gradient)의 강조, 자계의 세기, 포화(飽和), 기타 등등이 수행되는 것을 허용한다. 그것은 해석 중인 전자(電磁) 장치(electromagnetic device)의 성능의 좋은 추정(특히 해석의 고전적인 방법이 만족스럽지 않은 결과를 주는 경우에)을 허용한다. 마지막으로, 그것은 사실상 시제품(試製品, prototype)의 수를 줄이는 것을 가능하게 한다.

하지만, 이 방법은 몇 가지 결점도 또한 가진다. 수치적인 특성 때문에 해는 필연적으로 근사(近似) 값이다. 따라서, 방법이 옳게 적용되지 않으면, 잘못된 결과를 만들어낼 수 있다. 마지막으로, 계산 양(計算 量)이 공간에 분포되기 때문에, 요구되는 계산 시간이 일반적으로 길다.

계산 시간을 줄이기 위해, 그리고 동시에 해석을 개선하기 위해, 구조의 주기성(週期性, periodicity)과 대칭성(對稱性, symmetry)(기하학적 및 전자기적 대칭성 모두)이 사용된다. 결과의 정밀도는 유한 요소의 치수(dimension)와 분할의 균일성에 좌우된다. 정밀도를 증가시키기 위하여, 더 작은 치수의 유한 요소가 채택되도록, 구조의 세분(細分)(fine subdivision)이 수행된다. 그렇지만, 해석 영역의 과도한 분할은 계산 시간의 악화를 초래한다.

2.2 Field Problems with Boundary Conditions

일반적으로, 벡터 장 문제는 경계(境界) 조건(boundary conditions)과 함께 식 (2.1)과 같이 영역 D 내에서 정의되는 미분 방정식(微分 方程式, differential equation)으로 표현된다.

$$L\,\phi(P,t) = f(P,t) \tag{2.1}$$

경계 조건은 해석되는 영역의 경계 Γ를 따른 장을 강제한다. 식 (2.1)에서 L은 미분 연산자, ϕ는 결정되어야 할 미지 함수(未知 函數, unknown function), 그리고 f는 강제(强制) 함수(forcing function)이다. 식 (2.1)은 ϕ와 f 모두 공간에서의 위치 P(x, y, z)와 시간 t의 함수임을 강조한다.

2.2.1 Meaning of the Differential Operator L

일반적으로, L은 임의의 미분 연산자일 수 있다. 그것은 보통 덧셈(additivity)과 상수(常數) 곱셈(product by a constant)의 성질을 만족하는 선형 연산(線形 演算, linear operation)을 나타낸다.

전자장 문제에서는, 식 (2.1)은 ϕ가 스칼라 또는 벡터 장인 Poisson, Laplace 또는 Helmholtz 방정식으로 주어진다. 예를 들어, 정전장 문제(electrostatic problem)의 경우에는, ϕ는 스칼라 전위(scalar electric potential) V를 가리키며, 그 분포는 Poisson 방정식에 의해 표현된다. 강제 함수 f는 자유 전하 밀도(free charge density) $f = \rho$의 분포이다. 그러면, 식 (2.1)은 식 (2.2)와 같이 다시 써질 수 있다.

$$\operatorname{div}(\varepsilon \operatorname{grad} V) = \rho \tag{2.2}$$

여기서 비균질 매질(nonhomogeneous medium)이 고려되면, 전기 유전율(electric permittivity) ε이 일정하지 않을 수 있다. 미분 연산자 L은 그러면 식 (2.3)과 같이 표현된다.

$$L = \operatorname{div}(\varepsilon \operatorname{grad}) \tag{2.3}$$

2.2.2 Boundary Conditions

장 문제는, 그 분포를 표현하는 미분 방정식이 영역 D의 모든 점에서 알려질 뿐만 아니라, 미지 함수 ϕ가 영역 D 자체의 경계 Γ에서 주어진다면, 해를 허용한다. 덧붙여, 일단 해가 찾아지면, 이 해는 유일하다는 것(이것은 유일성 정리(唯一性定理, unicity theorem)이다)이 입증될 수 있다.

Γ에서의 함수 ϕ의 거동을 표현하는 조건은 제약(制約, constraint) 또는 경계 조건이라 불린다. 이 조건 중에는, ϕ의 주어진 값이 경계 Γ에 할당되는 Dirichlet 조건(Dirichlet's condition) 또는 경계 Γ에 수직인 ϕ의 미분의 주어진 값이 할당되는 Neumann 조건(Neumann's condition)이 주어질 수 있다. 덧붙여, 경계 Γ의 서로 다른 부분에서 ϕ의 같은 값을 강제하는 주기 조건(週期 條件, periodicity condition)이 할당될 수 있다.

Γ_1을 경계 Γ의 부분이라 하면, Dirichlet 조건은 아래와 같이 될 수 있다.

1. 제차 조건(齊次 條件, homogeneous condition) (1종 경계 조건):

$$\phi = 0 \quad \text{on } \Gamma_1 \tag{2.4}$$

2. 비제차 조건(非齊次 條件, nonhomogeneous condition):

$$\phi = \phi_f \quad \text{on } \Gamma_1 \tag{2.5}$$

Γ_2를 전 경계 Γ의 나머지 부분이라 하면, Neumann 조건은 아래와 같이 될 수 있다.

1. 제차 조건 (2종 경계 조건):

$$\frac{\partial \phi}{\partial n} = 0 \quad \text{on}\, \Gamma_2 \tag{2.6}$$

2. 제차 조건 (3종 경계 조건):

$$\frac{\partial \phi}{\partial n} + k\phi = 0 \quad \text{on}\, \Gamma_2 \tag{2.7}$$

3. 비제차 조건:

$$\frac{\partial \phi}{\partial n} + k\phi = \phi_g \quad \text{on}\, \Gamma_2 \tag{2.8}$$

2.3 Classical Method for the Field Problem Solution

앞 절에서 주어진 바와 같이, 장 문제가 식 (2.1)과 적절한 경계 조건에 의해 표현되었다고 하자. 장 문제를 풀기 위한 몇 가지 방법이 이제 설명된다. 특히 고전 잔차법(殘差法)(classical residual method)(또는 Galerkin 법(Galerkin's method)), 고전 변분법(變分法)(classical variational method)(또는 Rayleigh-Ritz 법(Rayleigh-Ritz's method)), 그리고 유한요소법 등이다.

이 방법들 모두는 미지 함수 ϕ를 가능한 한 가깝게 근사화하는 함수 ϕ^*를 정의하는 것을 목표로 한다. 그러한 함수는 보통 식 (2.9)와 같이 기본(基本) 함수(base function)의 선형 결합(線形 結合, linear combination)으로 표현된다.

$$\phi^*(P, t) = \sum_{j=1}^{N} \Phi_j v_j(P, t) \tag{2.9}$$

여기서 v_j는 보간 함수(補間 函數, interpolation function)(이것은 또한 전개(展開) 함수(expansion function) 또는 기본(基本) 함수(base function)라고도 불린다)인 한편, Φ_j는 계산 과정을 통해 결정되어야 하는 미지 계수(未知 係數, unknown coefficients)이다. 이러한 조합은, 미분 연산자[식 (2.1)]와 경계 조건을 동시에 만족하여, 완전해(完全解, exact solution)를 적절하게 근사화해야 한다.

고전 잔차법과 고전 변분법 등 첫 두 방법은 전 해석 영역(whole analysis domain)을 고려한다. 함수 v_j는 전 영역에 대해 정의된다. 거꾸로, 유한요소법에서는 전 영역이 부분 영역으로 분할된다; 그러면 함수 ϕ^*는 부분 영역에서 정의되는 함수 v_j의 결합이다. 따라서, 부분 영역이 치수(dimensions)가 줄어들었기 때문에, 보간 함수 v_j는 매우 간단해질 수 있다.

다른 과정을 설명하기 전에, 두 함수 ϕ와 φ 사이의 내적(內積, inner product)을 소개한다. 체적 τ를 참조하자; 그러면 내적은 식 (2.10)과 같이 정의된다.

$$\langle \phi, \varphi \rangle = \int_\tau \phi \tilde{\varphi} d\tau \tag{2.10}$$

여기서 기호 ~는 복소 공액(複素 共軛, complex conjugate)을 가리킨다. 이 내적은 식 (2.11), (2.12)와 같이 덧셈과 상수 곱셈의 성질이 만족되기 때문에, 선형 연산(線形 演算, linear operation)이다:

$$\langle \phi_1 + \phi_2, \varphi \rangle = \langle \phi_1, \varphi \rangle + \langle \phi_2, \varphi \rangle \tag{2.11}$$

$$\langle \alpha\phi, \varphi \rangle = \alpha \langle \phi, \varphi \rangle \tag{2.12}$$

식 (2.10)에 의해 주어진 내적의 정의는 미분 연산자 L의 성질을 입증하는데 사용될 수 있다. 특히, 연산자 L이 정정(正定, positive defined)이라면 성립하는 식 (2.13)과, 내적의 연산 내에 있는 연산자 L의 인수(因數, argument)를 교환하는 것이 가능하다면 성립하는 식 (2.14)가 입증되어야 할 것이다:

$$\langle L\phi, \varphi \rangle = \begin{cases} >0 & \phi \neq 0 \\ =0 & \phi = 0 \end{cases} \tag{2.13}$$

$$\langle L\phi, \varphi \rangle = \langle \phi, L\varphi \rangle \tag{2.14}$$

2.4 The Classical Residual Method (Galerkin's Method)

고전 잔차법은 미분 방정식 식 (2.1)을 직접 다룬다. 그것은 미분 방정식 식 (2.1)의 잔차(殘差, residual)를 줄임으로써 장 문제를 푼다. 그것은 다음과 같은 가정에 기초를 둔다: 완전해 ϕ에 더 잘 접근하는 함수 ϕ^*는 식 (2.15)의 잔차가 전 해석 영역에서 0(또는 적어도 매우 낮은)과 같아지는 것에 대응된다.

$$r = L\phi^* - f \tag{2.15}$$

어떤 가중 함수(加重 函數, weight function) w_i를 정해두고, 잔차법은 영역 체적 τ_D에 걸쳐 w_i에 의해 가중된 잔차의 적분이 0이 되도록 강제한다. 이것은 다음의

조건으로 강제된다:

$$R_i = \int_{\tau_D} w_i \left(L\phi^* - f\right) d\tau = 0 \tag{2.16}$$

몇 가지 다른 가중 잔차법(加重 殘差法, weighted residual method)들이 있다. 가장 잘 알려지고 가장 많이 사용되는 방법은 Galerkin 법으로서, 식 (2.17)과 같이 가중 함수 w_i가 보간 함수 ν_i와 같게 선택된다.

$$w_i = \nu_i \quad i = 1, 2, 3, \cdots, N \tag{2.17}$$

일반적으로 이 선택은 더 정확한 해를 산출한다.

그러면, 식 (2.9)의 가정을 사용하여, 식 (2.16)은 식 (2.18)과 같이 된다.

$$R_i = \int_{\tau_D} \left[\nu_i L\left(\sum_{j=1}^{N} \Phi_j \nu_j \right) - \nu_i f \right] d\tau \quad i = 1, 2, 3, \cdots, N \tag{2.18}$$

이 방정식은 식 (2.19)와 같이 표현될 수 있는 계 방정식(系 方程式, system of equations)을 산출한다.

$$[SS][\phi] = [T] \tag{2.19}$$

여기서 $[\phi]$는 미지 계수 Φ_i의 열(列) 벡터(a column vector)이다. [SS]는 보간 함수에 종속하여 그 요소가 식 (2.20)과 같이 주어지는 행렬(行列) 벡터(matrix vector)이다.

$$s_{ij} = \frac{1}{2}\int_{\tau_D} \left(\nu_i L \nu_j + \nu_j L \nu_i \right) d\tau \tag{2.20}$$

연산자 L이 식 (2.14)의 성질을 만족한다면, 행렬 벡터 [SS]는 대칭(對稱, symmetrical)이며, 그 요소는 식 (2.21)과 같다.

$$s_{ij} = \int_{\tau_D} \nu_i L \nu_j d\tau \tag{2.21}$$

이 경우, Galerkin 법에 의해 얻어지는 계 방정식은 변분법에 의해 얻어지는 것과 같다. 마지막으로, 식 (2.19)의 [T]는 그 요소가 강제 함수 f에 종속되는 열 벡터(a column vector)이다. 그 요소는 식 (2.22)와 같이 주어진다.

$$t_i = \int_{\tau_D} \nu_i f d\tau \tag{2.22}$$

2.5 The Classical Variational Method (Rayleighy-Ritz's Method)

변분법(變分法)(또한 Rayleigh-Ritz 법(Rayleigh-Ritz's method) 또는 간단히 Ritz 법(Ritz's method)으로도 알려져 있는)은 적분 접근(integral approach)에 의해 장 문제를 푼다. 미분 방정식 식 (2.1)로부터 출발하여, 장 방정식 식 (2.1)과 경계 조건이 부합될 때 그 최소(最小, minimum)가 장 문제의 해에 대응되는 범함수(汎函數, functional)가 수립된다. 이 범함수의 개념은 바로 변분 원리(變分 原理, variational principle)라 불린다. 미분 문제의 해를 찾는 과정은 그러면 범함수의 최소를 찾는 과정으로 된다.

그러면, 함수 ϕ에 관한 범함수의 최소가 식 (2.1)의 해에 대응되기 때문에, 그것은 식 (2.23)과 같이 표현될 수 있다.

$$F(\phi) = \frac{1}{2}\langle L\phi, \phi\rangle - \frac{1}{2}\langle \phi, f\rangle - \frac{1}{2}\langle f, \phi\rangle \tag{2.23}$$

함수 ϕ는, v_j가 다시 전 영역 D에서 정의된, 식 (2.9)로 주어진 함수 ϕ^*로 치환된다. 식 (2.9)가 식 (2.23)에 대입되고, 식 (2.24)와 같이 미지 계수 Φ_i에 관한 범함수 F의 미분을 0으로 둠으로써, 식 (2.19)와 비슷한 선형 계 방정식(system of linear equations)이 얻어진다.

$$\frac{\delta F}{\delta \Phi_i} = 0 \quad i = 1, 2, 3, \cdots, N \tag{2.24}$$

변분법은 식 (2.14)의 성질이 정당할 것을 요구한다. 그 결과 행렬 벡터 [SS]는 대칭이며 계 방정식은 잔차 Galerkin 법에 의해 얻어진 것과 같게 된다.

2.5.1 A Field Problem Solution by Means of the Variational Method

제차 경계 조건, 즉 식 (2.4), (2.6) 또는 식 (2.7)의 종류와 함께, 미분 방정식 식 (2.1)로 주어진 장 문제를 고려하자. 그러면, 내적의 연산은 식 (2.10)과 같이 정의된다. 미분 연산자는 식 (2.13)과 (2.14)의 성질을 모두 만족한다고 가정된다. 목표는 식 (2.1)의 해가 식 (2.23)으로 정의된 범함수의 최소, 즉 $\delta(\delta F) > 0$와 함께 $\delta F = 0$에 대응됨을 증명하는 것이다.

그것은 식 (2.25)와 같다.

$$\begin{aligned} F+\delta F &= F(\phi+\delta\phi) \\ &= \frac{1}{2}\langle L(\phi+\delta\phi), \phi+\delta\phi\rangle - \frac{1}{2}\langle \phi+\delta\phi, f\rangle - \frac{1}{2}\langle f, \phi+\delta\phi\rangle \end{aligned} \tag{2.25}$$

덧셈의 성질을 생각하고, 고차(高次)의 무한소(無限小)(infinitesimal of higher order)를 무시하면, 다음의 식이 얻어진다:

$$\delta F = \frac{1}{2}\langle L\phi, \delta\phi\rangle + \frac{1}{2}\langle L\delta\phi, \phi\rangle - \frac{1}{2}\langle \delta\phi, f\rangle - \frac{1}{2}\langle f, \delta\phi\rangle \tag{2.26}$$

L이 식 (2.14)를 만족한다고 가정되었기 때문에, 식 (2.26)은 식 (2.27)과 같다.

$$\delta F = \frac{1}{2}\langle \delta\phi, L\phi - f\rangle + \frac{1}{2}\langle L\phi - f, \delta\phi\rangle \tag{2.27}$$

따라서, 내적 식 (2.10)의 정의로부터, 다음의 결과가 얻어진다:

$$\delta F = \mathrm{Re}(\langle \delta\phi, L\phi - f\rangle) \tag{2.28}$$

여기서 Re는 실수부(實數部, real part)를 의미한다. 정류 조건(stationary condition) $\delta F = 0$을 부과함으로써, 식 (2.29)가 얻어진다.

$$\mathrm{Re}(\langle \delta\phi, L\phi - f\rangle) = 0 \tag{2.29}$$

δF는 함수 ϕ의 임의의 변화이기 때문에, 식 (2.29)가 임의의 $\delta\phi$에 대해 만족되기 위해서는, ϕ는 조건 식 (2.1)을 만족해야 한다고 바로 결론지을 수 있다. 그러면, 그것이 최소인 점임을 증명하기 위해, 식 (2.13)과 같이 L이 정정(正定)으로 정의되었기 때문에, 식 (2.30)이 찾아진다.

$$\delta(\delta F) = \delta F(\phi+\delta\phi) - \delta F(\phi) = \mathrm{Re}(\langle \delta\phi, L\delta\phi\rangle) > 0 \tag{2.30}$$

범함수의 정류 점(停留 點, stationary point)이 장 문제의 해에 대응되기 위해서는 식 (2.14)의 성질이 필수적임을 유의하는 것이 중요하다. 바꾸어 말하면, 식 (2.13)의 조건을 만족하는 것은 이 정류 점이 최소에 대응된다는 것을 의미한다. 이러한 조건이 제거될 수 있다면, 목표가 식 (2.1)의 해를 찾는 것이기 때문에, 이 해가 범함수의 최소, 최대, 또는 변곡(變曲, flex)인지 어떤지와는 상관이 없다.

2.5.2 Definition of the Modified Variationals

장 문제가 식 (2.1)과 비제차 경계 조건, 즉 식 (2.5)와 (2.8)의 종류로 표현될 때,

위에서 설명된 방법을 다시 적용하기 위해서는 식 (2.23)으로 주어진 범함수 F의 정의를 수정(修正)하는 것이 필수적이다. 사실, 이 경우, 미분 연산자는 식 (2.14)의 성질에 부합하지 않는다.

이러한 결점을 수정하기 위하여, 새로운 미지 함수 $\phi' = \phi - \psi$가 ϕ 대신에 도입된다. 여기서 ψ는 미리 주어진 비제차 조건을 만족하는 임의의 함수이다. 그러므로, 함수 ϕ'는 제차 조건을 만족하고, 그러면 미분 연산자 L은 식 (2.14)의 성질을 만족한다. 범함수 (2.23)의 정의에서 ϕ 대신에 ϕ'와 f 대신에 $f' = f - L\psi$로 치환하면, 식 (2.31)과 같은 결과가 얻어진다.

$$F(\phi') = \frac{1}{2}\langle L\,\phi', \phi'\rangle - \frac{1}{2}\langle \phi', f'\rangle - \frac{1}{2}\langle f', \phi'\rangle \tag{2.31}$$

식 (2.31)로부터 비제차 경계 조건을 고려한 수정된 범함수는 식 (2.32)와 같이 정의된다.

$$F(\phi) = \frac{1}{2}\langle L\phi, \phi\rangle - \frac{1}{2}\langle L\phi, \Psi\rangle + \frac{1}{2}\langle \phi, L\Psi\rangle - \frac{1}{2}\langle \phi, f\rangle - \frac{1}{2}\langle f, \phi\rangle \tag{2.32}$$

이 방정식에서, 함수 ψ를 포함하는 우변 둘째와 셋째 항은 Stokes의 정리와 발산 정리에 의해 영역 경계를 따른 적분으로 바뀔 수 있다. 따라서, 함수 ψ는 고정(固定) 경계 조건(fixed boundary condition)이 적용될 때 없어진다.

방법이 일반화되도록 더 나아간 수정이 범함수의 정의와 내적의 정의에 적용될 수 있다. 특히, 복잡한 미분 연산자(손실(損失)을 갖는 매질의 계산에 사용되는) 또는 식 (2.13)과 (2.14)의 성질을 만족하지 않는 연산자에 이 방법을 채택하는 것이 가능하다. 이 기법에 대하여 더 알고 싶은 독자는 참고문헌에 있는 서적을 참조하기 바란다.

2.5.3 Natural Boundary Conditions

변분법에서, 경계 조건은 자연(自然, natural)과 필수(必須) 경계 조건(essential boundary condition)으로 구별될 수 있다. 자연 경계 조건(natural boundary condition)은 범함수의 정류 점에서 자동적으로 만족되는 경계 조건이다. 필수 경계 조건은 장 문제의 완전해를 얻기 위해 범함수의 정의에 더해져야 한다.

보통의 범함수의 정의의 경우, 함수 ϕ의 미분에 적용되는 Neumann 조건은 자연 조건, 즉 얻어지는 해에 의해 직접 만족되는 조건이다. 거꾸로, 함수 ϕ의 값에 직접 적용되는 Dirichlet 조건은 필수 조건, 즉 장 해(field solution)에 강제되어야 하는 조건이다.

2.6 The Finite Element Method

유한요소법은 근본적으로 전 영역을 고정된 수의 부분(部分) 영역으로 분할하는데 기초를 둔다. 보간 함수 v_i가 전 영역 D에서 정의되는 위에서 설명된 고전적 방법에도 불구하고, 유한요소법에서는 그것들이 오직 각 부분 영역에서만 정의된다. 이 부분 영역의 작은 치수 때문에, 함수 ϕ는 계수가 미지 양인 간단한 보간 함수에 의해 근사화됨을 가져온다. 장 문제의 해는 이 미지 계수가 찾아질 때 얻어진다.

유한 요소 해석(finite element analysis)은 다음의 단계로 체계화된다.

1. 영역의 분할(分割): 영역이 부분 영역으로 분할된다; 그것들은 줄어든 치수로 특성지어 진다.
2. 보간 함수의 선택: 함수 v_i가 선택된다. 앞에서 말한 바에 따라, 부분 영역의 작은 치수에 따라, 이 함수는 매우 간단할 수 있다.
3. 장 문제를 풀기 위한 계 방정식의 공식화(公式化, formulation): 장 해를 나타내는 계 방정식이 Galerkin 법 또는 Rayleigh-Ritz 법에 의해 서로 다르지 않게 전개된다.
4. 문제의 해: 해가 귀착된 계 방정식을 풂으로써 얻어진다.

2.6.1 Partition of the Domain

유한요소법의 첫 단계는 영역을 분할하는 것이다. 전 영역 D가 N_m개의 요소 D_m ($m = 1, 2, 3, \cdots, N_m$)으로 분할된다. 이러한 분할을 이루는 방법은 해의 정밀도에 크게 영향을 준다. 더욱이, 그것은 컴퓨터(computer)에 요구되는 기억 공간(記憶空間, memory space)에 영향을 미친다.

1차원(one-dimensional) 문제에서는, 영역은 곡선(曲線, curve)이며 각 부분 영역은, 그림 2.1 (a)에 보여준 바와 같은, 조각(segment)이다. 다른 조각들의 연결은 원(原) 곡선(original curve)의 형태를 이룬다. 2차원(two-dimensional) 문제에서는, 영역은 면(surface)이며 각 부분 영역은, 그림 2.1 (b)에 보여준 바와 같이, 보통 삼각형(三角形, triangle) 또는 직사각형(直四角形, rectangle; 사각형(四角形, quadrangle)인, 다각형(多角形, polygon)이다. 3차원 문제에서는, 영역은 체적(volume)이며 각 부분 영역은, 그림 2.1 (c)에 보여준 바와 같이, 사면체(四面體, tetrahedron), 삼각주(三角柱, triangular prism) 또는 직육면체(直六面體, rectangular solid; 육면체(六面體, hexahedron))이다.

2.6.2 Choice of the Interpolating Function

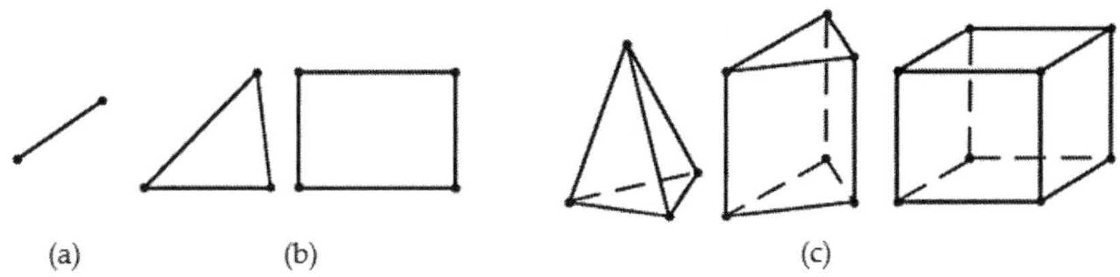

Figure 2.1
Elements for the partition of the domain.

두 번째 단계는 각 m-번째 요소(要素, element)의 미지 함수를 근사화하기 위한 보간 함수의 선택으로 이루어진다. 1차 다항식(多項式)(first-order polynomial)이 선택되면, 선형 보간(linear interpolation)이 이루어진다. 2차 다항식(second-order polynomial)의경우, 2차 보간(quadratic interpolation)이 이루어진다. 또한 더 높은 차수의 다항식(higher-order polynomial)이 선택될 수 있다; 하지만, 그것은 보간에 더 높은 정밀도를 가져오는데도 불구하고, 더 복잡한 공식화를 요구하며, 따라서, 거의 채용되지 않는다. 일단 다항식의 차수(order of the polynomial)가 선택되면, 각 m-번째 요소에서의 미지 해(unknown solution)는 식 (2.33)과 같이 써진다.

$$\phi_m^*(x, y, z, t) = \sum_{j=1}^{n} \Phi_{mj} v_{mj}(x, y, z, t) \tag{2.33}$$

여기서 n은 요소의 절점(節點, node)의 수, Φ_{mj}는 m-번째 요소의 j-번째 절점에서의 ϕ의 값이다. 마지막으로, v_{mj}는 m-번째 요소의 j-번째 절점에 관한 보간 함수이다. 함수의 가장 높은 차수(次數)는 또한 要素의 차수를 정의한다.

2.6.3 Formulation of the System

장 문제를 풀기 위해서는, 각 요소의 절점에서의 Φ_{mj}의 값이 계산되어야 한다. 해가 값 Φ_{mj}에 대응되는 계 방정식이 준비될 필요가 있다. 이 계 방정식을 얻기 위하여, 위에서 설명된 것과 비슷한 방법으로, 변분법과 잔차법이 채용될 수 있지만, 각 요소에 따로 따로 적용된다.

Galerkin 법의 경우, 式 (2.16)이 각 요소에 적용된다. 잔차 적분(殘差 積分 residual integral)이 0으로 두어진다. m-번째 요소에서, 식 (2.34)로 주어지는 n개의 적분은 0과 같게 둔다.

$$\begin{aligned} R_{im} &= \int_\tau v_i \left(L\phi_m^* - f_m\right) d\tau \\ &= \int_\tau v_i\, L\left(\sum_{j=1}^{n} \Phi_{mj} v_{mj}\right) d\tau - \int_\tau v_i f_m\, d\tau \quad i = 1, 2, 3, \cdots, n \end{aligned} \tag{2.34}$$

n개의 미지 Φ_{mj}를 가진 n 계(系) 방정식(system of n equations)이 얻어진다. 식 (2.34)를 영역을 이루는 모든 N_m 요소에 적용하고, 인접(隣接) 요소(adjacent elements) 사이의 연결 관계를 고려하면, N_n개의 미지 Φ_j를 가진 N_n개의 방정식으로 이루어진 식 (2.35)와 같은 종류의 계 방정식(system equation)이 얻어진다:

$$[SS][\phi] = [T] \tag{2.35}$$

Rayleigh-Ritz 법의 경우에는, 범함수는 식 (2.36)과 같이 주어지며 행렬형(matrix form)은 식 (2.37)로 귀결된다.

$$F(\phi^*) = \sum_{m=1}^{M} F(\phi_m^*) = \sum_{j=1}^{N}\left[\frac{1}{2}\int_\tau \phi_m^* L\phi_m^* \, d\tau - \frac{1}{2}\int_\tau f_m \phi_m^* \, d\tau\right] \tag{2.36}$$

$$F(\phi^*) = \frac{1}{2}[\phi]^t[SS][\phi] - [\phi]^t[T] \tag{2.37}$$

계 방정식은 식 (2.38)과 같이, 범함수에, Φ_j에 관한 식 (2.37)의 모든 편미분(偏微分, partial derivatives)을 0으로 두는, 정류 조건을 부과함으로써 얻어진다.

$$\frac{\partial F}{\partial \Phi_j} = 0 \quad j = 1, 2, 3, \cdots, N \tag{2.38}$$

式 (2.35)와 같은 형태의 N_n개의 계 방정식이 얻어진다. 하지만, 변분법을 사용하면, 조건 (2.14)가 만족되기 때문에, 행렬 [SS]는 대칭이다. 이것은 Galerkin 法과 함께 일반적으로는 증명되지 않는다.

2.6.4 Solution of the Problem

일단 계 방정식 식 (2.35)가 세워지면, 영역의 N_n 절점에서의 값 Φ_j가 계산될 수 있다. 계 방정식 식 (2.35)는 보통의 수치 계산 앨고리즘(common numerical algorithm)으로 풀어질 수 있는 연립 방정식이다. 행렬 [SS]가 몇 몇의 0을 포함하기 때문에 이러한 계 방정식을 풀기 위한 적절한 앨고리즘이 존재한다.

References

1. O. C. Zienkiewicz, *The Finite Element Method in Engineering Science*, McGraw-Hill, London, 1971.

2. H. C. Martin and G. F. Carey, *Introduction to Finite Element Analysis: Theory and Application,* McGraw-Hill, New York, 1973.
3. D. H. Norrie and G. de Vries, *The Finite Element Method: Fundamentals and Applications,* Academic Press, New York, 1973.
4. M. V. K. Chari and P. P. Silvester, *Finite Elements in Electrical and Magnetic Field Problem,* John Wiley & Sons, New York, 1980.
5. R. D. Cook, *Concepts and Applications of Finite Element Analysis,* Wiley, New York, 1981.
6. S. S. Rao, *The Finite Element Method in Engineering,* Pergamon Press, Oxford, 1982.
7. R. K. Livesley, *Finite Element: an Introduction for Engineers,* Cambridge University Press, Cambridge, 1983.
8. P. P. Silvester and R. L. Ferrari, *Finite Element Analysis and Design of Electromagnetic Devices,* Cambridge University Press, Cambridge, 1983.
9. J. N. Reddy, *An Introduction to Finite Element Method,* McGraw-Hill, New York, 1984.
10. R. Wait and A. R. Mitchel, *Finite Element Analysis and Applications,* Wiley, New York, 1985.
11. D. A. Lowther and P. P. Silvester, *Computer Aided Design in Magnetics,* Springer-Verlag, New York, 1986.
12. H. Grandin, *Fundamentals of the Finite Element Method,* Macmillan, New York, 1986.
13. D. S. Burnett, *Finite Element Analysis: fron Concepts to Applications,* Addison-Wesley Publishing Company, Reading, 1987.
14. S. R. H. Hoole, *Computer-Aided Analysis and Design of Electromagnetic Device,* Elsevier, New York, Amsterdam, London, 1989.
15. W. B. Bickford, *A First Course in the Finite Element Method,* Richard D. Irwin, Homewood, 1990.
16. J. M. Jin, *The Finite Element Method in Electromagnetics,* John Wiley & Sons, New York, 1992.
17. N. Ida and J. P. A. Bastos, *Electromagnetics and Calculation of Fields,* Springer-Verlag, New York, 1992.
18. S. J. Salon, *Finite Element Analysis of Electrical Machine,* Kluwer Academic Publishers, Boston, 1995.
19. A. Reese and T. Preston, *Finite Element Method in Electric Power Engineering,* Oxford University Press, Oxford, 2000.

3

Applications of the Finite Element Method to Two-Dimensional Fields

3차원(次元) 코드(three-dimensional codes)의 사용이 증가하고 있기는 하지만, 전기기계의 해석에 관련된 장 문제의 대부분은 2차원 해석(two-dimensional (2D) analysis)에 의해 수행될 수 있다. 이것은 몇 가지 이점(利點)과 계산 시간(計算 時間)의 상당한 감소(減少)라는 결과를 제공한다. 2차원 해석에서 생략된 무시할 수 없는 현상은 얻어진 해(解)에서 적절한 수정(修正)에 의해 고려되어야 한다.

이 장에서는 2D 장 문제에 대한 유한요소법의 적용을 다룬다. 이하에서는 데카르트 좌표계를 사용하여 설명될 것이다.

3.1 Introduction

3.1.1 Statement of the Two-Dimensional Field Problem

2D 장 문제에서, 고려되는 영역은 면 S이며, 그 경계는 곡선이다. ϕ를 결정되어야 할 미지 함수라 하자. 그것은 공간 좌표 x와 y의 스칼라 함수, 즉, $\phi = \phi(x, y)$이다. 시간 의존성은 생략된다. f도 또한 x와 y의 함수이며, 시간에는 독립인 강제 함수라 하자. 2D 장 문제는 영역의 경계 Γ에 대해 주어지는 경계 조건과 함께 식 (3.1)과 같은 2계(階) 미분 방정식(differential equation of second order)으로 정의된다.

$$-\operatorname{div}(\alpha \cdot \operatorname{grad}\phi)+\beta\phi = -\frac{\partial}{\partial x}\left(\alpha_x \frac{\partial\phi}{\partial x}\right)-\frac{\partial}{\partial y}\left(\alpha_y \frac{\partial\phi}{\partial y}\right)+\beta\phi = f \tag{3.1}$$

경계 조건은 경계의 부분 Γ_1에 대한 식 (3.2)와 같은 Dirichlet 경계 조건과 경계의 나머지 부분 Γ_2에 대한 식 (3.3)과 같은 Neumann 경계 조건이다:

$$\phi = \phi_f \quad \text{on}\,\Gamma_1 \tag{3.2}$$

$$\left(\alpha_x \frac{\partial\phi}{\partial x}+\alpha_y \frac{\partial\phi}{\partial y}\right)\cdot \mathbf{n}+k\phi = \phi_g \quad \text{on}\,\Gamma_2 \tag{3.3}$$

식 (3.1)과 (3.3)에서, α_x, α_y 및 β는 영역 내의 물질의 물리적 성질에 관련된 기지(旣知)의 매개 변수이다. 식 (3.2)와 (3.3)에서, k, ϕ_f 및 ϕ_g는 경계의 물리적 성질에 관련된 기지의 매개 변수이다. 특히, ϕ_f와 ϕ_g는 경계 곡선을 따른 원천(源泉, sources)을 나타내는 함수이다.

식 (3.1)의 미분 기호는, 특별한 형태가 Laplace, Poisson 및 Helmholtz 방정식인, 일반형이다. 그것은 미분 연산자가 식 (3.4)와 같은 식 (2.1)에 대응된다.

$$L = -\frac{\partial}{\partial x}\left(\alpha_x \frac{\partial}{\partial x}\right) - \frac{\partial}{\partial y}\left(\alpha_y \frac{\partial}{\partial y}\right) + \beta \tag{3.4}$$

3.1.2 Application of the Variational Method

이후에는 다음의 조건이 충족되면 식 (3.1)로 정의된 미분 연산자 L이 식 (2.14)의 성질을 만족한다는 것이 증명된다:

1. 식 (3.1)의 매개 변수 α_x와 α_y가, 수이든 함수이든 간에, 실수(實數, real)이다.
2. 함수 ϕ와 φ가 제차 Dirichlet 조건 또는 제차 Neumann 조건을 만족한다.

식 (2.10)으로 정의된 내적(內積) 연산으로부터, 2D 영역에서는 식 (3.5)와 같이 쓰는 것이 가능하다.

$$\begin{aligned}\langle L\phi, \varphi\rangle &= \int_S \left[-\operatorname{div}(\alpha \cdot \operatorname{grad}\phi) + \beta\phi\right]\tilde{\varphi}\, dS \\ &= \int_S \left[-\operatorname{div}(\alpha \cdot \operatorname{grad}\phi)\right]\tilde{\varphi}\, dS + \beta\int_S \phi\tilde{\varphi}\, dS\end{aligned} \tag{3.5}$$

제 2 Green의 정리 식 (1.23)을 적용하면 식 (3.6)의 결과가 얻어진다.

$$\langle L\phi, \varphi\rangle = \int_S \phi\left[-\operatorname{div}(\alpha \cdot \operatorname{grad}\tilde{\varphi}) + \beta\phi\right]dS - \int_\Gamma \alpha \cdot \left(\tilde{\varphi}\frac{\partial\phi}{\partial n} - \phi\frac{\partial\tilde{\varphi}}{\partial n}\right)dl + \beta\int_S \phi\tilde{\varphi}\, dS \tag{3.6}$$

함수 ϕ와 φ가 모두 경계 Γ에서 제차(齊次) 조건을 만족하기 때문에, 우변 둘째 항은 0이 된다. 그러면, 식 (3.7)이 성립한다.

$$\langle L\phi, \varphi\rangle = \int_S \phi\left[-\operatorname{div}(\alpha \cdot \operatorname{grad}\tilde{\varphi}) + \beta\tilde{\varphi}\right]dS = \langle \phi, L\varphi\rangle \tag{3.7}$$

같은 가정으로, 식 (3.8)이 얻어진다.

$$\begin{aligned}\langle L\phi, \phi\rangle &= \int_S \left[-\operatorname{div}(\alpha \cdot \operatorname{grad}\phi) + \beta\phi\right]\tilde{\phi}\, dS \\ &= \int_S \left[-\operatorname{div}(\alpha \cdot \operatorname{grad}\phi)\right]\tilde{\phi}\, dS + \beta\int_S \phi\tilde{\phi}\, dS\end{aligned} \tag{3.8}$$

제 1 Green의 정리 식 (1.22)를 적용하면 식 (3.9)의 결과가 얻어진다.

$$\langle L\phi, \phi\rangle = \int_S \alpha \cdot \mathrm{grad}\,\phi \cdot \mathrm{grad}\,\tilde{\phi}\,dS - \int_\Gamma \alpha \cdot \tilde{\phi}\frac{\partial\phi}{\partial n}dl + \beta\int_S \phi\tilde{\phi}\,dS \tag{3.9}$$

제차 경계 조건 식 (2.4)와 (2.7)을 대입하면 식 (3.10)의 결과가 얻어진다

$$\begin{aligned}\langle L\phi, \phi\rangle &= \int_S \alpha\,|\mathrm{grad}\,\phi|^2\,dS + \int_{\Gamma_2} k\,|\phi|^2\,dl + \beta\int_S |\phi|^2\,dS \\ &= \int_S\left[\alpha\,|\mathrm{grad}\,\phi|^2 + \beta\,|\phi|^2\right]dS + \int_{\Gamma_2} k\,|\phi|^2\,dl\end{aligned} \tag{3.10}$$

정(正)의 α, k와 함께, 미분 연산자는 정정(正定), 즉 식 (2.13)의 성질이 만족됨을 보는 것이 가능하다: $\phi \neq 0$이면 $\langle L\phi, \phi\rangle > 0$, $\phi = 0$이면 $\langle L\phi, \phi\rangle = 0$.

식 (2.23)으로 정의된 범함수(汎函數) F(ϕ)는 式 (3.11)과 같이 된다.

$$\begin{aligned}F(\phi) &= \frac{1}{2}\langle L\phi, \phi\rangle - \frac{1}{2}\langle\phi, f\rangle - \frac{1}{2}\langle f, \phi\rangle \\ &= \frac{1}{2}\int_S\left[\alpha\,|\mathrm{grad}\,\phi|^2 + \beta\,|\phi|^2\right]dS + \frac{k}{2}\int_{\Gamma_2}|\phi|^2\,dl - \frac{1}{2}\int_S\left(\phi\tilde{f} + f\tilde{\phi}\right)dS\end{aligned} \tag{3.11}$$

비제차 경계 조건인 경우에는, 2장의 2.5.2절에서 설명된 기법이 적용된다. 이 경우에는 항상 범함수가 式 (3.12)와 같이 된다.

$$F(\phi) = \frac{1}{2}\int_S\left[\alpha\,|\mathrm{grad}\,\phi|^2 + \beta\,|\phi|^2\right]dS + \int_{\Gamma_2}\left[\frac{k}{2}|\phi|^2 - \phi\phi_g\right]dl - \frac{1}{2}\int_S\left(\phi\tilde{f} + f\tilde{\phi}\right)dS \tag{3.12}$$

ϕ와 f가 실함수(實函數)로 주어졌으므로, 다음의 정식화를 얻는 것이 가능하다:

$$\begin{aligned}F(\phi) = &\frac{1}{2}\int_S\left[\alpha_x\left(\frac{\partial\phi}{\partial x}\right)^2 + \alpha_y\left(\frac{\partial\phi}{\partial y}\right)^2 + \beta\phi^2\right]dS \\ &+ \int_{\Gamma_2}\left[\frac{k}{2}\phi^2 - \phi\phi_g\right]dl - \int_S f\phi\,dS\end{aligned} \tag{3.13}$$

식 (3.1), (3.2) 및 (3.3)으로 표현되는 장 문제의 해는 경계 조건 식 (3.2)를 만족하는 범함수 식 (3.13)의 정류 점(停留 點, stationary point)에 대응된다.

ϕ에 관한 F(ϕ)의 변분(變分)은 식 (3.14)와 같다.

$$\delta F(\phi) = \frac{1}{2}\int_S \left[\alpha_x \frac{\partial \phi}{\partial x}\frac{\partial \delta\phi}{\partial x} + \alpha_y \frac{\partial \phi}{\partial y}\frac{\partial \delta\phi}{\partial y} + \beta\phi\delta\phi \right] dS + \int_{\Gamma_2}\left[k\phi - \phi_g\right]\delta\phi\, dl - \int_S f\,\delta\phi\, dS \tag{3.14}$$

우변의 첫 번째 적분의 두 항은 식 (3.15)와 같이 다시 써질 수 있다.

$$\begin{aligned} \alpha_x \frac{\partial \phi}{\partial x}\frac{\partial \delta\phi}{\partial x} &= \frac{\partial \phi}{\partial x}\left(\alpha_x \frac{\partial \phi}{\partial x}\delta\phi\right) - \frac{\partial}{\partial x}\left(\alpha_x \frac{\partial \phi}{\partial x}\right)\delta\phi \\ \alpha_y \frac{\partial \phi}{\partial y}\frac{\partial \delta\phi}{\partial y} &= \frac{\partial \phi}{\partial y}\left(\alpha_y \frac{\partial \phi}{\partial y}\delta\phi\right) - \frac{\partial}{\partial y}\left(\alpha_y \frac{\partial \phi}{\partial y}\right)\delta\phi \end{aligned} \tag{3.15}$$

α_x와 α_y가 전 영역에서 연속이라 하자. 그러면, 발산 정리(發散 定理) 식 (1.20)과 (3.15)의 관계에 의해, 식 (3.14)는 (3.16)과 같이 다시 써질 수 있다.

$$\begin{aligned} \delta F(\phi) = &\int_S \left[-\frac{\partial}{\partial x}\left(\alpha_x \frac{\partial \phi}{\partial x}\right) - \frac{\partial}{\partial y}\left(\alpha_y \frac{\partial \phi}{\partial y}\right) + \beta\phi - f \right]\delta\phi\, dS \\ &+ \int_{\Gamma_2}\left[\left(\alpha_x \frac{\partial \phi}{\partial x}\mathbf{u}_x + \alpha_y \frac{\partial \phi}{\partial y}\mathbf{u}_y\right)\cdot \mathbf{n}\right]\delta\phi\, dl + \int_{\Gamma_2}\left[k\phi - \phi_g\right]\delta\phi\, dl \end{aligned} \tag{3.16}$$

ϕ는 Γ_1에서, 식 (3.2)에 표현된 바와 같이, ϕ_f와 같은, 고정된 값을 나타내기 때문에, 그러면 $\delta\phi$는 선 Γ_1에서 0이 된다. 따라서, Γ_1에 대한 대응되는 적분 또한 0이 된다. 범함수의 변분은 식 (3.17)과 같이 된다.

$$\begin{aligned} \delta F(\phi) = &\int_S \left[-\frac{\partial}{\partial x}\left(\alpha_x \frac{\partial \phi}{\partial x}\right) - \frac{\partial}{\partial y}\left(\alpha_y \frac{\partial \phi}{\partial y}\right) + \beta\phi - f \right]\delta\phi\, dS \\ &+ \int_{\Gamma_2}\left[\left(\alpha_x \frac{\partial \phi}{\partial x}\mathbf{u}_x + \alpha_y \frac{\partial \phi}{\partial y}\mathbf{u}_y\right)\cdot \mathbf{n} + k\phi - \phi_g\right]\delta\phi\, dl \end{aligned} \tag{3.17}$$

범함수의 정류 점이 되기 위한 조건은 변분 식 (3.17)이 0이 되도록 강제하는 것에 대응된다. 이것은, 면적 적분과 선 적분이 독립적으로 0이 되는 것과 같이, $\delta\phi$의 각 변분에 대해 입증되어야 한다. 그러므로 그 결과는 식 (3.18)이다

$$\begin{aligned} -\frac{\partial}{\partial x}\left(\alpha_x \frac{\partial \phi}{\partial x}\right) - \frac{\partial}{\partial y}\left(\alpha_y \frac{\partial \phi}{\partial y}\right) + \beta\phi - f &= 0 \\ \left(\alpha_x \frac{\partial \phi}{\partial x}\mathbf{u}_x + \alpha_y \frac{\partial \phi}{\partial y}\mathbf{u}_y\right)\cdot \mathbf{n} + k\phi - \phi_g &= 0 \end{aligned} \tag{3.18}$$

그것은 장 문제를 나타내는 미분 방정식 식 (3.1)과 경계에서의 함수 ϕ의 미분을

강제하는 경계 조건 식 (3.3) 모두가 만족되는 것을 의미한다. 2장에서 설명된 바와 같이, 이 조건은 자연 조건(自然 條件, natural condition), 즉, 해에 의해 자동적으로 만족되는 조건이다. 반대로 경계 조건 식 (3.2)는 문제를 풀 때 명백하게 강제되어야 필수 조건(必須 條件, essential condition)이다.

3.2 Linear Interpolation of the Function ϕ

2D 영역은 유한하며 충분히 많은 수의 요소로 분할된다. 가장 간단한 경우는, 같아야 할 필요는 없지만 서로 겹치지 않는 삼각형 형태의 요소이다. 각 꼭지점은 절점(節點, node)이라 불리며, 그들 모두는 그물 망(網)(mesh)을 이룬다. 구조가 N_m개의 유한 요소로 분할되고, 총 절점의 수는 N_n이라고 가정하자. 그들 각각은 포텐셜 함수 ϕ의 값이 Φ_i라고 가정한다.

요소의 작은 크기를 생각하면, 보간 함수 $v_i(x, y)$는 간단해도 된다. 다음과 같이, 각 m-번째 요소에 대해, 식 (3.19)로 주어진 바와 같은, 함수 ϕ의 선형 보간(線形補間, linear interpolation)이 가정된다.

$$\phi_m(x,y) = a + bx + cy \tag{3.19}$$

특히, 삼각형의 세 절점에서, 3개의 i-번째 값은 식 (3.20)으로 주어진다.

$$\begin{cases} \Phi_1 = a + bx_1 + cy_1 \\ \Phi_2 = a + bx_2 + cy_2 \\ \Phi_3 = a + bx_3 + cy_3 \end{cases} \tag{3.20}$$

각 유한 요소의 절점에서의 알고 있는 함수의 값, 즉, Φ_1, Φ_2 및 Φ_3으로부터, 식 (3.19)에 의해, 요소의 임의의 다른 점에서의 포텐셜 함수를 계산하는 것이 가능하다. 이것이 그림 3.1에 표현되었다.

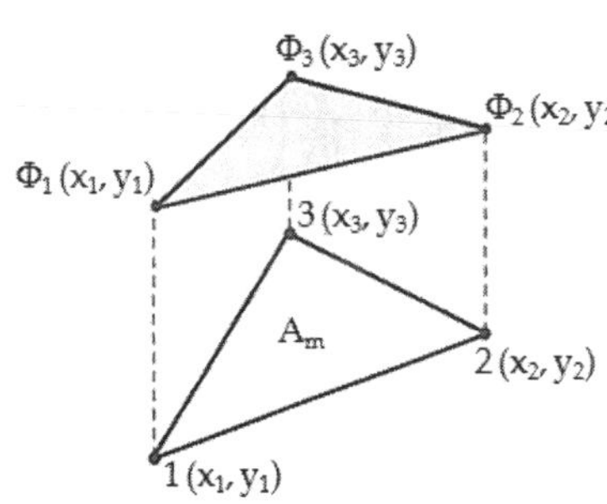

Figure 3.1
Linear interpolation of the potential function ϕ_m in the m-th triangular element.

요소의 세 절점에서 포텐셜의 세 값이 주어졌다면, 세 미지수 a, b 및 c가 있는 연립 방정식 식 (3.20)을 푸는 것이 가능하다. 첫째로, 그림 3.1에 보여준 바와 같은, m-번째 삼각형 요소의 면적을 나타내는 식 (3.21)이 계산된다.

$$A_m = \frac{1}{2}\begin{vmatrix} 1 & x_1 & y_1 \\ 1 & x_2 & y_2 \\ 1 & x_3 & y_3 \end{vmatrix} = \frac{1}{2}\left[(x_2y_3 - x_3y_2) + (x_3y_1 - x_1y_3) + (x_1y_2 - x_2y_1)\right] \tag{3.21}$$

Cramer의 법칙(Cramer's rule)에 의해, 식 (3.22)가 구해진다.

$$\begin{aligned} a &= \frac{1}{2A_m}\left[\Phi_1(x_2y_3 - x_3y_2) + \Phi_2(x_3y_1 - x_1y_3) + \Phi_3(x_1y_2 - x_2y_1)\right] \\ b &= \frac{1}{2A_m}\left[\Phi_1(y_2 - y_3) + \Phi_2(y_3 - y_1) + \Phi_3(y_1 - y_2)\right] \\ c &= \frac{1}{2A_m}\left[\Phi_1(x_3 - x_2) + \Phi_2(x_1 - x_3) + \Phi_3(x_2 - x_1)\right] \end{aligned} \tag{3.22}$$

식 (3.22)를 다시 쓰면 식 (3.23)이 되며, 여기서 p_i, q_i 및 r_i는 각각 식 (3.24)와 같다.

$$\begin{aligned} a &= \frac{1}{2A_m}\left[\Phi_1 p_1 + \Phi_2 p_2 + \Phi_3 p_3\right] \\ b &= \frac{1}{2A_m}\left[\Phi_1 q_1 + \Phi_2 q_2 + \Phi_3 q_3\right] \\ c &= \frac{1}{2A_m}\left[\Phi_1 r_1 + \Phi_2 r_2 + \Phi_3 r_3\right] \end{aligned} \tag{3.23}$$

$$\begin{aligned} p_1 &= x_2y_3 - x_3y_2 & q_1 &= y_2 - y_3 & r_1 &= x_3 - x_2 \\ p_2 &= x_3y_1 - x_1y_3 & q_2 &= y_3 - y_1 & r_2 &= x_1 - x_3 \\ p_3 &= x_1y_2 - x_2y_1 & q_3 &= y_1 - y_2 & r_3 &= x_2 - x_1 \end{aligned} \tag{3.24}$$

식 (3.19)는 m-번째 삼각형 유한 요소 내부에서의 미지 함수 $\phi_m(x, y)$를 나타낸다. 그것은 식 (3.25)와 같이 다시 써질 수 있다.

$$\begin{aligned} \phi_m(x,y) &= \left(\frac{1}{2A_m}\sum_{i=1}^{3} p_i\Phi_i\right) + \left(\frac{1}{2A_m}\sum_{i=1}^{3} q_i\Phi_i\right)\cdot x + \left(\frac{1}{2A_m}\sum_{i=1}^{3} r_i\Phi_i\right)\cdot y \\ &= \sum_{i=1}^{3}\frac{(p_i + q_i x + r_i y)}{2A_m}\cdot\Phi_i = \sum_{i=1}^{3} v_i(x,y)\cdot\Phi_i \end{aligned} \tag{3.25}$$

삼각형 자체의 절점에서의 값 Φ_1, Φ_2 및 Φ_3의 선형 결합(線形 結合, linear combination)으로써 삼각형의 각 점에서 함수 $\phi_m(x, y)$를 정의하는 것이 가능함에 유의하는 것이 중요하다. 그러면, 장을 이해하기 위하여, 전체 영역을 이루는 각 요소의 절점에서의 미지 함수 $\phi_m(x, y)$의 값을 계산하기에 충분함이 명백하다. 식 (3.25)에서는, 함수 $\phi_m(x, y)$를 보간하는, i = 1, 2, 3인, 보간 함수 $v_i(x, y)$가 강조되었다. 그 각각은 그림 3.2에 그려진 바와 같이, 도식적으로 나타내어질 수 있다.

3.2.1 Computation on the Function ϕ_m (x, y)

나아가기에 앞서, 앞으로 유용할, 식 (3.19)에 정의된 함수 $\phi_m(x, y)$에 대한 몇 가지 연산을 고려하자.

ϕ_m이 스칼라 함수라 하면, 그 경도(傾度, gradient)는 식 (3.26)으로 주어진다.

$$\begin{aligned}\text{grad}\,\phi_m &= \text{grad}(a+bx+cy)\\ &= \left[\frac{\partial(a+bx+cy)}{\partial x}, \frac{\partial(a+bx+cy)}{\partial y}, 0\right]\\ &= (b, c, 0)\end{aligned} \tag{3.26}$$

상사(相似, analogy)에 의해, 2D 문제에서 보통 일어나는 것 처럼, ϕ_m이 벡터 함수이며 z-축 성분만을 갖는다면, 그 회전(回轉, curl)은 식 (3.27)과 같이 주어진다.

$$\begin{aligned}\text{curl}\,\boldsymbol{\phi}_m &= \text{curl}[0, 0, (a+bx+cy)]\\ &= \left[\frac{\partial(a+bx+cy)}{\partial y}, -\frac{\partial(a+bx+cy)}{\partial x}, 0\right]\\ &= (c, -b, 0)\end{aligned} \tag{3.27}$$

각 삼각형 요소 내부에서의 (grad ϕ_m · grad ϕ_m)과 (curl ϕ_m · curl ϕ_m)의 값은, 그것이 좌표 x와 y에 종속되지 않기 때문에, 일정하다. 사실, 그 결과는 식 (3.28), (3.29)와 같다.

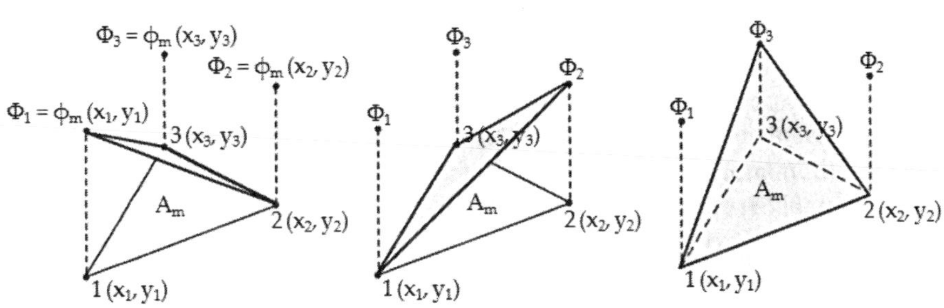

Figure 3.2
Representation of the linear interpolating functions of the function ϕ_m in the m-th triangular element drawn in Figure 3.1.

$$\text{grad } \phi_m \cdot \text{grad } \phi_m = b^2 + c^2 \tag{3.28}$$

$$\text{curl } \boldsymbol{\phi}_m \cdot \text{curl } \boldsymbol{\phi}_m = b^2 + c^2 \tag{3.29}$$

3.3 Application of the Variational Method

장 문제는 장 문제에 관련된 범함수 F를 계산하는 적분 정식화(積分 定式化, integral formulation)에 의해 풀려진다. 그것은 포텐셜 ϕ의 N_n개의 미지 값 Φ_i의 함수로서 표현된다. 장 문제는 범함수를 최소화하고 Dirichlet 경계 조건을 만족하는 (Neumann 경계 조건은, 만일 있다면, 3.1.2절에서 본 바와 같이, 자연적으로 만족된다) Φ_i의 N_n-차원 벡터로 된다. 달리 말해, 식 (3.30)과 같이, 영역의 N_n개의 절점에서 Φ_i에 관한 범함수 F의 모든 미분을 0으로 두는 것이 필요하다.

$$\frac{\partial F}{\partial \Phi_i} = 0 \quad \text{with} \quad j = 1, 2, 3, \cdots, N_n \tag{3.30}$$

범함수 F가 식 (3.31)과 같이 영역을 이루는 모든 N_m개의 유한 요소와 관련된 범함수 F_m의 合으로 주어지기 때문에 식 (3.30)으로 표현되는 장 문제의 해는 식 (3.32)와 같이 표현될 수 있다.

$$F = \sum_{m=1}^{N_m} F_m \tag{3.31}$$

$$\frac{\partial F}{\partial \Phi_i} = \sum_{m=1}^{N_m} \frac{\partial F_m}{\partial \Phi_i} = 0 \quad \text{with} \quad j = 1, 2, 3, \cdots, N_n \tag{3.32}$$

3.3.1 Functional Referred to the m-th Element

F_m으로 나타내는, m-번째 유한 요소에 관련된 범함수는 요소의 세 절점에서의 값 Φ_i에만 의존한다. 사실, F_m은 요소 내에서의 함수 ϕ_m에 의존하며 이 ϕ_m은, 식 (3.25)로 정의된 바와 같이, 절점에서의 포텐셜의 선형 결합이다. 따라서, m-번째 요소에 속하지 않는 절점에서의 미지 값 Φ_i에 관한 F_m의 모든 미분은 0이다.

단순화를 목적으로, Helmholtz 방정식 식 (3.1)의 가장 일반적인 경우는 무시하며, 전기기계에 관한 문제의 대부분을 포함하는, Poisson 방정식(또는 특정한 경우 Laplace 방정식)에 초점을 맞춘다. 그 결과, 식 (3.1)과 (3.4)에서 $\beta = 0$이다. 덧붙여, 경계의 부분 Γ_2에서는 식 (3.3)에서 $k = 0$와 $\phi_g = 0$로 주어지는 제차 Neumann

조건만이 고려된다. 마지막으로, 식 (3.1)을 참조하면, 각 유한 요소에서 강제 항 f는 일정한 값 f_m과 같으며, α_x와 α_y의 값 또한 一定하다.

이 단순화에 의해, 식 (3.13)의 범함수 F는 m-번째 요소에 대해 식 (3.33)과 같이 된다.

$$F_m = \frac{1}{2}\int_{A_m}\left[\alpha_x\left(\frac{\partial\phi}{\partial x}\right)^2 + \alpha_y\left(\frac{\partial\phi}{\partial y}\right)^2\right]dS + f_m\int_{A_m}\phi_m\, dS \tag{3.33}$$

식 (3.25)에 주어진 ϕ_m의 보간 때문에, ϕ_m의 편미분(偏微分)은 식 (3.34)가 되어 식 (3.35)가 성립한다.

$$\begin{aligned}\frac{\partial\phi_m}{\partial x} &= \frac{1}{2A_m}\sum_{i=1}^{3} q_i\Phi_i \\ \frac{\partial\phi_m}{\partial y} &= \frac{1}{2A_m}\sum_{i=1}^{3} r_i\Phi_i\end{aligned} \tag{3.34}$$

$$\begin{aligned}\left(\frac{\partial\phi_m}{\partial x}\right)^2 &= \frac{1}{4A_m^2}\sum_{i=1}^{3}\sum_{j=1}^{3} q_i q_j \Phi_i \Phi_j \\ \left(\frac{\partial\phi_m}{\partial y}\right)^2 &= \frac{1}{4A_m^2}\sum_{i=1}^{3}\sum_{j=1}^{3} r_i r_j \Phi_i \Phi_j\end{aligned} \tag{3.35}$$

이것들은 식 (3.33)의 적분의 바깥으로 꺼내질 수 있다. 약간의 조작(操作) 후에, m-번째 요소의 범함수 F_m은 식 (3.36)과 같이 된다.

$$F_m = \frac{1}{8A_m}\sum_{i=1}^{3}\sum_{j=1}^{3}\left(\alpha_x q_i q_j + \alpha_y r_i r_j\right)\Phi_i\Phi_j + \frac{A_m}{3}\sum_{i=1}^{3}\Phi_i \tag{3.36}$$

벡터 표기를 사용하면, 식 (3.37)과 같이 되는데, 행렬 $[S_m]$과 벡터 $[T_m]$의 항은 식 (3.38)과 같다.

$$\begin{aligned}F_m &= \frac{1}{2}\begin{bmatrix}\Phi_1 & \Phi_2 & \Phi_3\end{bmatrix}\begin{bmatrix}s_{11} & s_{12} & s_{13}\\ s_{21} & s_{22} & s_{23}\\ s_{31} & s_{32} & s_{33}\end{bmatrix}\begin{bmatrix}\Phi_1\\ \Phi_2\\ \Phi_3\end{bmatrix} + \begin{bmatrix}\Phi_1 & \Phi_2 & \Phi_3\end{bmatrix}\begin{bmatrix}t_1\\ t_2\\ t_3\end{bmatrix} \\ &= \frac{1}{2}[\Phi_{123}]^t[S_m][\Phi_{123}] + [\Phi_{123}]^t[T_m]\end{aligned} \tag{3.37}$$

$$s_{ij} = \frac{1}{4A_m}\alpha_x q_i q_j + \alpha_y r_i r_j$$
$$t_i = f_m \frac{A_m}{3} \tag{3.38}$$

항 s_{ij}는 기하학적(幾何學的) 조건과 물질 특성(계수 α_x와 α_y로 표현된) 만에 의존함이 보여진다. 물질이 선형(線形)이라면, 항 s_{ij}는 절점에서의 포텐셜의 값과는 무관하다(α_x와 α_y가 장(場)에서 일정하기 때문에). 상사적으로, 항 t_i는 요소의 기하학적 조건과 강제 양(量) f_m 만의 함수이다.

범함수 F_m의 정류 점의 탐색은 m-번째 요소의 세 절점에서의 값 Φ_1, Φ_2 및 Φ_3에 관한 F_m의 미분을 0으로 둠으로써 수행된다. 식 (3.37)의 F_m을 Φ_1, Φ_2 및 Φ_3에 대하여 미분하고 0으로 두면, 식 (3.39)와 같은 결과가 된다.

$$\left[\frac{\partial F_m}{\partial \Phi_1} \quad \frac{\partial F_m}{\partial \Phi_2} \quad \frac{\partial F_m}{\partial \Phi_3}\right]^t = [S_m][\Phi_{123}] - [T_m] = 0 \tag{3.39}$$

식 (3.39)는, 일반적인 m-번째 삼각형 요소에 대해, 요소의 절점에서의 미지 포텐셜 값 Φ_1, Φ_2 및 Φ_3를 가진 3개의 방정식으로 이루어진 계(系) 방정식(system of three equations)이 얻어짐을 보인다. 이 계 방정식이 만족될 때, 장 문제 해가 m-번째 요소에 대해 얻어진다.

3.3.2 Functional Referred to the Whole Domain

장 문제의 완전한 해는 영역에 속하는 각 유한 요소에 대한 계 방정식 식 (3.39)의 해로 이루어진다. 단일 m-번째 유한 요소에(즉, 세 값 Φ_1, Φ_2 및 Φ_3만에) 관련된 국부(局部) 행렬(local matrix) $[S_m]$으로부터 완전한 영역에(즉, N_n 절점의 모든 값 Φ_i에) 관련된 전체 행렬(全體 行列, global matrix) [SS]로 변형해야 할 필요가 있다. 이 연산은 인접 요소의 모든 범함수 F_m의 결합에 의해 수행된다.

예로서, 그림 3.3에 보여준 바와 같은, 함수 Φ가 Φ_2와 Φ_3로 가정되는 절점 2와 3을 공유하는 두 삼각형을 고려하자. 두 삼각형은 식 (3.40)과 같이 주어지는 국부 범함수 F_a와 F_b로 특성지어 진다

$$F_a = \frac{1}{2}[\Phi_{123}]^t[S_a][\Phi_{123}] - [\Phi_{123}]^t[T_a]$$
$$F_b = \frac{1}{2}[\Phi_{123}]^t[S_a][\Phi_{123}] - [\Phi_{123}]^t[T_b] \tag{3.40}$$

그러면, 두 범함수의 合 $F_a + F_b$는 식 (3.41)과 같이 얻어진다.

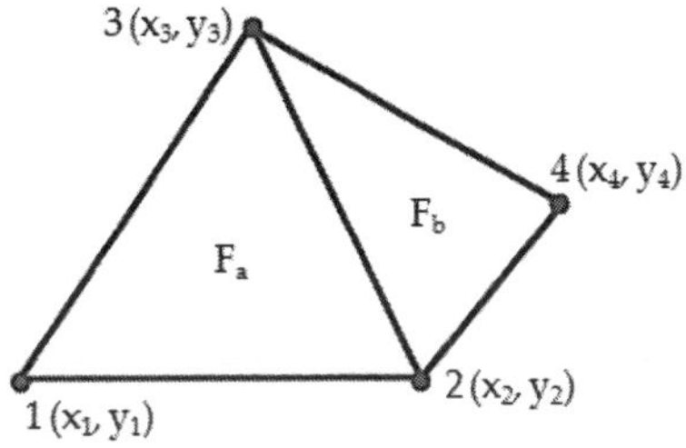

Figure 3.3
Adjacent elements with shared nodes 2 and 3.

$$F_a + F_b = \frac{1}{2}[\Phi_{1234}]^t[S_{ab}][\Phi_{1234}] - [\Phi_{1234}]^t[T_{ab}]$$

$$= \frac{1}{2}\begin{bmatrix}\Phi_1\\\Phi_2\\\Phi_3\\\Phi_4\end{bmatrix}^t \begin{bmatrix} s_{a(11)} & s_{a(12)} & s_{a(13)} & 0 \\ s_{a(21)} & s_{a(22)} + s_{b(11)} & s_{a(23)} + s_{b(12)} & s_{b(13)} \\ s_{a(31)} & s_{a(32)} + s_{b(21)} & s_{a(33)} + s_{b(22)} & s_{b(23)} \\ 0 & s_{b(31)} & s_{b(32)} & s_{b(33)} \end{bmatrix} \begin{bmatrix}\Phi_1\\\Phi_2\\\Phi_3\\\Phi_4\end{bmatrix}$$

$$-\begin{bmatrix}\Phi_1\\\Phi_2\\\Phi_3\\\Phi_4\end{bmatrix}^t \begin{bmatrix} t_{a(1)} \\ t_{a(2)} + t_{b(1)} \\ t_{a(3)} + t_{b(2)} \\ t_{b(3)} \end{bmatrix} \tag{3.41}$$

절점을 공유하는 각 삼각형 요소에 대해 같은 방법을 계속하면, 전 영역에 대한 완전한 범함수가 식 (3.42)와 같이 얻어진다.

$$F = \frac{1}{2}[\Phi]^t[SS][\Phi] - [\Phi]^t[T] \tag{3.42}$$

여기서, $[\Phi]$는 영역의 모든 절점에서의 함수 ϕ의 N_n개의 값의 열 벡터이다. 행렬 [SS]의 차원(dimension)은 $N_n \times N_n$이다. 이것은, 유한요소법이 처음으로 적용된 구조(構造) 해석(structural analysis)과의 상사성 때문에, "강성(剛性)" 행렬("stiffness" matrix)이라 불린다. 마지막으로, [T]는 차원이 N_n인 기지 항의 열 벡터이다.

강성 행렬은, 몇 몇이 0인, 소 행렬(疎 行列, sparse matrix)이다. 식 (3.38)을 관찰하면, 선형 조건에서, 이 행렬은 세워진 후 해를 찾는 과정 동안에 수정되지 않는다. 식 (3.42)의 범함수 F의 정류 점은 식 (3.43)에 대응된다.

$$[SS][\Phi] - [T] = [0] \tag{3.43}$$

그것은 삼각형 유한 요소의 절점에서의 N_n개의 미지 Φ_i를 가진 N_n개의 선형 연립 계 방정식이다. 보간 식 (3.25)가 요素 내에서 타당함을 고려하여, 일단 값 Φ_i가 계산되면, 영역의 각 점에서의 ϕ의 값으로 되돌아 가는 것이 가능하다.

3.3.3 Assigning the Essential Boundary Conditions

완전한 장 해(exact field solution)는 경계 조건을 만족해야 한다. Neumann 경계 조건은 자연 조건(natural condition)이기 때문에 부과되지 않을 수 있는 반면, 필수 조건(essential condition)인 Dirichlet 경계 조건은 부과되어야 할 필요가 있다.

Dirichlet 경계 조건을 부과하기 위하여, 식 (3.43)에서 강성 행렬 [SS]와 기지 항의 열 벡터 [T]는 수정되어야 한다. 예로서, 포텐셜 값 Φ_k가 k-번째 절점에 할당되어야 한다고 가정하자. 강성 행렬 [SS]에서, k-번째 행(row)의 각 항은, 단위 값(unity, 1)이 할당되는 주 대각(主 對角, principal diagonal) 항을 제외하고는 0으로 두어진다. 그러면 값 Φ_k가 열 벡터 [T]의 k-번째 항에 할당된다.

3.3.4 The Problem's Solution

필수 경계 조건의 할당을 포함하여, 일단 계 방정식이 조합되면, 아직 식 (3.43)의 형태이다. 계 방정식은, 아래와 같이, 일반적인 수치 계산법 중 하나로 풀어진다:

1. Gauss-Jordan 직접법(直接法)(Gauss-Jordan direct method). 이 방법은, 물질의 물리적 성질이 모든 매개 변수가 일정한, 선형일 때 적용된다.
2. Newton-Raphson 반복법(反復法)(Newton-Raphson iterative method). 이 方法은, 물질의 매개 변수 (α_x와 α_y)가 일정하지 않고, 자계의 크기 값의 함수인, 비선형일 때 적용된다. 일반적인 경우는 강자성 물질의 B-H 곡선이다.

3.4 Simple Descriptions of Electromagnetic Fields

이 절에서는 데카르트 좌표계로 표현된 2D 전자장에 대한 유한요소법의 몇 가지 간단한 응용을 다룬다. 모든 장 문제에 대해, 편리한 포텐셜 함수 ϕ가 선택되며 대응되는 범함수 F가 구해진다. 특히, m-번째 요소에 관련된 범함수 F_m의 여러 가지 표현이 다루어질 것이다.

3.4.1 An Electrostatic Field

1장에서 다루어진 Maxwell 방정식에서 출발하여, 정전장(靜電場, electrostatic field) 문제는 관계 식 div $\mathbf{D} = \rho$, curl $\mathbf{E} = \mathbf{0}$ 및 $\mathbf{D} = \varepsilon\mathbf{E}$에 의해 표현된다. 모든 시간 미분은 0이며 전류밀도 **J**도 **0**이다. 유일한 비(比) 전기력은 Coulomb 전계 $\mathbf{E} = \mathbf{E}_c$이다. 두 번째 식은 전계가 전 영역에서 보존적인 비 회전 장임을 강조한다. 따라서, $\mathbf{E}_c = -\text{grad } V$와 같은 스칼라 전위(電位)(scalar electric potential)를 정의하는 것이 가능하다. 이 식으로부터 장 문제는 다음과 같은 거의 조화인 스칼라 방정식

(almost harmonic scalar equation)에 의해 표현된다:

$$\mathrm{div}\,\mathbf{D} = -\mathrm{div}\left(\varepsilon \mathbf{E}_c\right) = \mathrm{div}\,\varepsilon\left(-\mathrm{grad}\,V\right) = \rho \tag{3.44}$$

2D 장의 경우에는, 데카르트 좌표계를 사용하여, 이 식은 식 (3.45)와 같이 된다

$$\frac{\partial}{\partial x}\left(\varepsilon_x \frac{\partial V}{\partial x}\right) + \frac{\partial}{\partial y}\left(\varepsilon_y \frac{\partial V}{\partial y}\right) = \rho \tag{3.45}$$

매질이 균질(均質, homogeneous)이며 등방성(等方性, isotropic)이라면, 즉, 전기 유전율 ε이 일정하다면, 식 (3.45)는 식 (3.46)과 같은 스칼라 Poisson 방정식으로 축약된다.

$$\frac{\partial^2 V}{\partial x^2} + \frac{\partial^2 V}{\partial y^2} = -\frac{\rho}{\varepsilon} \tag{3.46}$$

영역 *D*인 면 S에 대한 2D 정전장(靜電場)에 관련된 범함수는 식 (3.47)과 같이 주어진다.

$$F = \int_S \left(\frac{1}{2}\varepsilon E_c^2 - \rho V\right) dS \tag{3.47}$$

m-번째 요소와 관련하여, 식 (3.19)로 주어진 보간(補間)을 식 (3.47)에 대입하고 식 (3.28)의 관계를 사용하면, 범함수 F_m은 식 (3.48)과 같이 된다.

$$\begin{aligned} F_m &= \frac{1}{2}\varepsilon \int_{A_m} \left(\mathrm{grad}\,V \cdot \mathrm{grad}\,V\right) dS - \rho \int_{A_m} V\, dS \\ &= \frac{1}{2}\varepsilon \int_{A_m} \left(b^2 + c^2\right) dS - \rho \int_{A_m} \left(a + bx + cy\right) dS \\ &= \frac{1}{2}\varepsilon A_m \left(b^2 + c^2\right) - \rho A_m \left(a + b\frac{x_1 + x_2 + x_3}{3} + c\frac{y_1 + y_2 + y_3}{3}\right) \end{aligned} \tag{3.48}$$

계수 a, b 및 c는, 범함수가 계산되는, m-번째 삼각형 요소의 절점의 포텐셜 V_1, V_2 및 V_3의 함수이다. 포텐셜의 함수로 구한 a, b 및 c의 표현 식 (3.22)를 식 (3.48)에 대입하면, F_m은 식 (3.49)와 같이 써질 수 있다.

$$F_m = \frac{1}{2}\left[V_{123}\right]^t \left[S_m\right]\left[V_{123}\right] - \left[V_{123}\right]^t \left[T_m\right] \tag{3.49}$$

여기서 $[V_{123}]$은 삼각형 요소의 세 절점의 포텐셜 V_1, V_2, V_3의 열 벡터(a column vector)이며, $[S_m]$은 차원 3 × 3인 강성 행렬(剛性 行列, stiffness matrix)이다. $[S_m]$

의 i-번째 행, j-번째 열에 대응되는 일반적인 성분은 식 (3.50)과 같이 주어진다.

$$s_{ij} = \frac{\varepsilon}{4A_m}\left(q_i q_j + r_i r_j\right) \tag{3.50}$$

마지막으로 $[T_m]$은, $[T_m] = [t_1 \ t_2 \ t_3]^t$ 이며, t_i는 식 (3.51)과 같은, 기지 항(既知項)의 열 벡터이다.

$$t_i = -\frac{A_m}{3}\rho \tag{3.51}$$

물론, 식 (3.50)과 (3.51)은, 일단 $f_m = -\rho$와 $\alpha_x = \alpha_y = \varepsilon$으로 두면, 식 (3.38)에 주어진 것과 일치한다.

3.4.2 A Stationary Current Field

정 전류 장(靜 電流 場)을 나타내는 방정식은 $\text{div}\,\mathbf{J} = 0$, $\text{rot}\,\mathbf{E} = \mathbf{0}$ 및 $\mathbf{J} = \sigma\mathbf{E}$이다. 모든 시간 미분은 0이며 유일한 비 전기력은 Coulomb 전계 $\mathbf{E} = \mathbf{E}_c$이다. 이것의 검토는 두 가지 방법으로 설명될 수 있다.

3.4.2.1 *By Means of the Scalar Potential*

장이 정적이기 때문에, 전계 **E**는 전 영역에서 비 회전이다; 따라서 그것은 보존적이다. $\mathbf{E}_c = -\text{grad}\,V$와 같은 스칼라 전위(scalar electric potential)를 정의하는 것이 가능하다. 장 문제는 다음과 같은 거의 조화인 스칼라 방정식(almost harmonic scalar equation)에 의해 표현된다:

$$\text{div}\,\mathbf{J} = \text{div}\left(\varepsilon\mathbf{E}\right) = \text{div}\,\sigma\left(-\text{grad}\,V\right) = 0 \tag{3.52}$$

2D 장의 경우에는, 데카르트 좌표계를 사용하여, 이 식은 식 (3.53)과 같이 된다.

$$\frac{\partial}{\partial x}\left(\sigma_x \frac{\partial V}{\partial x}\right) + \frac{\partial}{\partial y}\left(\sigma_y \frac{\partial V}{\partial y}\right) = 0 \tag{3.53}$$

더구나, 전기 도전율이 一定하다면, Laplace 방정식이 성립한다:

$$\frac{\partial^2 V}{\partial x^2} + \frac{\partial^2 V}{\partial y^2} = 0 \tag{3.54}$$

m-번째 요소의 면적 A_m에 관한 범함수 F_m은 식 (3.55)이다.

$$\begin{aligned} F_m &= \int_{A_m}\left(\frac{1}{2}\sigma E^2\right)dS \\ &= \frac{1}{2}\sigma\int_{A_m}(\text{grad}V\cdot\text{grad}V)dS \\ &= \frac{1}{2}\sigma A_m\left(b^2+c^2\right) \end{aligned} \tag{3.55}$$

계수 a, b 및 c가 삼각형 요소의 절점의 포텐셜 V_1, V_2 및 V_3의 함수이기 때문에, 범함수 F_m은 식 (3.56)과 같이 표현될 수 있다.

$$F_m = \frac{1}{2}[V_{123}]^t[S_m][V_{123}] \tag{3.56}$$

여기서 $[V_{123}] = [V_1\ V_2\ V_3]^t$, 그리고 행렬 $[S_m]$의 일반적인 성분은 식 (3.57)과 같이 주어진다.

$$s_{ij} = \frac{\sigma}{4A_m}\left(q_i q_j + r_i r_j\right) \tag{3.57}$$

3.4.2.2 By Means of the Vector Potential

그 대신으로, 스칼라 포텐셜 V 대신에, 정 전류 장은 적절한 벡터 포텐셜에 의해 검토될 수 있다. 전류밀도 벡터 **J**가 비 발산이기 때문에, 항상 div (curl **N**) = 0으로서, **J** = curl **N**과 같은 전기(電氣) 벡터 포텐셜(electric vector potential) **N**을 정의하는 것이 가능하다. 이 식을 다룸으로써, 장 문제는 거의 조화인 벡터 方程式(almost harmonic vector equation)으로 표현된다:

$$\text{curl}\mathbf{E} = \text{curl}\left(\frac{\mathbf{J}}{\sigma}\right) = \text{curl}\left[\frac{1}{\sigma}(\text{curl}\mathbf{N})\right] = 0 \tag{3.58}$$

좌표계는, $\mathbf{N} = [0, 0, N_z]$와 같이, 벡터 포텐셜이 x-축 성분만을 갖도록 선택된다. 이렇게 하여, 전류밀도 벡터 **J**의 x-축과 y-축 성분만 있게 된다:

$$\mathbf{J} = \text{curl}\left[0, 0, N_z\right] = \left[\frac{\partial N_z}{\partial y}, -\frac{\partial N_z}{\partial x}, 0\right] \tag{3.59}$$

일정 도전율 σ와 함께 Laplace 방정식이 얻어진다:

$$\frac{\partial^2 N_z}{\partial x^2} + \frac{\partial^2 N_z}{\partial y^2} = 0 \tag{3.60}$$

m-번째 요소의 범함수는 式 (3.61)이다.

$$\begin{aligned} F_m &= \int_{A_m}\left(\frac{1}{2\sigma}J^2\right)dS \\ &= \frac{1}{2\sigma}\int_{A_m}(\mathrm{curl}\,\mathbf{N}\cdot\mathrm{curl}\,\mathbf{N})dS \\ &= \frac{1}{2\sigma}A_m\left(b^2+c^2\right) \end{aligned} \quad (3.61)$$

a, b 및 c가 삼각형 요소의 세 절점의 포텐셜 값 N_1, N_2 및 N_3의 함수이기 때문에, 범함수 F_m은 식 (3.62)가 된다.

$$F_m = \frac{1}{2}[N_{123}]^t[S_m][N_{123}] \quad (3.62)$$

여기서 $[N_{123}] = [N_1\ N_2\ N_3]^t$, 그리고 $[S_m]$은 강성 행렬이다. 그 일반적인 성분은 식 (3.63)이다.

$$s_{ij} = \frac{1}{4\sigma A_m}\left(q_i q_j + r_i r_j\right) \quad (3.63)$$

3.4.3 A Magnetostatic Field

1장에서 주어진 Maxwell 방정식에서 출발하여, 정자장(靜磁場, magnetostatic field) 문제는 식 div $\mathbf{B}$ = 0, curl $\mathbf{H}$ = $\mathbf{J}$ 및 $\mathbf{B} = \mu\mathbf{H}$에 의해 표현된다. div (curl $\mathbf{A}$) = 0이기 때문에, $\mathbf{B}$ = curl $\mathbf{A}$와 같은 자기(磁氣) 벡터 포텐셜 $\mathbf{A}$가 정의된다. 장 문제는 거의 조화인 벡터 방정식(almost harmonic vector equation) 식 (3.64)로 표현된다:

$$\mathrm{curl}\,\mathbf{H} = \mathrm{curl}\left(\frac{\mathbf{B}}{\mu}\right) = \mathrm{curl}\left[\frac{1}{\mu}(\mathrm{curl}\,\mathbf{A})\right] = \mathbf{J} \quad (3.64)$$

2D 장에서, 데카르트 좌표계를 사용하면, 전류밀도 벡터 $\mathbf{J}$는 평면 (x, y)에 수직인 성분, 즉 z-축 성분만을 가진다. 따라서, 자기 벡터 포텐셜 $\mathbf{A}$는 z-축 성분만을 가진다. 즉, 벡터 $\mathbf{A}$는 벡터 $\mathbf{J}$와 평행(平行, parallel)이다. 그러면 이 벡터들은 $\mathbf{J} = [0, 0, J_z]$와 $\mathbf{A} = [0, 0, A_z]$와 같이 표현될 수 있다. 식 (3.64)는 식 (3.65)와 같이 된다.

$$\frac{\partial}{\partial x}\left(\frac{1}{\mu_x}\frac{\partial A_z}{\partial x}\right) + \frac{\partial}{\partial y}\left(\frac{1}{\mu_y}\frac{\partial A_z}{\partial y}\right) = -J_z \quad (3.65)$$

자속밀도 벡터 **B**는 식 (3.66) 때문에 평면 (x, y)에 있는 성분만을 가진다.

$$\mathbf{B} = \text{curl}\left[0, 0, A_z\right] = \left[\frac{\partial A_z}{\partial y}, -\frac{\partial A_z}{\partial x}, 0\right] \tag{3.66}$$

균질 매질에서는, 자기 투자율 $\mu_x = \mu_y = \mu$와 함께, 식 (3.65)는 Poisson 방정식으로 축약된다:

$$\frac{\partial^2 A_z}{\partial x^2} + \frac{\partial^2 A_z}{\partial y^2} = -\mu J_z \tag{3.67}$$

식 (3.19)의 선형 보간에 의해, m-번째 요소에 관련된 범함수는 식 (3.68)과 같이 주어진다

$$\begin{aligned} F_m &= \int_{A_m}\left(\frac{1}{2}\mathbf{B}\cdot\mathbf{H} - \mathbf{J}\cdot\mathbf{A}\right)dS \\ &= \frac{1}{2\mu}\int_{A_m}\left(\text{curl}\mathbf{A}\cdot\text{curl}\mathbf{A}\right)dS - J_z\int_{A_m} A_z\, dS \\ &= \frac{1}{2\mu}A_m\left(b^2 + c^2\right) - J_z A_m\left(a + b\frac{x_1 + x_2 + x_3}{3} + c\frac{y_1 + y_2 + y_3}{3}\right) \end{aligned} \tag{3.68}$$

a, b 및 c가 삼각형 요소의 세 절점의 포텐셜 값 A_1, A_2 및 A_3의 함수이기 때문에, F_m은 식 (3.69)가 된다.

$$F_m = \frac{1}{2}\left[A_{123}\right]^t\left[S_m\right]\left[A_{123}\right] - \left[A_{123}\right]^t\left[T_m\right] \tag{3.69}$$

여기서 $[A_{123}] = [A_1\ A_2\ A_3]^t$, 그리고 $[S_m]$은 일반적인 성분이 식 (3.70)인 강성 행렬이다.

$$s_{ij} = \frac{1}{4\mu A_m}\left(q_i q_j + r_i r_j\right) \tag{3.70}$$

열 벡터 $[T_m]$은 전원(電源)으로서 주어지는 전류밀도의 함수이다. 그 일반적인 성분은 식 (3.71)이다.

$$t_i = -\frac{A_m}{3}J_z \tag{3.71}$$

3.4.4 A Magnetostatic Field without Current

전 영역에서 0 전류밀도 벡터 $\mathbf{J} = \mathbf{0}$에 의해 특성지어 지는 정자장 문제를 고려하자. 이러한 경우, 장을 나타내는 방정식은 div $\mathbf{B} = 0$, curl $\mathbf{H} = \mathbf{0}$ 및 $\mathbf{B} = \mu\mathbf{H}$이다. 자계의 세기 $\mathbf{H}$가 비 회전이기 때문에, curl (grad Ψ) = 0으로서, $\mathbf{H} = -$grad Ψ와 같이 스칼라 자위(磁位)(자기 스칼라 포텐셜, magnetic scalar potential) Ψ가 정의될 수 있다. 이 식으로부터, 장 문제는 거의 조화인 스칼라 방정식(almost harmonic scalar equation) 式 (3.72)로 표현된다.

$$\operatorname{div}\mathbf{B} = \operatorname{div}(\mu\mathbf{H}) = \operatorname{div}\mu(-\operatorname{grad}\Psi) = 0 \tag{3.72}$$

2D 장의 경우에는, 데카르트 좌표계를 사용하고, 일정한 자기 투자율 μ와 함께, 식 (3.72)는 식 (3.73)으로 주어지는 Laplace 방정식으로 된다.

$$\frac{\partial^2\Psi}{\partial x^2} + \frac{\partial^2\Psi}{\partial y^2} = 0 \tag{3.73}$$

m-번째 삼각형 요소의 범함수는 식 (3.74)로 주어진다.

$$\begin{aligned} F_m &= \int_{A_m}\left(\frac{1}{2}\mathbf{B}\cdot\mathbf{H}\right)dS \\ &= \frac{1}{2}\mu\int_{A_m}(\operatorname{grad}\Psi\cdot\operatorname{grad}\Psi)dS \\ &= \frac{1}{2}\mu A_m\left(b^2 + c^2\right) \end{aligned} \tag{3.74}$$

a, b 및 c가 삼각형 요소의 세 절점의 포텐셜 값 Ψ_1, Ψ_2 및 Ψ_3에 종속하기 때문에, 식 (3.74)는 식 (3.75)가 된다.

$$F_m = \frac{1}{2}[\Psi_{123}]^t[S_m][\Psi_{123}] \tag{3.75}$$

여기서 $[\Psi_{123}] = [\Psi_1\ \Psi_2\ \Psi_3]^t$, 그리고 $[S_m]$은 그 일반적인 성분이 식 (3.76)에 대응되는 강성 행렬이다.

$$s_{ij} = \frac{\mu}{4A_m}\left(q_i q_j + r_i r_j\right) \tag{3.76}$$

3.4.5 A Magnetic Field with Permanent Magnet

장을 나타내는 방정식은 curl $\mathbf{H} = \mathbf{0}$, div $\mathbf{B} = 0$ 및 $\mathbf{B} = \mathbf{B}_{res} + \mu\mathbf{H}$이다. 여기서 $\mathbf{B}_{res}$

는 영구자석(永久磁石, permanent magnet)의 잔류(殘留) 자속밀도 벡터(residual flux density vector)이다. 하지만, div (curl **A**) = 0이며 div **B** = 0이기 때문에, **B** = curl **A**와 같은 자기 벡터 포텐셜 **A**를 정의하는 것이 가능하다. 이 식으로부터, 식 (3.77)이 구해진다.

$$\begin{aligned}\mathrm{curl}\mathbf{H} &= \mathrm{curl}\left(\frac{\mathbf{B}-\mathbf{B}_{res}}{\mu}\right) = \mathrm{curl}\left(\frac{\mathbf{B}}{\mu}\right) - \mathrm{curl}\left(\frac{\mathbf{B}_{res}}{\mu}\right) \\ &= \mathrm{curl}\left[\frac{1}{\mu}(\mathrm{curl}\,\mathbf{A})\right] - \mathrm{curl}\left(\frac{\mathbf{B}_{res}}{\mu}\right) = 0\end{aligned} \tag{3.77}$$

벡터 **M** = curl ($\mathbf{B}_{res}$ / μ)는 자화(磁化) 벡터(magnetization vector)이다. 장 문제를 나타내는 미분 방정식은 식 (3.78)이다.

$$\mathrm{curl}\left[\frac{1}{\mu}(\mathrm{curl}\,\mathbf{A})\right] = \mathrm{curl}\left(\frac{\mathbf{B}_{res}}{\mu}\right) \tag{3.78}$$

m-번째 삼각형 요소의 면적 A_m에 대한, 장에 관련된 범함수는 식 (3.79)와 같이 주어진다.

$$\begin{aligned}F_m &= \int_{A_m} \frac{1}{2\mu}(B - B_{res})^2\, dS \\ &= \frac{1}{2\mu}\int_{A_m} \left(B^2 - 2BB_{res} + B_{res}^2\right) dS \\ &= \frac{1}{2\mu}\int_{A_m} \left(\mathrm{curl}\,\mathbf{A}\cdot\mathrm{curl}\,\mathbf{A} - 2B_{res}\left|\mathrm{curl}\,\mathbf{A}\right| + B_{res}^2\right) dS\end{aligned} \tag{3.79}$$

A = A_z $\mathbf{u}_z$에 식 (3.19)로 주어진 선형 보간(線形 補間)을 대입(代入)하면, 식 (3.79)의 범함수 F_m은 식 (3.80)과 같이 된다.

$$F_m = \frac{1}{2}[\mathbf{A}_{123}]^t[S_m][\mathbf{A}_{123}] - [\mathbf{A}_{123}]^t[T_m] \tag{3.80}$$

여기서 $[A_{123}] = [A_1\ A_2\ A_3]^t$, 그리고 강성 행렬의 일반적인 성분은 식 (3.81)이다.

$$s_{ij} = \frac{1}{4\mu A_m}\left(q_i q_j + r_i r_j\right) \tag{3.81}$$

열 벡터 $[T_m]$의 일반적인 성분은 잔류 자속밀도(殘留 磁束密度)의 함수이며, 식 (3.82)와 같이 표현된다.

$$t_i = -\frac{1}{\mu}\left(B_{res,\,y}q_i - B_{res,\,x}r_i\right) \tag{3.82}$$

3.5 Appendix: Integration in Triangular Elements

평면 (x, y)에서 세 점 1: (x_1, y_1), 2: (x_2, y_2) 및 3: (x_3, y_3)로 정의된, 무게 중심(中心)(重心, center of gravity)이 좌표계(座標系)의 원점(原點)인, 즉

$$\frac{x_1 + x_2 + x_3}{3} = \frac{y_1 + y_2 + y_3}{3} = 0$$

이 성립하는 삼각형 요소를 고려하자.

삼각형 면적(面積) A_m에 대한 몇 가지 면적 적분은 아래와 같다:

$$\int_{A_m} x\,dx\,dy = 0$$

$$\int_{A_m} y\,dx\,dy = 0$$

$$\int_{A_m} dx\,dy = \frac{1}{2}\begin{vmatrix} 1 & x_1 & y_1 \\ 1 & x_2 & y_2 \\ 1 & x_3 & y_3 \end{vmatrix} = A_m$$

$$\int_{A_m} x^2\,dx\,dy = \frac{A_m}{12}\left(x_1^2 + x_2^2 + x_3^2\right)$$

$$\int_{A_m} y^2\,dx\,dy = \frac{A_m}{12}\left(y_1^2 + y_2^2 + y_3^2\right)$$

$$\int_{A_m} xy\,dx\,dy = \frac{A_m}{12}\left(x_1y_1 + x_2y_2 + x_3y_3\right)$$

References

2장의 참고문헌을 보라.

4

The Analysis Procedure Using the Finite Element Method

4.1 Introduction

이 장에서는 유한요소법에 의한 전기기기의 해석을 다룬다. 일반적인 문제 대신에, 자계 문제가 검토된다. 이 문제는 변압기(變壓器), 회전기(回轉機) 및 작동기(作動機, 액추에이터, actuator)를 포함한 전기기기의 해석에서 가장 통상적인 것이다.

어떠한 경우에도, 자계 만을 검토하는 것은 기기의 완전한 해석을 위해서는 충분하지 않다. 예를 들면, 코일(coil)의 turns 사이의 전계의 평가는 정전계 해석을 요구한다; 제한된 부분을 가진 도체, 특히 단자(端子, terminal)에서의 Joule 손실(損失)(Joule loss)의 계산은 전류 장 해석을 요구한다. 하지만, 자계로부터 성질이 다른 벡터 장(場)으로의 유한요소법의 확장은 독자들에게 남겨둔다.

4.2 Reduction of the Field Problem to a Two-Dimensional Problem

해석되어야 하는 전기기기는 명백하게 3차원(three-dimensional, 3D) 구조이다. 하지만, 3D 해석은 3D 유한 요소(2장 그림 2.1 (c)에 보인 바와 같은)에 의해 전 영역을 분할하는 것이 요구되며 지루한 과정과 긴 계산 시간(計算 時間)을 요구한다. 이것이 장 문제가 가능하다면 2D 문제로 축약되어야 하는 이유이다. 이것은 기기의 임의의 대칭성(對稱性)을 부여함으로써 이루어진다. 그러한 대칭성은 두 가지 종류가 있을 수 있다:

1. *평면 대칭(平面 對稱, planar symmetry)* (*또는 xy 대칭*): 자기적인 현상은, 그림 4.1 (a)에 보여준 바와 같이, z-축에 수직(垂直)인 각 평면 (x, y)에서 같다고 가정된다. 기기의 끝 부분(ending edges)의 효과는 그러므로 무시된다.
2. *축 대칭(軸 對稱, axial symmetry)* (*또는 rz 대칭*): 자기적인 현상이, 그림 4.1 (b)에 보여준 바와 같이, 대칭 축(symmetry axis)이라 불리는 z-축 주위로의 회전에 의해 얻어지는 각 반(半) 평면(semiplane) (r, z)에서 같음이 반복된다.

이 장에서는, 평면 대칭성을 가진 장 문제가 고려된다. 검토는, 그림 4.1 (a)에서와 같이, z-축에 수직인 평면 (x, y)에서 이루어질 것이다. 다음 장에서는, 축 대칭 구조의 유한 요소 해석이 표현되고 논의될 것이다.

3장에서 설명된 바와 같이, 평면 대칭성을 가진 2D 정자장 문제의 검토는 다음과 같이 단순화된다:

1. 전류밀도 벡터 **J**는 **J** = $[0, 0, J_z]$로서 z-축 성분만을 갖는다.
2. 자기 벡터 포텐셜 **A**는 벡터 **J**에 평행하며, 따라서 z-축 성분만을 갖는다. 즉, **A** = $[0, 0, A_z]$이다. 자기 벡터 포텐셜의 발산에 관해서는, div **A** = 0인 Coulomb의 조건 식 (1.68)이 일반적으로 채택된다.
3. 자속밀도 벡터 **B**는 식 (3.66)으로 표현된 바와 같이, 평면 (x, y)에 속하는 성분만을 갖는다.
4. 일정한 자기 투자율 μ와 함께, 장 문제는, 여기에 다시 나타낸 바와 같이, Poisson 방정식 식 (3.67)에 의해 묘사(描寫)된다:

$$\frac{\partial^2 A_z}{\partial x^2} + \frac{\partial^2 A_z}{\partial y^2} = -\mu J_z \tag{4.1}$$

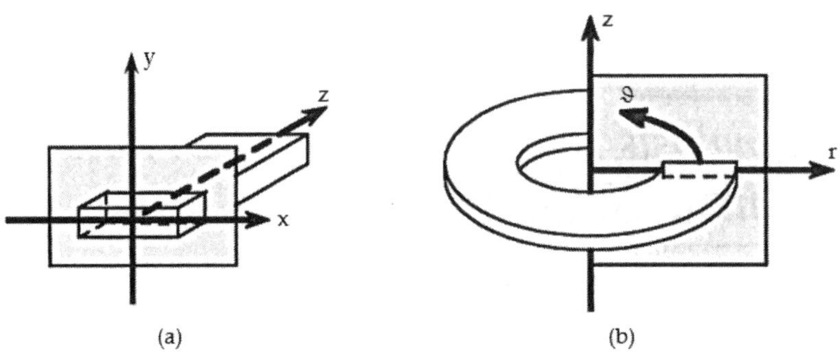

Figure 4.1
Planar symmetry (a) and axial symmetry (b).

4.3 Boundary Conditions

자기 벡터 포텐셜 A_z는, 영역 *D*의 각 점에서, 일단 전류밀도 J_z가 고정되고 영역 자체의 경계 Γ에서의 A_z의 값이 알려지면, Poisson 방정식 식 (4.1)로부터 결정될 수 있다. 상술(詳述)하면, Γ_1이라 부르는 경계의 부분에서는, A_z의 값이 할당되며 (Dirichlet 조건), Γ_2라 부르는 경계의 나머지 부분에서는 경계 선에 수직인 A_z의 미분(微分)의 값이 할당된다(Neumann 조건). 2장의 2.2절을 보라.

그러므로, 경계 조건의 할당은 면밀한 연산으로서, 장 문제의 해에서 기본적인 중요성을 띤다. 경계 조건의 선택은 마지막 해에 영향을 미칠 뿐만 아니라, 검토하는 영역을 더욱 줄일 수 있게 한다.

이하에서는 경계 조건이 군(群, 그룹, group)으로 다루어진다.

4.3.1 Dirichlet's Condition

이 조건은 경계의 주어진 부분에 자기 벡터 포텐셜 A_z의 값을 할당하는 것에 대응된다. 일반적으로, 할당되는 값은 상수이고, 경계 선은 자기 벡터 포텐셜이 같은 값으로 간주된다. 그것은 자속 선이 경계 자체에 접선 방향이며, 자속 선이 경계를 가로지르지 않는 것으로 나타난다. 그것은 보통, 경계의 전체 또는 부분을 따라 자기 벡터 포텐셜이 $A_z = 0$으로 고정된, 제차 Dirichlet 조건 식 (2.4)로 주어진다.

이러한 조건은, 영역의 바로 바깥에 자기 차폐(遮蔽) 물질(magnetic insulating material)이 있는, 0의 자기 투자율을 가진 외부 물질을 고려하는 것과 등가이다.

예로서, 철극(凸極, salient pole)을 가진 동기발전기를 참조하자. 단부 효과(edge effect)(본질적으로 단부 권선(端部 捲線, end winding; 단접속(端接續, end connection))에 기인한)를 무시함으로써, 평면 대칭이 인정되며, 그림 4.2에 표현된 기기의 단면(斷面, section)만이 해석될 수 있다. 자속 선이 고정자 후철(後鐵)(stator back iron) 내부로 제한되기 때문에, 조건 $A_z = 0$이 동기기의 전 외부 주위를 따라 할당된다. 그림 4.2는 굵은 선으로 이 제차 Dirichlet 조건을 강조하였다.

4.3.2 Neumann's Condition

이 조건은 경계에 수직인 A_z의 미분에 주어진 값을 부여하는 것에 대응되며, 따라서 자속 선은 경계와 주어진 입사각(入射角, incidence angle)을 갖는다. 제차 Neumann 조건 식 (4.6)의 경우에는, 자속 선은 경계 선에 수직(垂直)이 되도록 강제된다. 자계에 적용되는 조건 식 (4.6)은 자속밀도 벡터 **B**가 경계 선에 수직(垂直)인 성분만을 갖도록 제한한다.

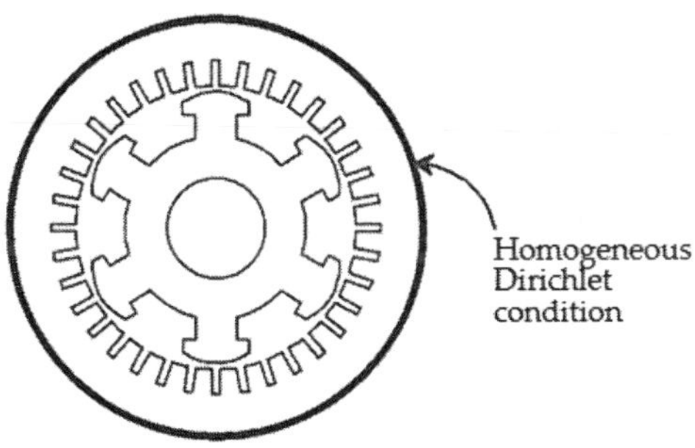

Figure 4.2
Homogeneous Dirichlet's condition along the external circumference of a synchronous generator.

이 조건은 영역의 바로 바깥에 자기 투자율이 무한대(無限大)인 외부 물질이 있는 것과 등가(等價)이다.

예로서, 직사각 형태의 각(脚, leg)을 가진 단상 리액턴스(single-phase reactance)를 고려하자. 단부 효과(端部 效果)를 무시하면, 평면 대칭이 고려되고, 그림 4.3 (a)에 나타낸 바와 같이 구조의 단면이 간단히 해석될 수 있다. 리액턴스의 구조가 기하학적 및 자기적 모두 축 AA′에 대해 대칭으로 나타난다는 것을 쉽사리 알아차릴 수 있다. 기기의 아래쪽 부분이 축 AA′에 대해 위쪽 부분과 완전히 거울 상(像)(mirrored image)이며, 자속밀도 성분은 불연속일 수 없기 때문에, 그러면 자속 선은 축 AA′에 수직이어야 한다. 이 구조는, 경계 AA′를 따라 제차 Neumann 조건을 부여한, 그림 4.3 (b)에 보여준 바와 같이 단순화될 수 있다. 따라서 해석은 구조의 이러한 부분에 대해서만 수행된다.

4.3.3 Periodic Condition

이 조건은 구조의 2개의 (또는 그보다 더 많은) 경계 선을 따라 자기 벡터 포텐셜의 값 사이의 대응 관계를 부여하는 것에 대응된다. 개괄적으로 말해, 둘 또는 더 많은 경계 선이 선택된다. 그들 사이에 기본 선(principal line)이 선택되고, 다른 (둘째) 선의 포텐셜은 기본 선의 포텐셜의 함수로서 표현된다.

이 경계 조건은 전자장의 반복을 나타내지만, Dirichlet 또는 Neumann 경계 조건 어느 것도 적합하지 않은 구조에 유용하다. 적어도 경계의 두(2) 선을 따라 주기 조건(週期 條件, periodic condition)을 부여함으로써, 구조는 다시 줄어들 수 있고 해석은 이 부분에 대해서만 수행되며 무시한 부분은 거울 상으로 된다.

예로서, 그림 4.2의 동기발전기의 단면을 참조하자. 기기는 자극 쌍 수(number of pole pairs)가 3, 즉, 방위각 좌표에 관한 순환(recurrence)이 3이다. 이 경우, 우(偶) 주기 조건(even periodic condition)이라 불리는 식 (4.2)를 경계에 부여함으로써, 그림 4.4 (a)에 나타낸 바와 같이 기기의 3분의 1만을 검토하는 것이 가능하다.

$$A_z(r,\vartheta) = +A_z\left(r,\vartheta+(2k)\frac{\pi}{p}\right) \quad k=1,2,3,\cdots \tag{4.2}$$

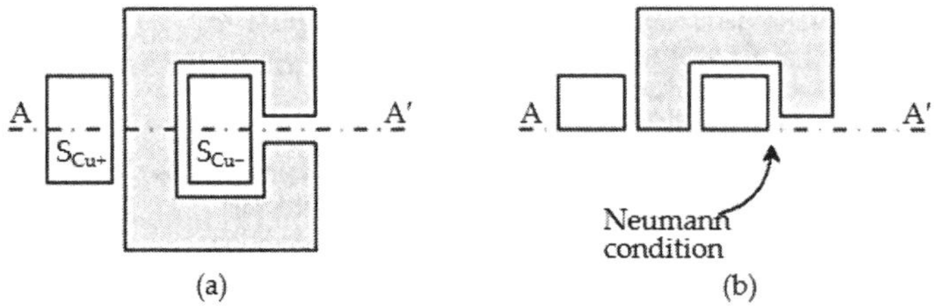

Figure 4.3
Reduction of the analysis domain by means of Neumann's conditions.

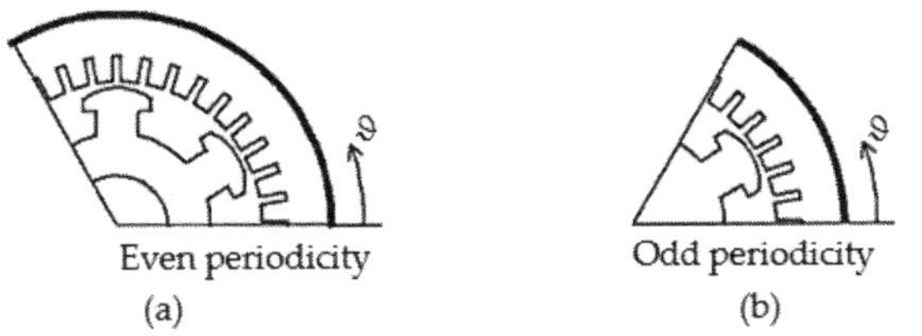

Figure 4.4
Reduction of the analysis domain by means of the periodic condition.

덧붙여, 기(奇) 주기 조건(odd periodic condition)이라 불리는 식 (4.3)을 경계에 부여함으로써, 그림 4.4 (b)에 보여준 바와 같이 기기의 6분의 1 만을 검토하는 것이 가능하다.

$$A_z(r,\vartheta) = -A_z\left(r, \vartheta + (2k-1)\frac{\pi}{p}\right) \quad k = 1, 2, 3, \cdots \tag{4.3}$$

마지막으로, 외부 주위의 나머지 부분을 따라서는, 그림 4.2와 같이 자기 벡터 포텐셜 A_z = 0의 값이 부여된다.

앞의 예에서 알 수 있는 바와 같이, 대칭 선(對稱 線)과 주기 선(週期 線)을 배치하는 과정은, 대응되는 경계 조건과 함께, 복잡한 구조의 검토를 그 부분만으로 줄여줄 수 있다. 이것은 남은 부분의 해석에서 더 짧은 계산 시간과 더 높은 정밀도(精密度)라는 2중(重)의 이점과 함께 장 문제 해석 영역의 축소를 가져온다.

4.4 Computation of the Solved Structure

일단 구조가 그려지고 경계 조건이 부여되면, 물질의 전기 및 자기적 성질이 장의 원천(field source)과 함께 부여된다. 장의 원천은 정자장 문제에서는 전류밀도 또는 영구자석 자화(磁化, magnetization)이다. 장 문제 식 (4.1)의 해는 영역의 각 점에서의 자기 벡터 포텐셜 A_z에 대한 지식으로 이루어진다. 자속밀도와 자계의 세기 벡터는 A_z로부터 유도된다. 몇 가지 고려 사항이 다음 절에서 설명된다.

4.4.1 Drawing the Flux Lines

자속 선은 자속밀도 벡터 **B**에 평행한 선이다. 그것들은 자기 벡터 포텐셜 A_z의 등(等) 포텐셜 선(線)(equipotential lines)에 대응된다.

그림 4.5에서, 포텐셜 A_z는 선을 따라 일정한 것으로 간주된다. x-축이 등 포텐셜 선과 일치하는 좌표계 0xy를 참조하자. 자기 벡터 포텐셜에 회전을 적용함으로

써, 자속밀도 벡터는 式 (4.4)와 같이 얻어진다.

$$B_x = \frac{\partial A_z}{\partial x}$$
$$B_y = -\frac{\partial A_z}{\partial y} = 0 \tag{4.4}$$

식 (4.4)는 자속밀도 벡터가 A_z의 등 포텐셜 선 방향의 성분만을 가짐을 보인다.

4.4.2 Magnetic Flux and Flux Linkage

법선 방향 단위 벡터 **n**의 방향으로 면 S를 통과하는 자속 식 (1.8)의 계산은 식 (4.5)에 의해 주어진다.

$$\Phi = \int_S \mathbf{B}\cdot\mathbf{n}\,dS = L\int_{l_S}\mathbf{B}\cdot\mathbf{n}\,dl \tag{4.5}$$

2D 해석에서는, 면적 적분이 선 적분의 계산으로 축약된다: 자속은 주어진 방향의 선 l_s를 따른 선 자체에 수직인 자속밀도 성분의 적분에 의해 계산된다; 그리고 그 결과에 길이 L이 곱해진다. 이것이 그림 4.6에 보여졌다.

다른 방법으로는, Stokes의 정리 식 (1.21)을 적용하면, 자속은 式 (4.6)과 같이 면 S를 둘러싸는 폐곡선 l을 따른 자기 벡터 포텐셜 **A**의 폐곡선 적분(閉曲線 積分)으로 얻어질 수 있다.

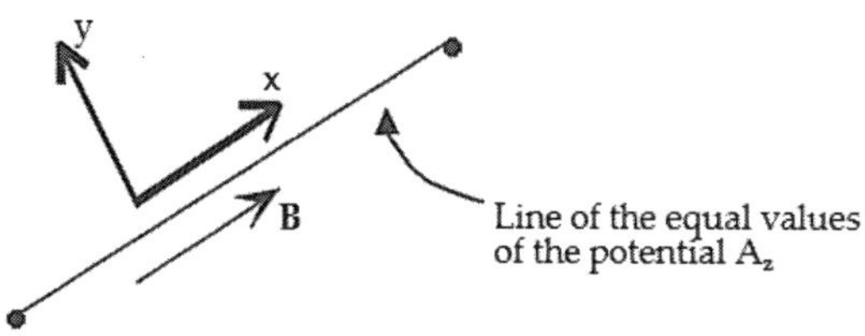

Figure 4.5
Flux lines, i.e., lines of the flus density vector **B**.

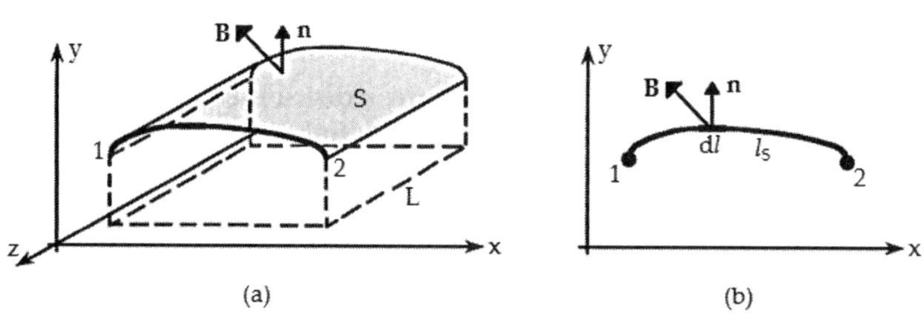

Figure 4.6
Surface integral in the 2D problem.

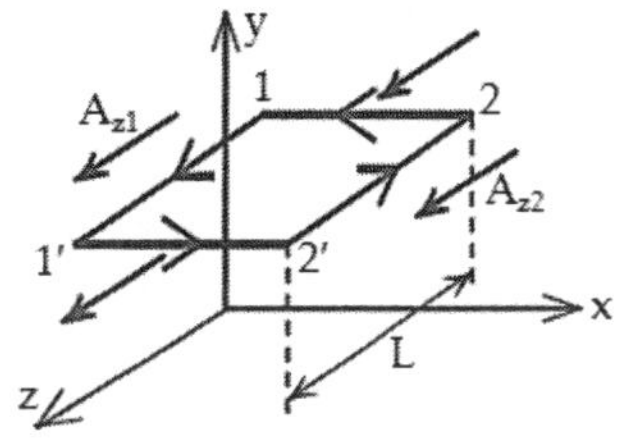

Figure 4.7
Computation of the magnetic flux by means of the magnetic vector potential.

$$\Phi = \int_S \mathbf{B}\cdot\mathbf{n}\,dS = \int_S (\mathrm{curl}\,\mathbf{A})\cdot\mathbf{n}\,dS = \oint_l \mathbf{A}\cdot\mathbf{t}\,dl \tag{4.6}$$

2D 문제에서는, 그러한 계산이 매우 간단하게 끝난다. 그림 4.7을 참조하면, 선분 1′2′와 21을 따른 선 적분은, 자기 벡터 포텐셜이 선분에 수직인 z-축 성분만을 갖기 때문에, 0이 된다. 길이가 L이며 **A**에 평행인 다른 두 선분을 따라서는, A_z의 값이 일정하다. 그러면 자속은, 식 (4.7)과 같이, 두 점 1과 2 사이의 A_z의 차이(difference)에 길이 L을 곱한 것과 같다.

$$\Phi = (A_{z1} - A_{z2})L \tag{4.7}$$

단면(斷面, cross-section) S_{Cu}를 가진 부피가 있는 도체의 경우에는, 식 (4.8)과 같이, 도체 면에서의 자기 벡터 포텐셜 A_z의 평균치(平均值, average value)를 고려하는 것이 편리하다.

$$\Phi = \frac{L}{S_{Cu}}\left(\int_{S_{Cu+}} A_z\,dS - \int_{S_{Cu-}} A_z\,dS\right) \tag{4.8}$$

여기서 S_{Cu+}와 S_{Cu-}는 각각 정(正) 방향(positively oriented)과 부(負) 방향(negatively oriented)의 도체 면이다.

전류가 도체 면에서 균일하게 분포되는 것으로 가정된다면, 쇄교 자속(flux linkage) Λ는 자속 Φ에 자속이 쇄교하는 도체의 권수(捲數, number of turns) N_t를 곱함으로써 얻어진다.

4.4.3 Joule Power Losses

순시 시간(time instant) t 때의 전류밀도가 구조의 각 점에서 알려졌다면, 순시 Joule 전력 손실(instantaneous Joule power loss)은 식 (4.9)와 같이 주어진다.

$$p_J(t) = \int_\tau \rho J^2\,d\tau \tag{4.9}$$

물론, $\mathbf{J} = J_z \mathbf{u}_z$인 평면 대칭과 함께, 체적 적분은 식 (4.10)과 같이 축약된다.

$$p_J(t) = L \int_S \rho J_z^2 \, dS \tag{4.10}$$

여기서 L은 구조의 축 방향 길이이다.

정적 장(stationary field)의 경우에는, 전류밀도가 시간에 무관하고, 따라서 전력 또한 일정하다. 일정하지 않지만 시간에 따라 정현적인 장의 경우에는, 복소 페이서 식 (1.54)와 함께 기호 표시(symbol representation)가 사용된다. 다시 z-축 성분만을 가진 전류밀도는 복소형(complex form)으로 식 (4.11)과 같이 표현된다.

$$\dot{\mathbf{J}} = \dot{J}_z \mathbf{u}_z = |J_z| e^{j\varphi} \mathbf{u}_z \tag{4.11}$$

Joule 효과로 인해 한 주기에 손실되는 평균 전력은 식 (4.12)와 같이 주어진다.

$$p_J = \int_\tau \rho \frac{|J_z|^2}{2} d\tau = \frac{1}{2} \rho \int_\tau \dot{\mathbf{J}} \cdot \tilde{\mathbf{J}} \, d\tau \tag{4.12}$$

여기서 $|J_z|$가 정현 변화의 최대치를 나타내기 때문에, 인자 1/2이 나타난다.

4.4.4 Magnetic Energy

구조에 저장되는 자기 에너지는 式 (4.13)과 같이 계산될 수 있다.

$$W_m = \int_\tau \int_0^B \mathbf{H} \cdot \mathbf{B} \, d\mathbf{B} \, d\tau = \int_\tau \int_0^A \mathbf{J} \cdot d\mathbf{A} \, d\tau \tag{4.13}$$

선형 매질인 경우에는 식 (4.14)와 같이 된다.

$$\begin{aligned} W_m &= \frac{1}{2} \int_\tau \mathbf{H} \cdot \mathbf{B} \, d\tau = \frac{1}{2} \int_\tau \mu H^2 \, d\tau \\ &= \frac{1}{2} \int_\tau \mathbf{J} \cdot d\mathbf{A} \, d\tau = \frac{1}{2} \int_\tau J_z \, A_z \, d\tau \end{aligned} \tag{4.14}$$

정적 장인 경우에는, 에너지는 一定하지만, 변화하는 장의 경우에는, 이 에너지는 시간 t에서의 순시치(瞬時值)로 고려되어야 한다. 특히, 변화하는 장이 정현 변화를 갖고 있으며, 기호 표기를 사용하여 표현되었다면, 한 주기에 저장되는 평균 에너지를 식 (4.15)와 같이 계산하는 것이 가능하다.

$$W_m = \frac{1}{2} \int_\tau \frac{|B| \cdot |H|}{2} d\tau = \frac{1}{2} \int_\tau \frac{|J_z| \cdot |A_z|}{2} d\tau \tag{4.15}$$

여기서 |B|와 |H|가 각각 자속밀도와 자계의 세기의 최대치(最大値)를 나타내며, 또한 $|J_z|$와 $|A_z|$가 각각 전류밀도와 자기 벡터 포텐셜의 최대치를 나타내기 때문에 인자 1/2이 나타난다.

4.4.5 Magnetic Coenergy

자기 수반(隨伴) 에너지(magnetic coenergy)는 식 (4.16)과 같이 계산될 수 있다.

$$\begin{aligned} W'_m &= \int_\tau \mathbf{H}\cdot\mathbf{B}\,d\tau - W_m \\ &= \int_\tau \mathbf{J}\cdot d\mathbf{A}\,d\tau - W_m \end{aligned} \tag{4.16}$$

4.4.6 Magnetic Forces

영역 내에 있는 물체에 작용하는 자기력(磁氣力, magnetic force)을 계산하기 위해서는 두 가지 방법이 가능하다.

4.4.6.1 *Tensor of Maxwell's Stress*

1장에서 논의된 바와 같이, Maxwell 응력 텐서 법은 자계 내에 있는 물체에 작용하는 자기력이 계산될 수 있게 한다. 먼저 물체를 내포하는 적당한 면이 선택된다. 2D 문제에서는 이 면이 *l*로 명명된 선으로 축소된다. 힘의 접선(接線) 및 법선(法線) 성분은 식 (4.17)과 같이 선 *l*을 따른 적분에 의해 계산된다.

$$\begin{aligned} F_t &= L\mu_0 \oint_l H_t H_n\, dl \\ F_n &= L\frac{\mu_0}{2}\oint_l \left(H_n^2 - H_t^2\right) dl \end{aligned} \tag{4.17}$$

힘의 크기와 방향(면에 수직(垂直)인 방향에 대해 나타낸)은 각각 식 (1.100)과 (1.101)에 의해 주어진다.

계산 시간이 고려되는 한, Maxwell 응력 텐서는 오직 하나의 장 해(場 解, field solution)를 요구한다는 점에 유의하는 것이 중요하다.

계산의 정밀도가 고려되는 한, 옳은 자계 분포와 함께, Maxwell 應力 텐서 법은, 적분 면(즉, 선)의 선택과는 상관없이, 힘의 정확한 값을 제공한다는 점이 주목된다. 하지만, 채택된 수치 해법의 본질적인 근사로 인해, 인접 요소 사이의 장 성분의 연속성(連續性, continuity)이 보장되지 않는다. 그 결과, 계산되는 힘은 적분 경로와 영역에 채택된 요소 망(mesh)에 좌우된다.

구조의 채택된 요소 망과 적분을 위해 선택된 경로에 따라 얻어지는 정밀도를 입증하기 위해서는 약간의 예비적인 시험이 불가결하다. 예를 들면, 가능한 점검은 이 힘이 0이 되어야 하는 곳의 상황에서의 힘의 평가가 될 수 있다. Maxwell 응력 텐서 법의 사용에 의한 결과의 정밀도를 점검하는 예가 12장에서 설명된다.

4.4.6.2 *The Virtual Works Method*

Maxwell 응력 텐서와 다른 방법으로서, 또는 특히 중대한 어떤 조건에서의 정밀도를 올바르게 평가하기 위하여, 가상(假想) 일의 방법(virtual works method)이 채택될 수 있다. 불행스럽게도, 이 기법은 두 다른 위치 사이의 자기 에너지의 변화의 계산에 기초를 두기 때문에, 계산 시간의 증가 및 위치 변화의 폭의 선택의 무시할 수 없는 문제와 함께, 적어도 두 개의 장 문제 해를 요구한다.

이 방법은, 힘이 계산되는 방향으로의 물체의 위치의 가상적인 변화에 대응하여, 두 다른 위치 사이의 에너지 평형(平衡)(energy balance)의 비교에 기초를 둔다. 다음 장에서 논의되는 바와 같이, 일정한 전원과 함께, 힘은 가상 이동에 대한 자기 수반 에너지의 미분으로 표현된다. 이것은, 계산 시간의 증가와 이동의 폭의 문제와 함께, 적어도 두 개의 다른 배치인 구조에 대한 장 문제의 해를 함축한다.

4.4.7 Determination of the Electrical Parameters

장 해로부터, 해석되는 전기기기에 관련된 무차원(無次元) 전기회로 정수(電氣回路定數, electric circuit parameter)의 계산에 관심을 둘 수 있다. 특히, 전기 저항(電氣 抵抗)(electrical resistance), 유도 용량(誘導 容量, 인덕턴스, inductance) 및 정전용량(靜電容量, 커패시턴스, capacitance)이 보통 계산된다.

저항은 Joule 전력 손실로부터 식 (4.18)과 같이 계산된다.

$$R = \frac{P_J}{I^2} \tag{4.18}$$

선형의 경우에는, 인덕턴스는 저장 자기 에너지와 쇄교 자속으로부터 식 (4.19)와 같이 계산된다.

$$L = \frac{2W_m}{I^2} = \frac{\Lambda}{I} \tag{4.19}$$

더 이상의 내용은 뒤에서 나오는 장에서 설명된다.

References

2장의 참고문헌을 보라.

5

Cylindrical Magnetic Devices

이 장에서는 원통형 자기 장치(圓筒形 磁氣 裝置, cylindrical magnetic device)가 고려된다. 정자기 축 대칭(axial-symmetric) 해석이 수행된다. 먼저, 해석적인 고찰이 설명된다. 그다음 에너지 변환(變換)(energy conversion)에 관한 기본 개념이 요약된다. 마지막으로, 유한요소법이 장치의 해석에 적용된다.

5.1 Introduction

원통형 자기 장치는 높은 추력(推力, thrust) 이지만 작은 행정(行程, stroke)을 요구하는, 예를 들어, 전력 스위치(power switch)를 움직이거나, 밸브(valve)를 작동하거나, 또는 기타의 응용에 사용된다. 원통형 자기 장치의 단면도가 그림 5.1에 보여졌다. 그것은 고정된 자기 부분, 즉, 철심(core)과, 비자성(非磁性) 가이드(non-magnetic guide)에 의해 안내되는, 철심 내에서 축 방향으로 움직이는 플런저(plunger)로 구성된다. N_t turns로 이루어진 코일(coil)이 철심 내에 감겨있다.

전류가 코일에 흐르지 않을 때, 플런저는, 공극 두께가 최대인, 즉, $g = g_{max}$인 가장 낮은 위치인, 정지 위치(停止 位置, rest position)에 있다. 코일에 충분히 높은 크기의 전류가 흐를 때, 플런저는 밀어 올려져, 공극 두께가 최소인, 즉, $g = g_{min}$인, 가장 높은 위치에 도달한다.

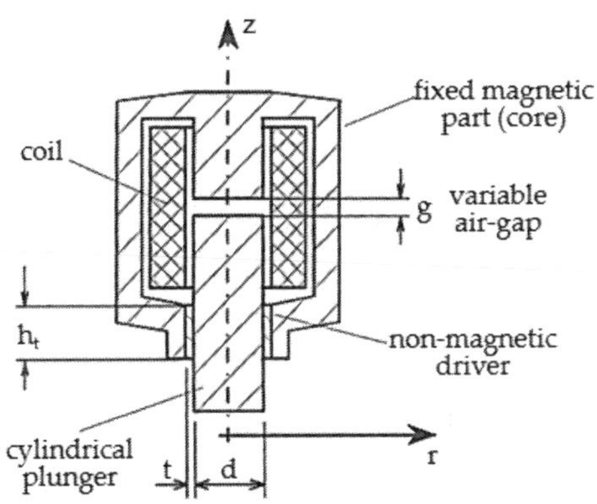

Figure 5.1
Sketch of the cylindrical magnetic device.

철심과, 구동륜(驅動輪, driver)의 두께에 대응되는, 플런저 사이의 반경 방향 간격(間隔)(radial gap)은 t로 일정하다.

5.2 Analytical Study of the Magnetic Device

유한요소법을 적용하기 전에, 자기 장치의 해석적 해석(解析的 解析, analytical analysis)이 수행된다. 몇 가지 편리한 가정에도 불구하고, 이 검토는, 그 예측되는 값을 달성하는 방식으로, 주된 전기 및 자기적인 양(量)의 첫 번째 평가를 가능하게 한다. 다음의 유한요소법에서는, 어떤 모순(矛盾)이 찾아질 것이라면, 어떤 가능한 오차(誤差)를 쉽고 빠르게 찾아낼 것이다. 더구나, 해석적 검토의 단순화의 효과를 평가하기 위해 해석적 및 수치적(數値的, numerical) 결과가 비교될 수 있다.

해석적 해석에서는, 자속 누설과 공극 단부 효과(端部 效果, edge effect)가 무시된다. 따라서, 공극 자속 선의 대응은 두 면에 수직(垂直)이 되는 것으로 가정된다.

5.2.1 Computation of the Magnetic Quantities

전류 i가 코일에 공급된다면, 두 공극 내의 자속밀도는 다음과 같이 계산된다. 그림 5.2를 참조하여, Ampere의 法則을 사용하고 철 경로를 따른 자기압(磁氣壓)(기자력, 起磁力) 강하(magnetic voltage drop)를 무시하면 식 (5.1)이 얻어진다.

$$N_t i = H_g g + H_t t \tag{5.1}$$

여기서 H_g와 H_t는 각각 공극(空隙, air-gap) g와 t 내의 자계의 세기이다. 작은 공극 두께 t 때문에, H_t의 일정한 값이 고려된다.

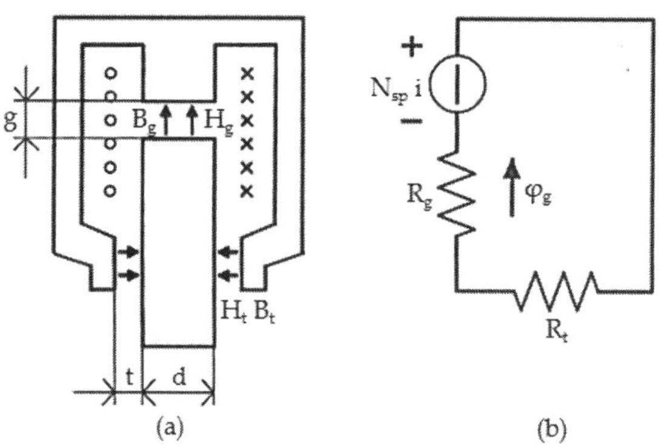

Figure 5.2
Definition of the magnetic strength and the flux density in the two air-gaps of the device (a) and equivalent magnetic circuit (b).

Gauss의 법칙은 식 (5.2)를 산출한다.

$$B_g \frac{\pi d^2}{4} = B_t B_t \pi (d+t) \tag{5.2}$$

여기서 B_g와 B_t는 각각 공극 g와 t 내의 자속밀도이다. 식 (5.2)에서, $\pi(d+t)$는 공극 t의 중간에서의 평균 원주(圓周) 길이이다. 두 식 (5.1)과 (5.2)로부터, 자속밀도 B_g는 항 t'의 명백한 의미와 함께 식 (5.3)과 같이 얻어진다.

$$B_g \frac{\pi d^2}{4} = \mu_0 \frac{N_t i}{g + \dfrac{d^2 t}{4 h_t \pi (d+t)}} = \mu_0 \frac{N_t i}{g + t'} \tag{5.3}$$

그 대신으로, B_g의 값은 그림 5.2 (b)에 보여준 등가 자기회로(等價 磁氣回路, equivalent magnetic circuit)로부터 얻어질 수 있다. 공극 g에 대응되는 자기저항(磁氣抵抗, magnetic reluctance)은 식 (5.4)이며, 공극 t에 대응되는 자기저항은 식 (5.5)이다.

$$R_g = \frac{g}{\mu_0 \dfrac{\pi d^2}{4}} \tag{5.4}$$

$$R_t = \frac{\ln(1 + 2t/d)}{\mu_0 2\pi h_t} \tag{5.5}$$

작은 비(比) t/d와 함께, $\ln(1+2t/d)$는 $t/(d+t)$로 근사화(近似化)되고, 식 (5.5)는 식 (5.6)과 같이 표현될 수 있다.

$$R_t = \frac{t}{\mu_0 \pi h_t (d+t)} \tag{5.6}$$

플런저의 바닥 면(base surface)을 통과하는 자속 φ_g는 식 (5.7)과 같이 계산된다.

$$\varphi_g = \frac{N_t i}{R_g + R_t} \tag{5.7}$$

자속밀도 B_g는 식 (5.8)과 같이 φ_g와 공극 면적 $\pi d^2/4$의 비로 주어지며, 그러므로 식 (5.3)과 같은 결과가 된다.

$$B_g = \frac{\varphi_g}{\left(\frac{\pi d^2}{4}\right)} \tag{5.8}$$

코일과의 쇄교 자속(鎖交 磁束)은 다음으로 귀결된다:

$$\lambda = N_t \varphi_g = \mu_0 \pi d^2 \frac{N_t^2 i}{4(g + t')} \tag{5.9}$$

자기 장치는 자기 이력(磁氣 履歷) 현상(히스테리시스 현상, hysteretic phenomena)이 없으며 손실도 없다고 가정된다. 필요하다면, 후자는 외부 손실로서 고려될 수 있다. 바꾸어 말하면, 계통은 손실이 없는 부분(다음의 검토에서 고려되는)과 손실이 있는 부분(여기서는 고려되지 않는)으로 쪼개진다. 자기 장치는 그러면 가역적(可逆的)인 방식으로 자기 에너지를 저장할 수 있는 보존적(保存的)인 계통으로 고려된다.

이러한 가정과 함께, 전류 i, 쇄교 자속 λ 및 공극 두께 g가, 자기 계통의 상태(狀態, state)를 완전히 정의하는, 상태 변수(state variable)로 고려된다. 하지만, 식 (5.9)는 이 세 개의 양(정확한 i와 g의 값에 대응하는 λ의 각 값) 사이의 연결 고리(link)를 보인다. 자기 이력(히스테리시스, hysteresis)이 무시되기 때문에, 그러한 대응은 한 가지뿐이다. 따라서, 계통의 상태를 완전히 나타내는 데에는 오직 두 개의 변수만으로 충분하며, 가장 편리함에 기초를 두고 선택될 것이다.

5.2.2 Magnetic Energy and Coenergy

자기 에너지는 계통의 기하 구조, 물질의 자기 특성, 그리고 코일 기자력에 의해 결정될 수 있다. 주어진 배열의 경우, 플런저의 주어진 위치, 즉, 공극 $g = g_0$에서, 자계 내에 저장되는 에너지는 전류가 0에서 쇄교 자속 $\lambda = \lambda_0 = \lambda(i_0, g_0)$에 대응되는 값 $i = i_0$에 이르게 하기 위해 전원에 의해 공급되는 에너지로 계산된다. 그 결과는 식 (5.10)이다.

$$W_m = \int_0^{\lambda_0} i(\lambda) d\lambda \tag{5.10}$$

그러한 에너지는 그림 5.3에서 수평(水平)으로 선을 그은 부분의 면적에 대응된다. 역(逆)의 과정으로, 이 자기 에너지는 전류가 0으로 되돌려질 때 완전히 전기 회로로 돌아간다.

그림 5.3의 곡선 아래의 수직(垂直)으로 선을 그은 부분의 면적은 자기 수반(隨伴) 에너지(magnetic coenergy)에 대응되며 식 (5.11)과 같이 표현될 수 있다.

$$W'_m = \int_0^{i_0} \lambda(i)di = \lambda_0 i_0 - W_m \tag{5.11}$$

명확한 물리적 의미가 없는 이 양(量)은 전기-기계적 양(electromechanical quantity)의 계산에 매우 유용하다는 것이 판명된다. 계통이 보존적이기 때문에, 자기 에너지와 수반 에너지 모두 상태 함수로 고려해도 된다. g, i 및 λ 사이의 한 가지 대응을 생각하면, 자기 에너지와 수반 에너지는 보통 전류와 쇄교 자속의 함수, 즉 $W_m(\lambda, i)$ 와 $W_m'(\lambda, i)$로 표현된다.

계통이 선형이라면, 즉 자성체가 포화에 도달하지 않는다면, 자기 에너지와 수반 에너지는 같으며 식 (5.12)와 같이 계산된다.

$$W_m = W'_m = \frac{1}{2}\lambda_0 i_0 \tag{5.12}$$

위의 式에서, 자기 에너지는 장치의 단자에서 측정될 수 있는 적분 양(量)에 의해 표현된다. 자기 에너지는 또한 자계의 특정한 성질(specific property)(또는 점의 성질, point property)의 함수로서 표현된다. 자속밀도가 두 공극에서 일정한 것으로 가정되었고, 단부 효과는 무시되며, 자계의 세기는 철 경로에서 0으로 되기 때문에, 자계 에너지는 式 (5.13)과 같이 귀결된다.

$$W_m = \left(\frac{1}{2\mu_0}B_g^2\right)\frac{\pi d^2}{4}g + \left(\frac{1}{2\mu_0}B_t^2\right)h_t\pi(d+t)t \tag{5.13}$$

5.2.3 Apparent Inductance and Differential Inductance

겉보기 인덕턴스(apparent inductance)와 미분 인덕턴스(differential inductance)는 공극 g의 함수이다. 강자성체(强磁性體, ferromagnetic material)(철심과 플런저)의 비선형 특성 때문에, 그것들은 또한 코일을 통하여 흐르는 전류 i의 함수이다.

공극 g_0, 전류 i_0, 그리고 쇄교 자속 $\lambda_0 = \lambda(i_0, g_0)$로 정의되는 동작 점(動作 點,

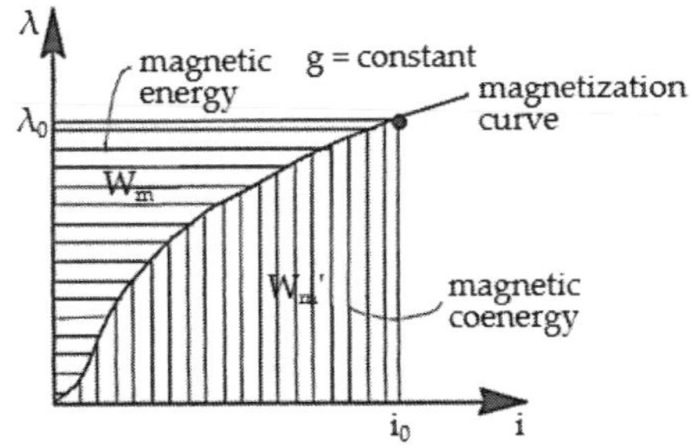

Figure 5.3
Magnetization curve, magnetic energy, and coenergy.

operating point) (i_0, λ_0)을 고려하자. 코일의 겉보기 인덕턴스는 식 (5.14)와 같이, 쇄교 자속 λ_0와 전류 i_0 사이의 비로 주어진다.

$$L_{app}(i_0, g_0) = \frac{\lambda_0}{i_0} \tag{5.14}$$

동작 점 (i_0, λ_0) 주위에서의 코일의 미분 인덕턴스를, 식 (5.15)와 같이, 쇄교 자속의 미소 변화(微小 變化, infinitesimal variation) $d\lambda$와 대응되는 전류의 변화 di 사이의 비(比)로 정의한다.

$$L_{dif}(i_0, g_0) = \left.\frac{d\lambda}{di}\right|_{(i_0, \lambda_0)} \tag{5.15}$$

선형 조건에서는, 물질의 투자율이 일정하기 때문에, L_{app}와 L_{dif}의 두 값은 일정하며 같다: $L_{app} = L_{dif} = L$.

그 대신으로, 인덕턴스는 에너지 양(量)으로부터 계산될 수 있다. 그림 5.4를 참조하면, 겉보기 인덕턴스는 식 (5.16)과 같이 계산될 수 있다.

$$L_{app}(i_0, g_0) = \frac{W_m + W_m'}{i_0^2} = \frac{\lambda_0 i_0}{i_0^2} \tag{5.16}$$

양(量) ($1/2\, \lambda_0\, i_0$)은 에너지와 같은 차원을 가지지만, 물리적 의미는 가지지 않는다. 그것은 그림 5.4에 보여준 면적에 대응된다. 같은 그림에 동작 점(working point) 부근의 전류 변화 di에 대응되는 자기 에너지 변화 dW_m을 강조하여 나타내었다. 이 변화로부터, $dW_m = i_0\, d\lambda$이기 때문에, 미분 인덕턴스는 식 (5.17)과 같이 개략적으로 추정될 수 있다.

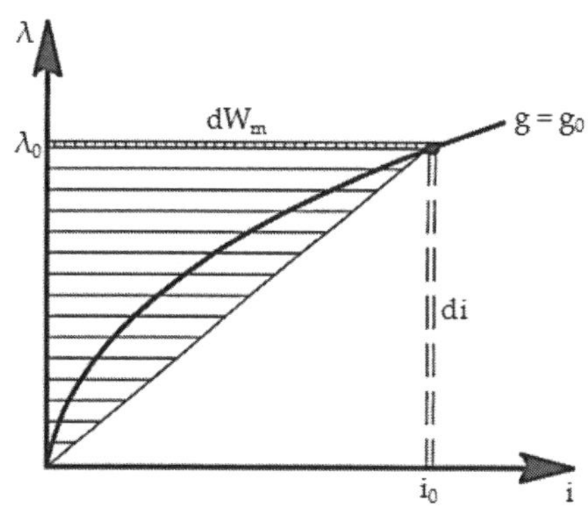

Figure 5.4
Current-flux linkage characteristic and surface corresponding to the apparent inductance computation.

$$L_{dif}(i_0, g_0) = \frac{1}{i_0}\frac{dW_m}{di}\bigg|_{(\lambda_0, i_0)} \tag{5.17}$$

선형 조건에서는, 식 (5.16)과 (5.17)로 주어진 두 인덕턴스가 식 (5.18)과 같이 간단하게 된다.

$$L_{app} = L_{dif} = \frac{2W_m}{i_0^2} \tag{5.18}$$

5.2.4 Mechanical Forces

자기 장치가 보존계(保存系, conservative system)이기 때문에, 효력을 발생하는 기계력(機械力)은 에너지 보존(保存) 원리(principle of energy conservation)에 의해 계산될 수 있다. 힘의 성분이 계산되어야 하는 방향으로 요소를 미소 이동시킨 것에 대응되는 에너지의 변화를 추정해야 한다.

그림 5.1의 자기 장치의 플런저에 작용하는 z-축 방향을 따른 힘 F_z는 플런저 자체의 이동 $dz = -dg$에 관련된다. 이동 $-dg$에 따라, 코일 전류와 쇄교 자속 모두에 변화가 생긴다. 그림 5.5 (a)는 공극 길이 g로 특성지어 지는 출발 동작 점 A와, 空隙 길이 $g - dg$로 특성지어 지는 그 다음 동작 점 B를 보인다. 이동 $-dg$가 미소이기 때문에, 두 곡선 사이의 차이 또한 미소이다.

힘 F_z는 미소 기계적 일 $dW_{mech} = F_z\,dz = -F_z\,dg$를 실현한다. 그것은 다음의 에너지 평형으로부터 얻어질 수 있는 바와 같이 그림 5.5 (a)의 면적 0AB에 대응된다:

$$dW_{mech} + dW_m = dW_{el} \tag{5.19}$$

여기서 dW_m은, 식 (5.20)과 같은, 플런저가 A로부터 B까지 이동하는 동안에 자계 내에 저장되는 자기 에너지의 변화이며, dW_{el}은, 식 (5.21)과 같은, 코일 단자를 거쳐 전원에 의해 공급되는 전기 에너지이다.

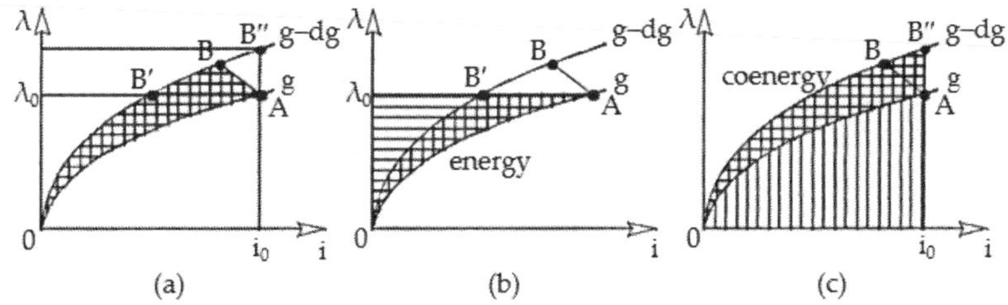

Figure 5.5
Energy variations corresponding to the air-gap variation $-dg$.

$$\begin{aligned} dW_m &= W_m(B) - W_m(A) \\ &= \int_0^{\lambda_0 + d\lambda} i(\lambda, g - dg)d\lambda - \int_0^{\lambda_0} i(\lambda, g)d\lambda \end{aligned} \tag{5.20}$$

$$dW_{el} = \int_0^{\lambda_0 + d\lambda} i(\lambda)d\lambda \tag{5.21}$$

이 양들은 그림 5.6에 보여준 바와 같이 (i, λ) 평면에서 그려질 수 있다.

2계(階)(second order)의 미소 항을 무시하면, 면적 0AB는, 그림 5.5 (b)에 보여준 바와 같이, 일정한 쇄교 자속 $\lambda = \lambda_0$로, 이동 $-dg$ 전후의 자기 저장 에너지 사이의 차이(差異)에 대응되는 면적 0AB′에 의해 근사화될 수 있다. 그러면 힘 성분은 식 (5.22)와 같이 계산된다.

$$F_z(\lambda_0, g) = -\left.\frac{dW_m}{dz}\right|_{\lambda=\lambda_0} = -\left.\frac{dW_m(\lambda, g)}{-dg}\right|_{\lambda=\lambda_0} \tag{5.22}$$

식 (5.22)는 에너지가 λ의 함수로서 표현되어야 한다는 것을 강조한다. 쇄교 자속이 일정하기 때문에, 계통으로 공급되는 전기 에너지는 0이다. 기계적 일 $F_z\,dz = -F_z\,dg$는 자계 내에 저장된 에너지의 소비(消費)로 이루어진다.

비슷한 방식으로, 면적 0AB는 그림 5.5 (c)에 보여준 바와 같이, 0AB″에 의해 근사화될 수 있다. 그것은, 일정한 전류 $i = i_0$로, 이동 $-dg$ 전후의 계통의 수반 에너지 사이의 차이에 대응된다. 이 경우 힘은 식 (5.23)에 의해 주어진다.

$$F_z(i_0, g) = +\left.\frac{dW'_m}{dz}\right|_{i=i_0} = -\left.\frac{dW'_m(i, g)}{-dg}\right|_{i=i_0} \tag{5.23}$$

식 (5.23)은 에너지가 i의 함수로서 표현되어야 한다는 것을 강조한다. 전류가 $i = i_0$로 일정하기 때문에, 계통으로 공급되는 전기 에너지는 $i_0\,d\lambda$와 같다. 기계적 일 $F_z\,dz = -F_z\,dg$는 외부 전원에 의해 공급된 전기 에너지와 자계 내에 저장된 에너지의 변화 $(1/2\ i_0\,d\lambda)$ 사이의 차이(差異)로 계산된다. 이 계산은 유한요소법의 사용에서 채택되는 전류를 장의 원천으로 두는 것에 대응된다.

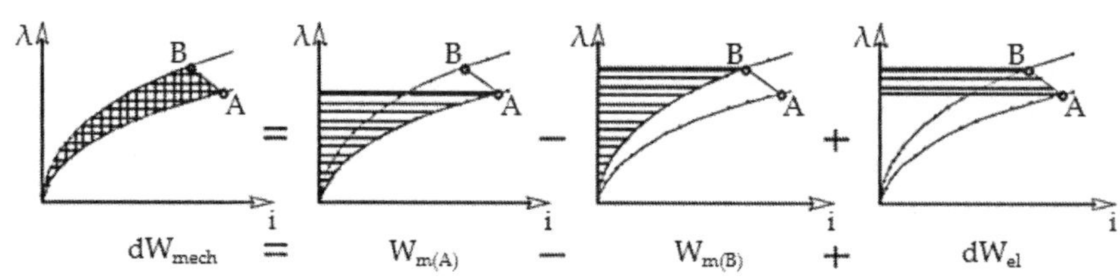

Figure 5.6
Energy balance during the air-gap variation −dg.

식 (5.22)와 (5.23)은 전기-기계 에너지 변환(electromechanical energy conversion)의 基本的인 관계를 설명한다. 이들은 가동 요소(可動 要素, mobile element)에 작용하는 자기적 성질의 힘을 구하는데 사용된다. 이 힘은, 미소 이동 −dg 동안의 전류와 쇄교 자속의 변화가 2계(階)의 미소 양(微小 量)이기 때문에, 이들이 어떻게 변화하는지와는 무관한 결과가 된다. 바꾸어 말하면, 힘은 상태 변수 (g, i 및 λ)에 종속되지만 그들이 바뀌는 방식(물리적으로 예측되는)과는 무관하다. 하지만, 이것은 이동이 미소할 때만 성립한다: 유한(有限)한 변위(變位)에서, 기계적 일은 그림 5.7에 보여준 바와 같이 변화의 방식에 종속된다.

그림 5.1의 원통형 자기 장치에서 선형 운전(線形 運轉, linear operation)을 가정한 특정한 경우에는, 자기 수반 에너지는 $W_m' = 1/2\,\lambda\, i$인데, 여기서 λ는 식 (5.9)로 표현되어, 식 (5.24)와 같이 계산된다.

$$W_m' = \frac{1}{2}\mu_0 \frac{(N_t i)^2}{g + t'} g \frac{\pi d^2}{4} \tag{5.24}$$

식 (5.23)을 이용하면, 미소 이동 dz = −dg 방향의 힘은 식 (5.25)로 귀결된다.

$$F_z = \frac{1}{2\mu_0}(N_t i)^2 \frac{\pi d^2}{4} \frac{1}{(g + t')^2} \tag{5.25}$$

F_z의 양의 값은 플런저가 위로 당겨짐을 의미한다.

위의 식에서, 자기력은, 에너지 또는 수반 에너지로서, 적분 양(量)으로 표현된다. 같은 힘이, 자계 성분에 적용되는 Maxwell 응력 텐서에 의한 예처럼, 자계의 특정한 성질로부터 출발하여 계산될 수 있다. 자기 장치의 공극 g에서 자계의 세기의 z-축 성분만이 존재한다는 (1장의 표 1.2의 둘째 행을 보라) 가설(假說)의 특정한 경우에는, 플런저 면의 수직 방향 자기 압력(磁氣 壓力, magnetic pressure)은 식 (5.26)과 같이 주어진다.

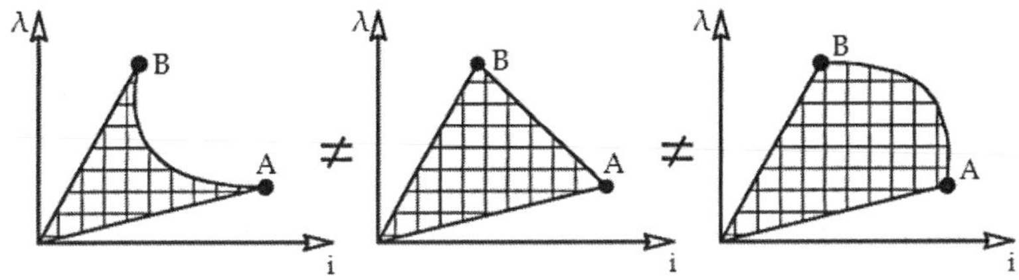

Figure 5.7
Mechanical work with different finite movements: although the starting and final points are the same, the dependence on the way of variation of λ and i is evident.

$$p_n = \frac{\mu_0}{2}\left(H_n^2 - H_t^2\right) = \frac{\mu_0}{2}H_n^2 = \frac{B_g^2}{2\mu_0} \tag{5.26}$$

여기서 H_n과 H_t는 공극 앞에 있는 플런저 면에서의 장의 세기의 수직 및 접선 방향 성분이다. 그러면 플런저에 작용하는 총 힘은 식 (5.27)이다.

$$F_z = \frac{1}{2\mu_0}B_g^2\frac{\pi d^2}{4} \tag{5.27}$$

식 (5.27)에서 식 (5.3)으로 주어진 B_g의 표현을 도입함으로써, 식 (5.25)에 주어진 힘과 같은 표현이 다시 얻어진다.

5.3 Finite Element Analysis

5.3.1 Formulation of the Problem for the Finite Element Analysis

장치가 축대칭을 나타내므로(그림 4.1을 보라), 자기 장치의 한 단면만을 고려해도 된다. 해석은 그림 5.8에 보여준 바와 같이 (r, z) 평면에서 수행된다.

사실, 대칭성에 대한 다소의 고려는 전류밀도의 방위각(方位角) 성분만이 존재함을, 즉 **J** = (0, J_ϑ, 0)임을 보인다. 그 결과, 자기 벡터 포텐셜은 단지 방위각 성분만으로, 즉 **A** = (0, A_ϑ, 0)로 특성지어 진다. 그러면 자속밀도 **B** = (B_r, 0, B_z)의 성분은

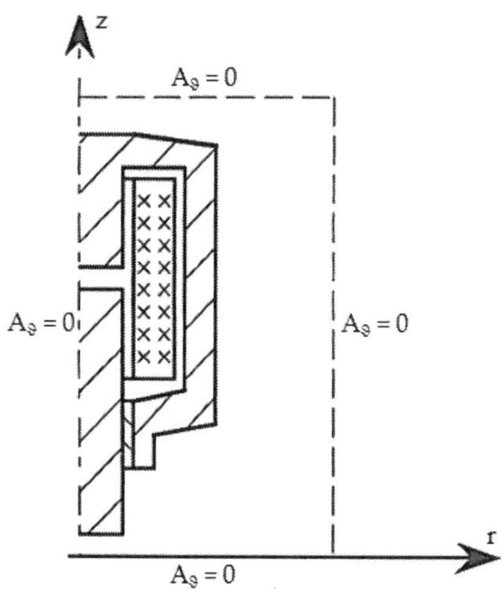

Figure 5.8
Sketch of the section of the cylindrical magnetic device, which is used in the finite element analysis and boundary conditions.

식 (5.28)이다.

$$B_r = -\frac{\partial A_\vartheta}{\partial z}$$
$$B_z = \frac{1}{r}\frac{\partial(rA_\vartheta)}{\partial r} = \frac{A_\vartheta}{r} + \frac{\partial A_\vartheta}{\partial r} \tag{5.28}$$

덧붙여, 모든 장 양(場 量)은 변수 r과 z에만 종속된다. 즉, $J_\vartheta = J_\vartheta(r, z)$, $A_\vartheta = A_\vartheta(r, z)$, $B_r = B_r(r, z)$, $B_z = B_z(r, z)$이다. 자계의 세기 벡터 $\mathbf{H} = (H_r, 0, H_z)$의 성분은 자속밀도 벡터와 구성(構成) 방정식에 의해 연결된다.

장 문제는 정자장이며 식 (5.29)의 Poisson 방정식에 의해 표현된다.

$$\nabla^2 A_\vartheta = \frac{1}{r}\frac{\partial}{\partial r}\left(r\frac{\partial A_\vartheta}{\partial r}\right) + \frac{\partial^2 A_\vartheta}{\partial z^2} = -\mu J_\vartheta \tag{5.29}$$

Dirichlet 조건이 기준 포텐셜 $A_\vartheta = 0$로 z-축에 할당된다. 같은 값이 장치로부터 적당한 거리(距離)를 둔 선을 따라 할당된다. 경계 조건이 그림 5.8에 보여졌다.

단위 값(unity, 1)의 비투자율이 비자성 물질에 고려되는 한편, 연강(軟鋼, mild steel)의 B-H 곡선이 자성체에 대해 사용된다. 자속밀도가 낮다면, 일정한 자기 투자율과 함께 선형 거동(擧動)을 철 경로에 대해 가정해도 된다. 포화되지 않은 철 물질의 비투자율의 전형적인 값은 $\mu_r = 1000$으로부터 $\mu_r = 10{,}000$까지의 범위이다.

코일은 N_t turns의 형태로 되어 있지만, 그림 5.8에 보여준 바와 같이, 단일 도전 봉(單一 導電 棒, single conducting bar)으로 모델링된다. 따라서, 코일에 전류 $i = I$가 흐를 때, 총 전류 $N_t I$가 등가 봉(等價 棒)에 할당되어야 한다.

5.3.2 Computation of the Solved Structure

일단 자성체 특성, 경계 조건 및 전류 원(源)이 할당되면, 장 문제는 풀릴 수 있다. 식 (5.29)로 강조된 바와 같이, 해는 영역의 각 점에서의 자기 벡터 포텐셜의 방위각 성분 $A_\vartheta(r, z)$의 계산으로 이루어진다. 관심있는 모든 다른 자기 양(量)은 뒤에서 설명하는 바와 같이 $A_\vartheta(r, z)$로부터 유도된다.

5.3.2.1 Magnetic Flux Density

자속밀도 벡터의 두 성분은 식 (5.28)로부터 얻어진다. 이로부터, 자속 선이 구해진다. 자속밀도의 크기는 식 (5.30)으로 귀결된다.

$$B = \sqrt{B_r^2 + B_z^2} \tag{5.30}$$

5.3.2.2 Flux Linkage

먼저, 크기가 없는 1회권(一回捲, single dimensionless turn)이 고려된다. 그림 5.9 (a)에 나타낸 바와 같이, 그 반경은 r_0이며 그 중심은 z-축이다. 권선 쇄교 자속(鎖交 磁束)은, 식 (5.31)과 같이, 권선 자체에 의해 제한되는 원형 면(圓形 面, circular surface)을 통과하는 자속밀도의 적분으로 계산된다.

$$\lambda_{r0} = \int_0^{r_0} \int_0^{2\pi} B_z(r,z)\, r\, d\vartheta\, dz \tag{5.31}$$

Stokes의 정리에 의해, 쇄교 자속은 그림 5.9 (b)에 보여준 바와 같이 식 (5.32)로 편리하게 표현된다.

$$\begin{aligned} \lambda_{r0} &= \oint_{r_0} A_\vartheta(r,z)\, dr \\ &= \int_0^{2\pi} r_0 A_\vartheta(r,z)\, d\vartheta \\ &= 2\pi r_0 A_\vartheta(r_0, z) \end{aligned} \tag{5.32}$$

그림 5.9 (c)에 보여준 같이, 권선이 크기가 없지 않고 단면 S_{Cu}를 가진다면, 평균 쇄교 자속은 식 (5.33)과 같이 된다.

$$\lambda = \frac{1}{S_{Cu}} \int_{S_{Cu}} 2\pi r A_\vartheta dS \tag{5.33}$$

마지막으로, N_t turns가 전 면(全 面, whole surface) S_{Cu}를 채우는 것으로 고려되면, 쇄교 자속은 식 (5.34)이다.

$$\lambda = \frac{N_t}{S_{Cu}} \int_{S_{Cu}} 2\pi r A_\vartheta dS \tag{5.34}$$

5.3.2.3 *Magnetic Energy and Coenergy*

자기 에너지와 수반 에너지를 계산하기 위하여, 5.2.2절에서 설명한 식이 채택된다. 하지만, 특정 자계 양(量)으로부터 에너지를 계산하는 것이 편리하다: 자계의 세기

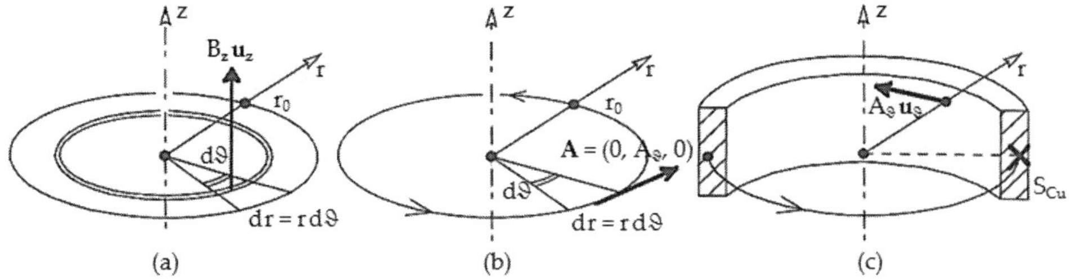

Figure 5.9
Integral lines for the computation of the flux linkage.

H, 자속밀도 **B**, 전류밀도 **J** 및 자기 벡터 포텐셜 **A**.

자기 에너지 W_m은 식 (5.35)와 같이 계산된다.

$$W_m = \int_\tau \left(\int_0^B H\,dB\right)d\tau = 2\pi\int_S \left(r\int_0^B H\,dB\right)dS \tag{5.35}$$

여기서 r은 가상 반경(假想 半徑, dummy radius)이다. 전류밀도와 자기 벡터 포텐셜을 참조하면, W_m은 식 (5.36)과 같이 주어진다.

$$W_m = \int_\tau \left(\int_0^{A_\vartheta} J_\vartheta\,dA_\vartheta\right)d\tau = 2\pi\int_S \left(r\int_0^{A_\vartheta} J_\vartheta\,dA_\vartheta\right)dS \tag{5.36}$$

장 양(量)으로부터 계산된 자기 수반 에너지 W_m'는 식 (5.37)이다.

$$W_m' = \int_\tau BH\,d\tau - W_m \tag{5.37}$$

선형 조건에서는, 식 (5.35)는 (5.38)이 되며, 식 (5.36)은 (5.39)로 된다.

$$W_m = 2\pi\int_S r\frac{1}{2}BH\,dS \tag{5.38}$$

$$W_m = 2\pi\int_S r\frac{1}{2}J_\vartheta A_\vartheta\,dS \tag{5.39}$$

자기 장치의 철심과 플런저는 비선형 자기 특성을 보인다. 하지만, 자속밀도의 크기가 작을 때, 그들은 B-H 곡선의 선형 부분(線形 部分)에서 동작한다. 따라서, 일정한 투자율이 이런 대상에서조차도 할당될 수 있다.

5.3.2.4 *Inductances*

겉보기 인덕턴스는 쇄교 자속 식 (5.34)를 전류로 나눔으로써 얻어진다:

$$L_{app} = \frac{\dfrac{N_t}{S_{Cu}}\int_{S_{Cu}} 2\pi r A_\vartheta dS}{i} \tag{5.40}$$

자기회로가 선형이라면, 인덕턴스 L_{app}는 에너지 양(量)으로부터 식 (5.41)과 같이 計算될 수 있다.

$$L_{app} = \frac{2\left(\dfrac{1}{2}\int_\tau BH\,d\tau\right)}{i^2} = \frac{2\pi\left(\dfrac{1}{2}\int_S rBH\,dS\right)}{i^2} \tag{5.41}$$

미분(微分) 인덕턴스는 서로 다른 코일 전류에 대응되는 두 개의 장 해로부터 계산되어야 한다. 예를 들어, 식 (5.34)에 주어진 것처럼 계산된, 전류 i와 $i + \Delta i$에 대응되는, 쇄교 자속 $\lambda(i)$와 $\lambda(i + \Delta i)$를 가정하자. 그러면 미분 인덕턴스는 식 (5.42)와 같이 주어진다.

$$L_{dif} = \frac{\lambda(i + \Delta i) - \lambda(i)}{\Delta i} \tag{5.42}$$

결과는 전류 변화 Δi의 값에 종속된다. 좀 더 정확한 결과는 장 문제가 i 부근의 두 전류 값 $i + \Delta i$와 $i - \Delta i$에 대하여 풀리면 얻어진다. 전류 값 i 부근의 쇄교 자속의 Taylor 급수 전개(級數 展開)(Taylor series expansion)를 채택하고, 2계(階) 보다 높은 항을 무시하면, 식 (5.43)이 된다.

$$\begin{aligned} \lambda(i + \Delta i) &= \lambda(i) + \frac{d\lambda(i)}{di}\Delta i + \frac{1}{2}\frac{d^2\lambda(i)}{di^2}(\Delta i)^2 + \cdots \\ \lambda(i - \Delta i) &= \lambda(i) - \frac{d\lambda(i)}{di}\Delta i + \frac{1}{2}\frac{d^2\lambda(i)}{di^2}(\Delta i)^2 - \cdots \end{aligned} \tag{5.43}$$

첫째 식에서 둘째 식을 빼면, 2계 항은 없어지고 미분 인덕턴스는 식 (5.44)로 귀결된다.

$$L_{dif} = \frac{d\lambda(i)}{di} = \frac{\lambda(i + \Delta i) - \lambda(i - \Delta i)}{2\Delta i} \tag{5.44}$$

5.3.2.5 Electromagnetic Forces

플런저에 작용하는 힘은 Maxwell 응력 텐서를 사용하여 구할 수 있다. (r, z) 평면에 있는 플런저의 경계 선(境界 線)인, 플런저를 내포하는 면을 참조하자. z-축 방향으로 플런저에 작용하는 총 힘 F_z는 면의 미소 부분(微小 部分)에서 계산된 힘 성분의 합으로 주어진다. 법선 방향 단위 벡터가 $\mathbf{u}_r$과 $\mathbf{u}_z$인 전체 면의 부분은 각각 S_r과 S_z로 나타낸다. 법선 방향 단위 벡터가 z-축 방향인 면 S_z에서는, F_z에 기여하는 힘은 식 (5.45)와 같은 S_z에 수직인 힘 성분에 대응된다.

$$F_n = \int_{S_z} \frac{\mu_0}{2}\left(H_n^2 - H_t^2\right)dS \tag{5.45}$$

법선 방향 단위 벡터가 r-축 방향인 면 S_r에서는, F_z에 기여하는 힘은 식 (5.46)과 같은 S_r에 접선인 힘의 성분에 대응된다.

$$F_t = \int_{S_r} \mu_0 H_n H_t \, dS \tag{5.46}$$

그 대신으로, z-축 방향의 힘은, 식 (5.23)에서 본 것처럼, 식 (5.47)과 같이 자기 수반 에너지의 변화로부터 계산될 수 있다.

$$\begin{aligned} F_z &= -\left.\frac{dW'_m(i,g)}{dg}\right|_{i=const} \\ &= -\left.\frac{W'_m(i,g+\Delta g)-W'_m(i,g-\Delta g)}{2\Delta g}\right|_{i=const} \end{aligned} \tag{5.47}$$

여기서 $W_m'(i, g+\Delta g)$와 $W_m'(i, g-\Delta g)$는 장 해로부터 계산된 자기 수반 에너지의 값으로서, 주어진 전류 i에서, 각각 공극 길이 $(g+\Delta g)$와 $(g-\Delta g)$에 대응된다.

식 (5.47)의 결과는 공극 길이의 변화 Δg에 종속된다. 이것은, 수치 해(數値 解)에서의 차이(差異)가 평가(平價)할 수 없을 정도로 너무 작아서는 안 되며, 자기 수반 에너지의 과대한 변화(變化)가 생길 정도로 너무 커서도 안 된다.

덧붙여, 플런저가 두 다른 위치에 있을 때의 기하 구조가 바뀌기 때문에, 결과는 영역의 요소 망의 변화에 의해서도 영향을 받는다. 이러한 수치 오차(數値 誤差, numerical error)가 생기는 것을 피하기 위해, 그림 5.10에 보여준 바와 같이, 플런저 이동에서 포함되는 영역을 정의하는 것이 유용하다. 플런저가 이 영역에 있을 때, 그것들은 대응되는 자기적 성질이 할당된 철(鐵)로 고려된다. 거꾸로, 플런저가 이 영역에 있지 않을 때에는 그들은 공기(空氣)로 고려된다.

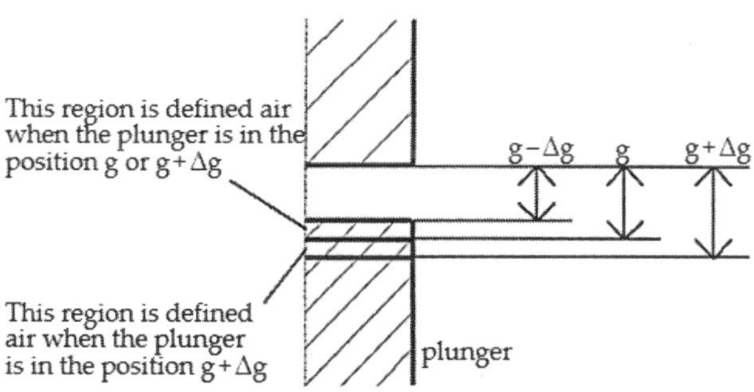

Figure 5.10
Definition of the regions that are interesting to the movement of the plunger; they are adopted to avoid errors due to variation of the mesh.

5.4 Example

이 절은 주요 치수와 함께 그림 5.11에 보여준 원통형 자기 장치의 해석에 대하여 설명한다. 코일은 직경 d_c = 0.9 mm로 N_t = 1000 turns이다. 코일은 각 변이 90 mm와 17.5 mm인 직사각형(直四角形)으로 표시되었다. 철심과 플런저 사이의 옆 간격(間隔)을 결정하는 비자성 구동륜(驅動輪, driver)은 t = 0.5 mm이다. 플런저가 가장 아래의 위치에 있을 때는 공극의 길이가 g_{max} = 15 mm인 한편, 플런저가 가장 위의 위치에 있을 때에는 공극의 길이가 g_{min} = 1 mm이다.

문제가 축 대칭이기 때문에, 그림 5.8의 자기 장치의 단면이 해석된다. 전류밀도 J_ϑ는 전원(電源)에 의해 고정되며, 자기 벡터 포텐셜 A_ϑ가 장 해(場 解)를 나타낸다. 그림 5.8에 표시된 바와 같이, 경계 조건 A_ϑ = 0이 영역의 경계에 고정된다. 연강(軟鋼, mild steel)의 B-H 곡선이 철심과 플런저에 사용된다.

그림 5.12는 장치의 요소 망(網)을 보여준다: 그림 (a)는 초기 망(初期 網)인 한편, (b)는 재분할(再分割)한 망이다. 요소 망은 주로 가장 높은 장 변화도(場 變化度, field gradient)가 일어나는 공극 영역에서 재분할되었다.

장 해는 자기 벡터 포텐셜 A_ϑ에 대한 정보로 이루어진다. 등 포텐셜 선이 그림 5.13 (a)에 보여졌다. 자속밀도 벡터 성분은 식 (5.28)에 쓰여진 바와 같이 자기 벡터 포텐셜 A_ϑ로부터 계산된다. 벡터 장 **B**는 그림 5.13 (b)에 보여졌다.

예로서, 자기 장치의 세 가지 공극 길이에 대응되는 세 가지 구성이 해석되었다: g = 1 mm, g = 5 mm 및 g = 15 mm. 전원 전류가 i = 5 A에서, 공극의 중간에서의 자속밀도의 z-축 성분의 거동(擧動)이 그림 5.14에 보여졌다. 공극 길이에 따른 자속밀도 값의 의존성이 명백하다. g = 1 mm일 때, 플런저와 철심의 끝 부분의 효과 또한 분명하다.

고려되고 있는 세 가지 구성에 대한 몇 가지 자기 양(量)들이 계산되고, 표 5.1에 보여졌다. 양 B와 H 또는 양(量) J_ϑ와 A_ϑ의 조작에 의해 얻어지는 자기 에너지가 상당히 같음에 유의하는 것이 중요하다. 더욱이, 자기 에너지와 수반 에너지가

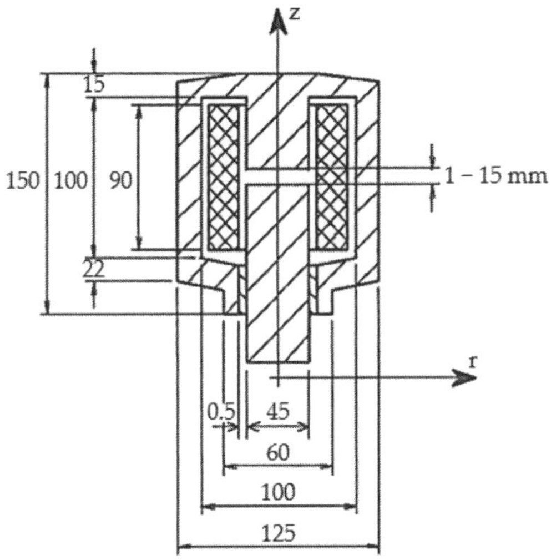

Figure 5.11
Main dimension of the cylindrical magnetic device.

g = 15 mm일 때, 즉, 그림 5.14에서 보여진 바와 같이, 자속밀도 값이 낮을 때 근적으로 같다; 그러므로 장치의 어떤 부분에도 포화가 없다. 역으로, g = 1 mm일 때,즉, 자속밀도 값이 높으며, 철 경로(鐵 徑路)에 높은 포화가 일어났을 때에는 매우 다르다.

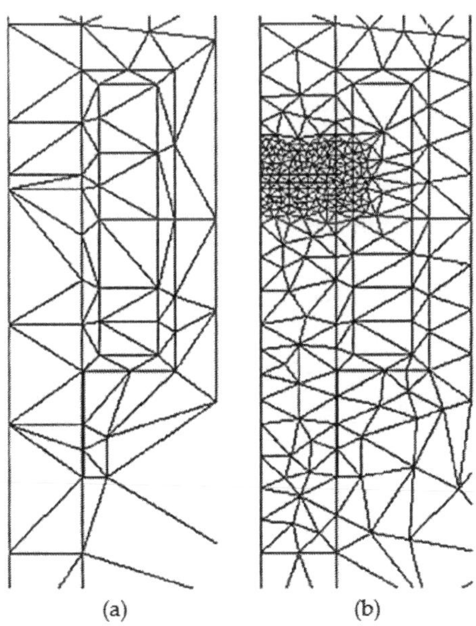

Figure 5.12
Mesh of the domain: initial mesh (a) and refined mesh (b).

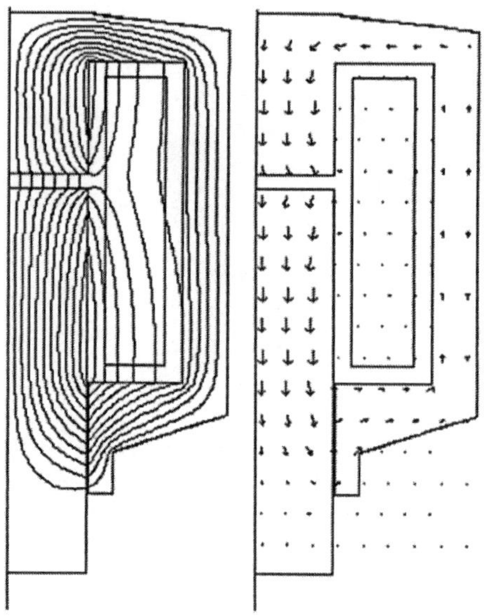

Figure 5.13
Equipotential lines of A_ϑ (a) and flux density vectors (b).

Table 5.1
Computation on the solved structure (with a current i = 5 A)

	g = 15 mm	g = 5 mm	g = 1 mm
$\int_{\tau_{Cu}} A_\vartheta d\tau$	$2.023 \cdot 10^{-6}$	$4.123 \cdot 10^{-6}$	$5.204 \cdot 10^{-6}$
$\int_\tau J_\vartheta A_\vartheta d\tau$	6.422	13.09	16.52
$\int_\tau BH d\tau$	6.415	13.16	16.79
$\int_\tau \int_0^B H dB\, d\tau$	3.217	6.119	3.978
λ (Vs)	1.2843	2.6180	3.3042
W_m (J)	3.217	6.119	3.978
W_m' (J)	3.198	7.041	12.812
L_{app} (H)	0.257	0.524	0.661
L_{dif} (H)	0.257	0.306	0.117

표 5.2에서는, 해석적 및 유한 요소(FE) 결과가 비교되었다. 자속밀도에 관해서는, 공극 길이가 클 때에는 결과가 같은 한편, 공극 길이가 작을 때에는 매우 다르다. 이것은 자계가 매우 높은 경우에는 허용되지 않는 가설인데도 불구하고, 해석적 모델이 철 포화를 고려하지 못하기 때문이다. 해석적 모델은 철 경로(鐵 徑路)에서의 자기 전압 강하(磁氣 電壓 降下, 자기압(磁氣壓) 강하, 기자력(起磁力) 강하,

magnetic voltage drop)가 고려되도록 개선되어야 한다; 하지만, 이것은 이 예의 범위를 벗어나며 이에 대한 더 이상의 깊이 있는 논의는 하지 않을 것이다.

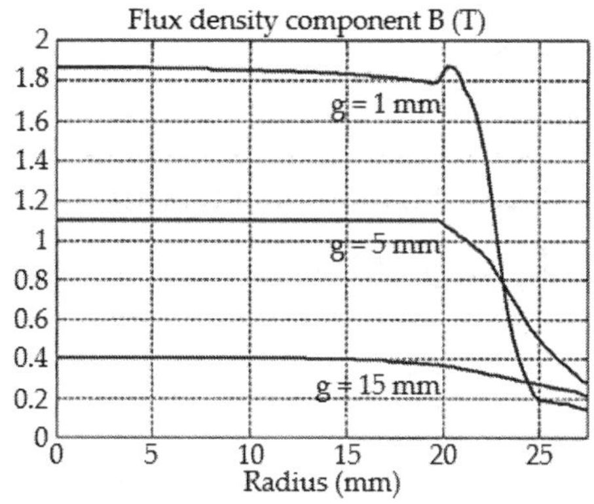

Figure 5.14
Behavior of the flux density component B_z in the middle of the air-gap g (with i = 5 A).

Table 5.2
Comparison between analytical and finite element (FE) results

	g = 15 mm		g = 5 mm		g = 1 mm	
	Analytical	FE	Analytical	FE	Analytical	FE
B_g (T)	0.415	0.407	1.219	1.097	5.435 (!)	1.87
λ (Vs)	0.659	1.284	1.939	2.618	—	3.304
W_m (J)	1.648	3.217	4.847	6.119	—	3.978
F_z (N)	217.5	169.4	1881	881.5	—	2086

표 5.2는 또한 쇄교 자속과 자기 에너지의 해석적 값과 유한요소법에 의해 계산된 값이 상당히 다름을 보인다. 이것은 해석적 모델이 공극을 통과하는 자속 선만을 고려하기 때문이다. 이 가정은 공극 길이가 작을 때에만 타당하다. 역으로, 공극 길이가 클 때에는, 그림 5.13에 강조되어 있는 바와 같이, 자속 선이, 공극을 통과하지 않고, 플런저의 옆면으로 지나간다. 겉보기 인덕턴스는 식 (5.40)을 이용하여 계산되었다.

그림 5.15는 세 가지 공극 길이에서 코일 전류에 대한 쇄교 자속을 보여준다. 세 곡선에서 서로 다른 포화 수준이 명백하다. 자기 에너지 식 (5.10)과 자기 수반 에너지 식 (5.11)의 표현과, 그림 5.3의 도식적 표현을 염두에 두고, 전류 i = 5 A에서 그림 5.15의 W_m을 나타내는 면적이 비교되었다. 그 결과가 표 5.2에 보여졌다.

서로 다른 전류 크기에서의 쇄교 자속에 대한 정보는 식 (5.44)에 의해 미분 인덕턴스가 계산되는 것을 허용한다. 특히, 세 가지 다른 공극 길이에서, i = 5 A 부근에서의 계산 결과가 표 5.1에 보여졌다. 포화가 없는 g = 15 mm에서는, 인덕턴스 L_{app}와 L_{dif}가 사실상 같다. 철 부분에 포화가 일어나는 작은 공극 길이에서는, 인덕턴스들이 상당히 다르다.

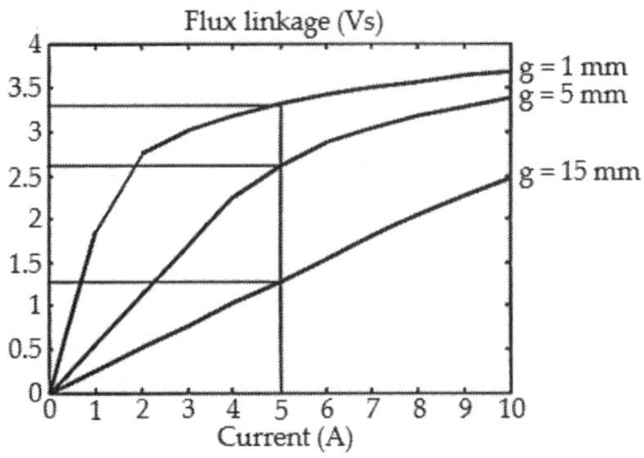

Figure 5.15
Flux linkage as a function of the current, with three air-gap lengths.

Table 5.3
Computation of the force by means od Maxwell's stress tensor

g = 5 mm i = 5 A	Line	Force (N) Points 100	Points 200	Points 400
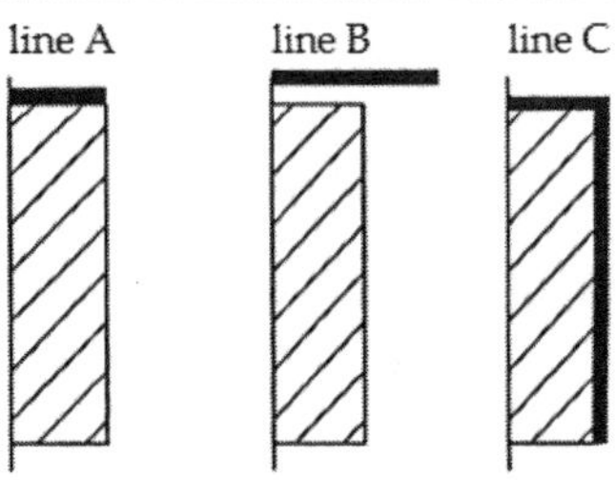	A	782.0	782.1	782.2
	B	829.8	829.8	829.8
	C	856.5	875.1	881.5

line A = on the upper surface of the plunger
line B = in the middle of the air-gap
line C = all around the plunger

플런저에 작용하는 힘이 공극 길이 g = 5 mm와 i = 5 A에서 계산되었다. 먼저 힘은 Maxwell 응력 텐서에 의해 계산되었다. 표 5.3에 보여준 바와 같이, 플런저 주위의 세 개의 선이 고려되었으며, 힘 밀도가 이 선들을 따라 적분되었다. 선 A는 플런저의 윗부분만을 포함하며, 이 면에 작용하는 힘만이 고려된다. 선 B는 플런저 면보다 더 높은 면을 포함하며, 공극의 중간에 위치해 있다. 마지막으로 곡선 C는 플런저를 완전히 포함하며, 힘 계산에서 플런저의 옆면의 효과도 또한 고려된다. 수치 적분은 서로 다른 수의 점(點)으로 수행되었다. 언제나 점의 수에 따른 영향을 확인하는 것이 수치 적분에 기인하는 오차를 피하기 위한 좋은 원칙이다.

세 개의 다른 선에 대한 적분으로 얻어진 표 5.3의 결과의 비교(比較)에 의해, 다음의 결론이 생긴다. 인력(引力)이 본질적으로 플런저의 윗면에 생긴다: 사실, 線 A에 대해 계산된 힘이 선 C에 대해 계산된 값으로 고려한 총 힘의 거의 90 %이다. 총 힘의 거의 94 %에 달하는 힘의 좋은 근사는 선 B에 대한 계산에서 얻어졌다.

서로 다른 공극 길이에서 플런저에 작용하는 힘이 표 5.2에 보여졌다. 이 결과는 선 C를 따라 400 점(點)으로 적분된 것이다.

힘은 또한 같은 조건, 즉, i = 5 A와 g = 5 mm에서, 가상(假想) 일의 원리에 의해 계산되었다. 두 가지 다른 장 해가, 일정한 전류 i = 5 A에서, Δg = 0.5 mm의 공극 길이의, 첫째는 양(陽)이고 둘째는 음(陰)인, 두 가지 변화에 대해 구해졌다. 장 해로부터 얻어진 값들이 표 5.4에 보여졌다. 식 (5.47)을 사용하여 얻어진 힘

$$F_z = -\left.\frac{W'_m(i, g+\Delta g) - W'_m(i, g-\Delta g)}{2\Delta g}\right|_{i=\text{const}} = -\frac{6.579 - 7.477}{2 \cdot 0.5 \cdot 10^{-3}} = 898 \text{ N}$$

Table 5.4
Computation of some quantities around g = 5 mm (current i = 5 A)

	g = 4.5 mm	g = 5 mm	g = 5.5 mm
$\int_{\tau_{Cu}} A_\vartheta \, d\tau$	$4.278 \cdot 10^{-6}$	$4.123 \cdot 10^{-6}$	$3.961 \cdot 10^{-6}$
$\int_\tau J_\vartheta A_\vartheta \, d\tau$	13.58	13.09	12.58
$\int_\tau BH \, d\tau$	13.63	13.16	12.59
$\int_\tau \int_0^B H \, dB \, d\tau$	6.153	6.119	6.011
λ (Vs)	2.716	2.618	2.515
W_m (J)	6.153	6.119	6.011
W_m' (J)	7.477	7.041	6.579

은 Maxwell 응력 텐서에 의해 계산된 힘과 일치한다.

References

1. D. C. White and H. H. Woodson, *Electromechanical Energy Conversion*, John

Wiley & Sons, New York, 1959.

2. G. Xiong and S. A. Nasar, "Analysis of Field and Forces in a Permanent Magnet Linear Synchronous Machine Based on the Concept of Magnetic Charge," in *IEEE Trans. on MAG,* vol. 25, no. 3, pp. 2713–2719, 1989.
3. R. Akmese and J. F. Eastham, "Dynamic Performance of a Brushless DC Tubular Drive System," in *IEEE Trans. on MAG,* vol. 25, no. 5. pp. 3269–3271, 1989.
4. J. Hur, S. B. Yoon, D. Y. Hwang, and D. S. Hyun, "Analysis of PMLSM Using Three Dimensional Equivalent Magnetic Circuit Network Method," in *IEEE Trans. on MAG,* vol. 33, no. 5, pp. 4143–4145, 1997.
5. I. Boldea and S. A. Nasar, *Linear Electric Actuators and Generators,* Cambridge University Press, Cambridge, 1997.
6. N. Bianchi, S. Bolognani, and F. Tonel, "Design Considerations for a Tubular Linear PM Motor for Servo Drives," in *Proc. EPE-PEMC 2000 International Conference,* Kosice, Slovak Republic, 5–7 September 2000.
7. N. Bianchi, "Analytical Computation of Magnetic Fields and Forces of a Tubular PM Linear Servo Motor," in *Proc. of IEEE IAS Annual Meeting,* Roma, Italy, 8–12 October 2000.
8. J. F. Gieras and Z. J. Piech, *Linear Synchronous Motors: Transportation and Automation Systems,* CRC Press, London–New York, 2000.

6

The Single-Phase Transformer

이 장의 목표는 저전력(低電力, low-power), 단상 변압기(單相 變壓器, single phase transformer)의 유한 요소 해석에 대하여 설명하는 것이다. 변압기의 등가회로의 정의에서 출발한다; 그 다음에 등가회로 정수를 얻는 과정에 대해 설명한다.

6.1 The Single-Phase Transformer

단상 변압기의 철심은 내철형(內鐵形, core type)이거나 외철형(外鐵形, shell type)일 수 있다. 그림 6.1 (a)는 1차와 2차 권선이 각각 두 개의 코일로 나누어져 두 철심 각(脚, leg) 주위에 감긴 내철형 변압기의 단면을 보여준다. 그림 6.1 (b)는 1차와 2차 권선이 중앙(central) 철심 각 주위에 감긴 외철형 변압기를 보여준다.

저전력 단상 변압기의 철심은 적층 규소 강판(stacking silicon-steel lamination)으로 이루어진다. 박판은 와류손(eddy current loss)을 줄이기 위해 절연된다. 일반적으로 사각형(四角形) 형태의 철심 각이 채용된다.

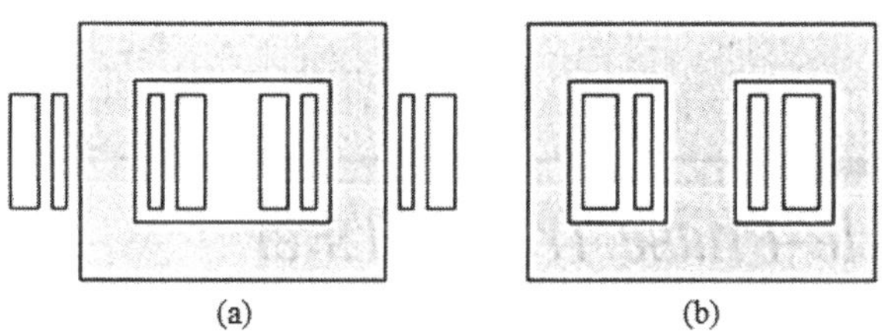

Figure 6.1
Single-phase core-type (a) and shell-type (b) transformers.

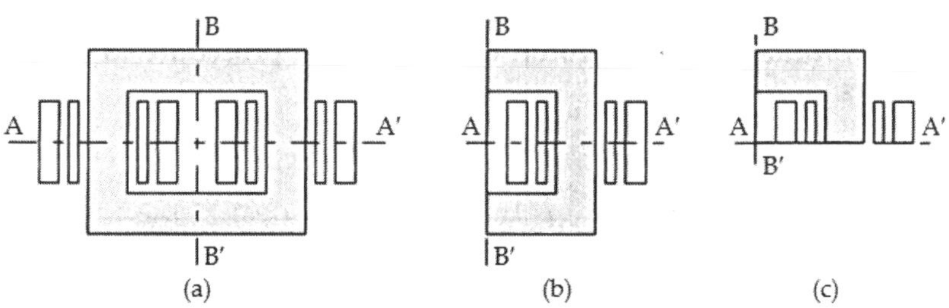

Figure 6.2
Core-type transformer: simplification of the structure.

예를 들어 단부 권선(end-winding) 누설 자속 같은, 단부 효과(端部 效果, edge effect)를 무시하면, 자계는, 모든 순(純) 철 경로 길이(net iron length) $L_{Fe} = k_{stk} L$을 따라, 변압기의 각 단면에서 같다. 여기서 k_{stk}는 적층 계수(stacking factor)이며 L은 철심 각의 총 길이이다. 따라서, 해석은 2차원 문제 해석으로 줄어든다.

주로 장 문제를 줄이기 위해서, 변압기의 해석은 그림 6.1의 단면의 일부에 대해 이루어질 수 있다. 사실상, 전체 구조는 기하 및 자기적으로 대칭성을 띤다. 그림 6.2 (a)에 다시 그려진 내철형 변압기에서는, 축 BB′에 대하여 대칭이어야 한다. 그러면 해석은 그림 6.2 (b)에 그려진 구조의 부분에 대해서만 이루어질 수 있다. 비슷하게, 선분 AA′는 대칭 축이다; 따라서 해석은 그림 6.2 (c)에 그려진 단면의 부분으로 줄어든다. 대칭 선 위에서는, 다음에 설명되는 바와 같이, 적절한 경계 조건이 할당되어야 한다.

비슷하게, 외철형 변압기에서는, 해석은 선분 AA′와 BB′가 기하 구조와 자속 선 모두에 대해 대칭 축임을 고려하여 간단하게 될 수 있다. 그림 6.3 (a)에 그려진 단면은 그림 6.3 (b)에 그려진 단면의 부분으로, 그리고 그 다음 그림 6.3 (c)에 그려진 부분으로 줄어들 수 있다.

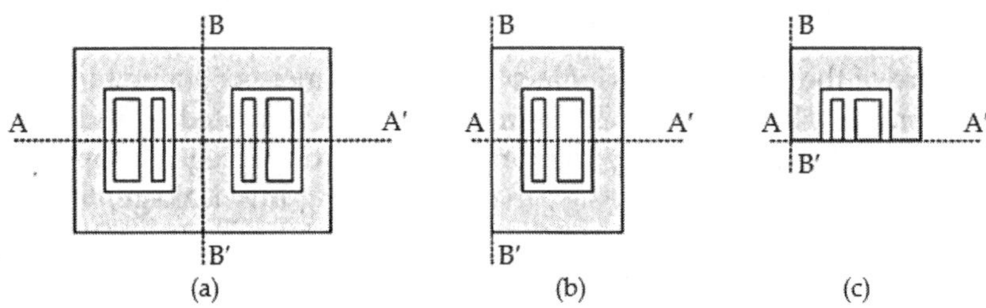

Figure 6.3
Shell-type transformer: simplification of the structure.

6.2 Equivalent Electric Circuit of the Transformer

다음의 해석에서는 권선 저항, 철손 및 포화가 검토되지 않는 손실없는 변압기가 고려될 것이다.

그러한 변압기의 단자전압 방정식은 식 (6.1)과 같이 주어진다.

$$
\begin{aligned}
v_1 &= \frac{d\lambda_1}{dt} = L_1\frac{di_1}{dt} + M\frac{di_2}{dt} \\
v_2 &= \frac{d\lambda_2}{dt} = M\frac{di_1}{dt} + L_2\frac{di_2}{dt}
\end{aligned} \tag{6.1}
$$

여기서 v_1, v_2, i_1, i_2 및 λ_1, λ_2는 두 단자 쌍에서의 전압, 전류 및 쇄교 자속이다. 부호 표시(sign notation)는 모든 단자 쌍에서 전류의 정방향(正方向, positive direction)이 전압에 반대가 되도록 취한다. 마지막으로, L_1, L_2 및 M은 변압기의 자기(自己) 및 상호 인덕턴스이다. 포화가 없다는 가정에 따라, 이 인덕턴스들은 일정하다.

쇄교 자속은 식 (6.2)와 같이 표현될 수 있다.

$$\begin{aligned} \lambda_1 &= L_1 i_1 + M i_2 \\ \lambda_2 &= M i_1 + L_2 i_2 \end{aligned} \tag{6.2}$$

편의를 위하여, 자기 인덕턴스 L_1, L_2는 식 (6.4)의 관계가 만족되도록 식 (6.3)과 같이 두 성분으로 분리(分離)한다.

$$\begin{aligned} L_1 &= L_{1\sigma} + L_{1m} \\ L_2 &= L_{2\sigma} + L_{2m} \end{aligned} \tag{6.3}$$

$$L_{1m} L_{2m} = M^2 \tag{6.4}$$

이 L_{1m}, L_{2m} 및 M으로 이루어지는 변압기는 완전 결합(完全 結合, perfect coupling)으로 특성지어 지는 이상 변압기(理想 變壓器, ideal transformer)이다. 인덕턴스 $L_{1\sigma}$와 $L_{2\sigma}$는 각각 1차와 2차 권선과 관련된 누설 인덕턴스(leakage inductance)이다.

이러한 분리는 변압기가 그림 6.4에 보여준 등가 전기회로로 표현되도록 한다. 여기서 *a*는 완전 결합(完全 結合, perfect link)에 관련된 변환 비(變換 比, transformation ratio)이다:

$$a = \frac{L_{1m}}{M} = \frac{M}{L_{2m}} \tag{6.5}$$

전압 v′와 전류 i_m은 식 (6.6)과 같이 주어진다.

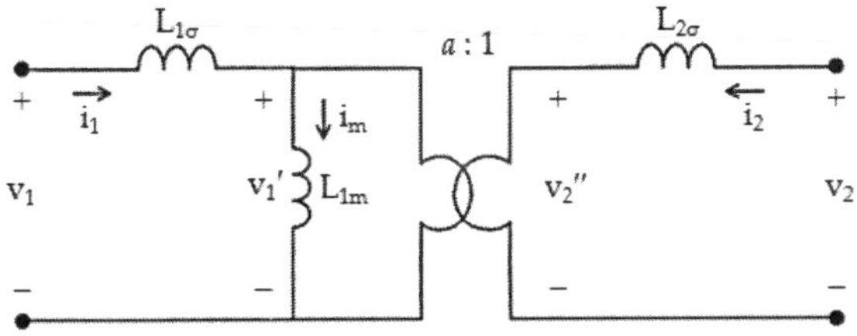

Figure 6.4
Equivalent electric circuit of the real transformer, T representation.

$$\begin{aligned} v_1' &= a v_2'' \\ i_m &= i_1 + \frac{i_2}{a} \end{aligned} \tag{6.6}$$

인덕턴스 L_1과 L_2가 어떻게 두 가지로 분리되는가의 선택은 임의이다. 식 (6.2)가 만족되고 모델의 인덕턴스가 정(양)이거나 적어도 0이기만 하면 충분하다. 두 번째 조건은 변환 비의 가능한 값을 제한한다:

$$\frac{M}{L_2} \le a \le \frac{L_1}{M} \tag{6.7}$$

두 가지 한계 값의 경우, 다음의 결과가 얻어진다:

1. $a' = L_1/M$으로 1차 누설 인덕턴스가 0인 경우, $v_1 = v_1'$이다. 이 경우, 등가회로는 그림 6.5에 보여졌으며, 여기서 인덕턴스는 식 (6.8)과 같다.

$$\begin{cases} L_{1m}' = L_1 \\ L_{2\sigma}' = \dfrac{L_1 L_2 - M^2}{L_1} \end{cases} \tag{6.8}$$

2. $a'' = M/L_2$로 2차 누설 인덕턴스가 0인 경우, $v_2 = v_2''$이다. 이 경우, 등가회로는 그림 6.6에 보여졌으며, 여기서 인덕턴스는 식 (6.9)와 같다.

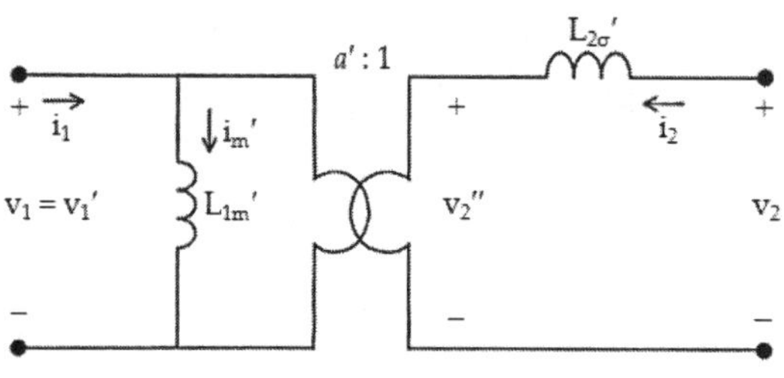

Figure 6.5
Equivalent electric circuit, Γ' representation.

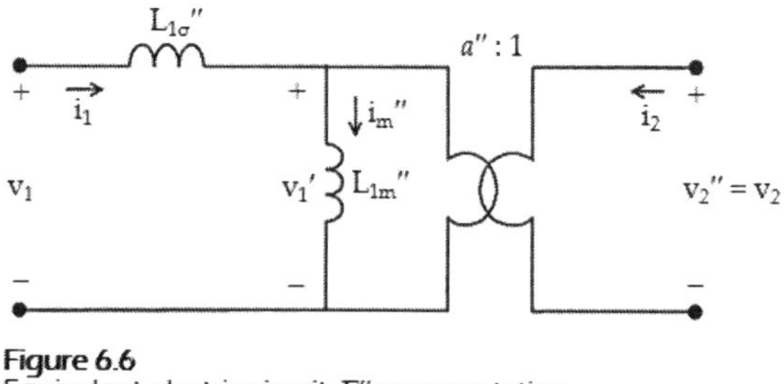

Figure 6.6
Equivalent electric circuit, Γ'' representation.

Table 6.1
Transformations of the inductive parameters of the transformer

From T to Γ′ Representation	From T to Γ″ Representation
$L'_{1m} = L_{1\sigma} + L_{1m}$	$L''_{1m} = \frac{L_{1m}^2}{L_{1m} + a^2 L_{2\sigma}}$
$L'_{2\sigma} = \left(L_{2\sigma} + \frac{L_{1m}}{a^2}\right)\left(\frac{L_{1\sigma} + L_{1m}}{L_{1m}}\right)^2 - \frac{1}{a^2}(L_{1\sigma} + L_{1m})$	$L''_{1\sigma} = L_{1\sigma} + \frac{a^2 L_{2\sigma} L_{1m}}{a^2 L_{2\sigma} + L_{1m}}$

$$\begin{cases} L'_{1m} = \dfrac{M^2}{L_2} \\ L''_{1\sigma} = \dfrac{L_1 L_2 - M^2}{L_2} \end{cases} \tag{6.9}$$

다른 보통의 선택은 변환 비(變換 比)를 식 (6.10)과 같이 변압기의 코일 사이의 비(比)와 같게 두는 것이다.

$$a = \frac{N_1}{N_2} \tag{6.10}$$

이 선택의 경우, 식 (6.5)로부터 식 (6.11)의 결과가 얻어진다.

$$\frac{L_{1m}}{L_{2m}} = \left(\frac{N_1}{N_2}\right)^2 \tag{6.11}$$

물론 등가회로는 그림 6.4와 같다. 뒤에서 강조되는 바와 같이, 이 변환 비의 선택은 누설 인덕턴스의 유한 요소 해석에서 전류 원을 부과하는데 유용하다.

그림 6.4의 등가회로의 정수가 알려졌을 때, 표 6.1에 나타낸 간단한 관계에 의해, 그림 6.5 또는 6.6의 두 Γ-회로 중 하나를 사용하여 변압기의 회로를 수정하는 것이 가능하다.

6.3 Computation of the No-Load Inductances

자화 인덕턴스를 계산하기 위하여, 변압기의 무부하 시험(no-load test)에 대응되는 시뮬레이션(simulation)이 수행된다. 이 시험에서는, 1차 권선은 공칭 전압(公稱 電壓, nominal voltage)과 같은 전압을 가진 공칭 주파수에 연결되고, 1차 전류와 유도 2차 전압을 측정한다. 비슷하게, 시뮬레이션에서는, 1차 권선 전류가 장 문제의 원천으로 부과되고 두 권선에서의 대응되는 전압이 계산된다. 서로 다른 값의 1차 전류에 대응되는 무부하에서의 유도 전압의 변화를 계산하는 것도 가능하다. 물론, 철(鐵)의 포화도 고려한다.

6.3.1 Statement of the Problem

자기 에너지는 주로 철심(鐵心)에 저장된다; 따라서 무부하 운전의 해석에서는, 변압기의 철심에 있는 요소 망을 증가시키는 것이 편리하다.

그림 6.2 (c) 또는 6.3 (c)로 고려된 단면에 관련된, 1차 권선의 코일의 각 부분은 다음과 같은 다수의 도체로 이루어진다:

내철형 변압기의 경우 $N_1 / 4$, 또는

외철형 변압기의 경우 $N_1 / 2$.

전류 원 I_{10}가 1차 권선에 주어진다. 간단하게 하기 위하여, 이것들은, 그림 6.2 (c) 또는 6.3 (c)로 나타낸 바와 같이, 다음과 같은 총 전류가 흐르는 단일 도체 봉(單一 導體 棒, unique conductor bar)으로 단순화된다:

내철형 변압기의 경우 $N_1 I_{10} / 4$, 또는

외철형 변압기의 경우 $N_1 I_{10} / 2$.

전류가 도체에 흐를 때 등가 봉 내의 전류가 아무렇게나 분포한다고 생각해서는 안됨을 잊어서는 안된다. 전류는 봉 내에서 균일하게 분포한다고 생각해야 한다. 물론, 시뮬레이션에서 할당되는 전류가 일정하다면, 정자장 문제로 된다; 그러면 전류의 불균일 분포의 문제는 존재하지 않는다. 이 종류의 시뮬레이션이 택해져야 한다. 이 경우, 일정 전류 I_{10}는 정현 전류 파형의 최대치를 나타낸다.

2차 권선은 개방되며, 0의 도전율이 대응되는 등가 봉에 할당된다.

처음에는, 철(鐵)은 일정한 비투자율 μ_{Fe}를 가진 선형으로 가정된다. 철의 비선형 특성의 고려는 그다음에 이루어질 것이다.

경계 조건을 옳게 부여하기 위하여, 변압기의 자속 선을 추정(推定)하는 것이 유용하다. 자속밀도 벡터 **B**는 대칭 축 AA′를 따라 법선(法線) 성분만을 갖는다고 생각하는 것이 가능하다(그림 6.2와 6.3을 보라). 더욱이, 내철형 변압기의 경우에는, 자속밀도 벡터 **B**는 대칭 축 BB′를 따라서도 법선 성분만을 갖는다. 이 선을 따라서, Neumann 경계 조건이 부여된다.

외철형 변압기의 경우에는, 자속밀도 벡터 **B**는 대칭 축 BB′를 따라 접선(接線) 성분만을 갖는다. 이 선을 따라서, 자기 벡터 포텐셜의 일정한 값, 즉, $A_z = 0$인, Dirichlet 경계 조건이 부여된다. 해석 영역의 외부 범위(外部 範圍)를 한정하는 다른 선을 따라서는 0의 자기 벡터 포텐셜, 즉, $A_z = 0$을 부여하는 것이 가능하다.

6.3.2 Computation on the Solved Structure

일단 문제가 풀어지고 나면, 다음의 자기 양(磁氣 量)들이 계산된다.

6.3.2.1 *Magnetic Flux Density*

철심에서의 자속밀도의 성분은 자기 벡터 포텐셜의 추론(推論)에 의해 얻어진다.

6.3.2.2 *Magnetic Energy*

1차 권선을 흐르는 전류에 대응되는 자기 저장 에너지는 다음과 같이 계산될 수 있다. 선형 매질(線形 媒質)을 가정하면, 자기 에너지 밀도는 식 (6.12)와 같다.

$$w_m = \frac{1}{2}\mathbf{B}\cdot\mathbf{H} = \frac{1}{2}\mu H^2 \tag{6.12}$$

그러면 전체 변압기에 저장되는 자기 에너지는 에너지 밀도의 전(全) 체적에 대한 적분에 의해 계산된다. 2D 문제가 해석되기 때문에, 결과는 변압기의 순(純) 철심 길이(net iron length) L_{Fe}가 곱해진 면적 적분에 의해 얻어진다. 마지막으로, 변압기의 4분의 1만이 해석되었기 때문에, 결과에는 4가 곱해져야 한다. 그러면 자기 에너지는 식 (6.13)과 같다.

$$W_m = 4L_{Fe}\int_S \frac{1}{2}\mu H^2 dS \tag{6.13}$$

여기서 S는 그림 6.2 (c) 또는 6.3 (c)에 대응되는 영역의 전 표면이다.

그 대신으로, 식 (6.14)와 같이, 자기 에너지는 전원(電源)에 의해 계통(系統)으로 공급되는 에너지로서 계산될 수도 있다.

$$W_m = 4L_{Fe}\int_S \frac{1}{2}\mathbf{J}\cdot\mathbf{A}\,dS = 4L_{Fe}\int_S \frac{1}{2}J_z A_z\,dS \tag{6.14}$$

6.3.2.3 *Main Flux*

주 자속은 철심 단면에 수직인 자속밀도를 같은 면에 대해 적분함으로써 얻어진다. 2D 문제가 해석되기 때문에, 자속밀도는 철심을 가로지르는 선을 따라 적분되며, 그다음 결과에 순(純) 철심 길이 L_{Fe}가 곱해진다. 그 결과는 식 (6.15)와 같이 된다.

$$\begin{aligned} \Phi_0 &= L_{Fe}\int_l \mathbf{B}\cdot\mathbf{n}\,dl \quad \text{in case of core-type transformer} \\ \Phi_0 &= 2L_{Fe}\int_l \mathbf{B}\cdot\mathbf{n}\,dl \quad \text{in case of shell-type transformer} \end{aligned} \tag{6.15}$$

선의 끝(ends of the lines)은 일반적으로 권선 내로 선택된다.

6.3.2.4 Flux Linkage

1차 권선의 쇄교 자속은 주 자속에 권선의 권수(捲數)를 곱함으로써 계산된다:

$$\Lambda_{10} = N_1 \Phi_0 \tag{6.16}$$

쇄교 자속의 좀 더 확실한 계산은 1차 권선을 이루는 등가 봉의 면에 대한 자기 벡터 포텐셜 A_z의 적분이다. S_{Cu1+}를 전류의 방향이 정(양)인 봉의 면, S_{Cu1-}를 전류의 방향이 부(음)인 봉의 면이라 하자. 물론, 두 면은 같다. 즉, $S_{Cu1+} = S_{Cu1-} = S_{Cu1}$이다. 그 결과는 식 (6.17)과 같다.

$$\begin{aligned} \Lambda_{10} &= N_1 L_{Fe} \frac{1}{S_{Cu1}} \left(\int_{S_{Cu1+}} A_z \, dS - \int_{S_{Cu1-}} A_z \, dS \right) && \text{in case of core-type transformer} \\ \Lambda_{10} &= 2N_1 L_{Fe} \frac{1}{S_{Cu1}} \left(\int_{S_{Cu1+}} A_z \, dS \right) && \text{in case of shell-type transformer} \end{aligned} \tag{6.17}$$

같은 계산이 2차 권선에 대해서도 수행된다. 결과는 1로 쓰여진 하첨자가 2로 바뀌는 것 외에는 같다.

6.3.2.5 Induced EMF

두 권선에 유도되는 EMF는 쇄교 자속에 변압기가 동작하는 전기 주파수 $\omega = 2\pi f$를 곱함으로써 얻어진다. 그것은 식 (6.18)과 같다.

$$\begin{aligned} E_{10} &= \omega \Lambda_{10} \\ E_{20} &= \omega \Lambda_{20} \end{aligned} \tag{6.18}$$

시뮬레이션이 정현 전류의 최대치 I_{10}를 고려하여 수행됨을 상기하기 바란다. 따라서, 양(量) Φ_{10}, Λ_{10} 및 E_{10}는 물론 2차 권선 양(量)들은 도달되는 최대치를 나타낸다. 문제가 선형으로 가정되었기 때문에, 이 양들의 RMS 값은 최대치를 $\sqrt{2}$로 나눔으로써 얻어진다. 이것은 철의 포화가 일어나는 경우에는 가능하지 않다.

6.3.2.6 Self- and Mutual Inductances

변압기의 무부하 인덕턴스인 1차 자己 인덕턴스는 식 (6.2)의 첫째 부분으로부터 쇄교 자속 Λ_{10}와 무부하 전류 I_{10} 사이의 비(比)로 얻어진다. 상호 인덕턴스는 식 (6.2)의 둘째 부분으로부터 쇄교 자속 Λ_{20}와 무부하 전류 I_{10} 사이의 비(比)로 얻어진다. 그들은 식 (6.19)와 같다.

$$L_1 = \frac{\Lambda_{10}}{I_{10}}$$
$$M = \frac{\Lambda_{20}}{I_{10}} \tag{6.19}$$

1차 자기(自己) 인덕턴스를 계산하는 다른 방법은 식 (6.20)과 같이 자기 에너지로부터 구하는 것이다.

$$L_1 = \frac{2W_m}{I_{10}^2} \tag{6.20}$$

자기 인덕턴스 L_2를 구하기 위해서는, 2차 권선에는 전류 I_{20}를 흘리고, 1차 권선은 개방된다(즉, 1차 권선 등가 봉(等價 棒)의 도전율을 0으로 할당한다). 그러면 L_2는 2차 쇄교 자속 Λ_{20}와 전류 I_{20} 사이의 비(比)로 주어진다.

6.3.2.7 *Joule Power Losses*

코일의 Joule 전력 손실과 대응되는 저항은, 코일은 등가 도전 봉으로 모델링되고 시뮬레이션은 정상 전류로 수행되기 때문에, 고전적(古典的)인 해석적 관계로부터 계산된다.

이에 반하여, 전원 주파수에 기인한 권선 내의 불균일(不均一) 전류 분포가 추정되어야 한다면, 다른 과정이 채용되어야 한다. 코일은 상세하게 설계된다. 즉, 각 turn은 실제 위치로 그려진다. 시뮬레이션은, 항상 개방 2차 권선(0의 도전율)으로, 전원 주파수에서 수행된다. 그러면 Joule 손실은 1차 권선에서 계산된다.

하지만, 상용(常用) 주파수(industry frequency)에서 운전되는 저전력 변압기에서는, 작은 직경의 많은 turn으로 되어 있어, 불균일 전류 분포는 무시할 수 있다.

6.3.3 Effect of the Nonlinear B-H Curve

철 내의 자속밀도가 매우 높을 때에는, 일정 투자율로 고려하는 것이 더 이상 가능하지 않고, 물질의 전체 B-H 곡선을 고려할 필요가 있다. 자기 히스테리시스를 무시하고, 물질의 직류 시험에 의해 얻어진 초기 자화 B-H 곡선이 채용된다.

고정(固定)된 수에 대한 시뮬레이션이 수행된다. 쇄교 자속 Λ_{10}의 값이 전류 I_{10}의 다른 값에 대해 계산된다. 그러면 쇄교 자속 Λ는 그림 6.7에 보여준 바와 같이 전류 I의 함수로서 그려진다. 이 곡선은 직류 자화 특성(直流 磁化 特性, dc magnetization characteristic)이라 불린다.

이 특성으로부터 변압기의 자화 특성이 다음에 설명되는 것과 같이 계산될 수 있다. 전압, 즉, 쇄교 자속은 정현 파형으로 고정된다. 전류의 대응되는 파형이, 점마다, 직류 자화 특성으로부터 구해진다. 이것이 그림 6.7 (a)에 보여졌다.

전류 파형의 RMS 치(値)가 계산되고, $E_{10(rms)}$와 $I_{10(rms)}$ 사이의 관계가 얻어진다. 이 관계는, 전체 전류 파형을 취하여 RMS 치(値)가 계산되었기 때문에, 포화에 의한 영향을 덜 받는다. 이와 같은 특성이 그림 6.7 (b)에 나타나 있다. 특성의 計算을 위한 간단한 演算 方式(앨고리즘, algorithm)이 이 장의 끝에 주어졌다.

코일 저항은 고려되지 않았음에 주목하는 것이 중요하다. 하지만, 코일 저항에 의한 전압 강하가, 특히 저전력 변압기에서, 높을 수 있다. 1차 권선 저항이 무시될 수 없다면, 좀 더 정밀(精密)한 계산이 수행되어야 한다. 그림 6.7 (b)의 직류 자화 특성은 저항에서의 전압 강하의 포함에 의해 수정되어야 한다.

6.3.4 Estimation of the Iron Losses

$P_{s,Fe}$를, 크기 B_M = 1 T와 주파수 f = 50 Hz의 정현 파형의 자속밀도에 대응되는, (W/kg)으로 측정된 철심의 비(比) 손실이라 하자. 그러면 무한소 체적(無限小 體積) dτ에서의 대응되는 손실은, 자속밀도의 최대치(最大値)가 B_M으로 주어졌을 때, Steinmetz의 관계 식(Steinmetz's relationship)의 사용에 의해 계산된다:

$$dp_{Fe} = p_{s,Fe} B_M^{\alpha} \gamma_{Fe} \, d\tau \tag{6.21}$$

여기서 γ_{Fe}는 철의 비중(比重)(대략 γ_{Fe} = 7700 kg/m^3)이다. B_M은 체적 dτ 내에서 도달하는 자속밀도 크기의 최대치이어야 한다. 이것이 (정자장) 시뮬레이션에서 전류 I_{10}의 최대치를 사용하는 이유이다. 식 (6.21)에서, Steinmetz의 공식에서 1.6 내지 2.2의 범위에 있는, B_M의 멱(冪, power) α는 2로 근사화(近似化)될 수 있다.

그러면 철손은 식 (6.22)와 같이 주어진다.

$$p_{Fe} = \int_{\tau_{Fe}} p_{s,Fe} B_M^2 \gamma_{Fe} \, d\tau = 4L_{Fe} \int_{S_{Fe}} p_{s,Fe} B_M^2 \gamma_{Fe} \, dS \tag{6.22}$$

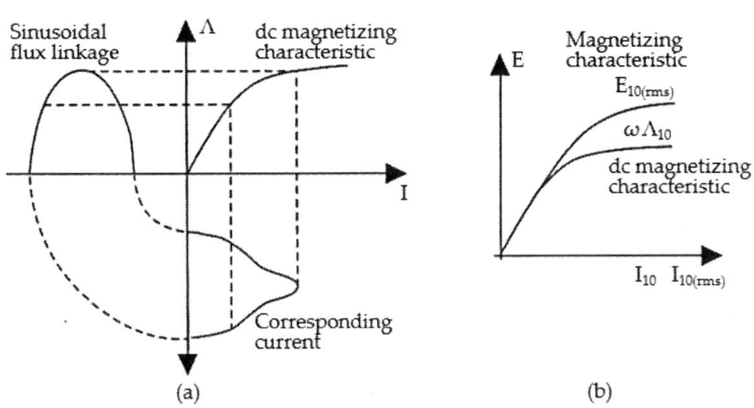

Figure 6.7
Drawing of the current waveform (a) and the magnetizing characteristic of the transformer (b).

변압기가 50 Hz와는 다른 주파수 f에서 동작한다면, 철손은 $(f / 50)^2$이 곱해져야 한다.

6.3.5 Example

다음의 공칭 규격(公稱 規格, nominal data)으로 특성지어 지는 외철형 변압기를 고려하자:

S_n = 200 VA — 연속 책무(連續 責務) 운전 중인 2차에서의 정격 용량

V_{1n} = 220/127 V — 1차 전압

V_{2n} = 24/18 V — 2차 전압

f = 50 Hz — 주파수

도체 절연(導體 絶緣) E 등급(等級, class)

비(比) 철손 $p_{s,Fe}$ = 1.3 W/kg(B_M = 1 T, f = 50 Hz에서)인 자성체 TERNI 1350

철심 내의 정격(定格) 자속밀도 $B_M \approx 1.1$ T

철심의 형상과 치수는 그림 6.8과 같다. 2차 권선의 정격 전류는 아래와 같다.

$$I_{2n} = \frac{S_n}{V_{2n}} = 8.33\ \text{A, at}\ V_{2n} = 24\ \text{V}$$

$$I_{2n} = \frac{S_n}{V_{2n}} = 11.1\ \text{A, at}\ V_{2n} = 18\ \text{V}$$

효율 η = 90 %와 단위 역률(單位 力率; 1의 값)을 가정하면, 1차 권선의 정격 전

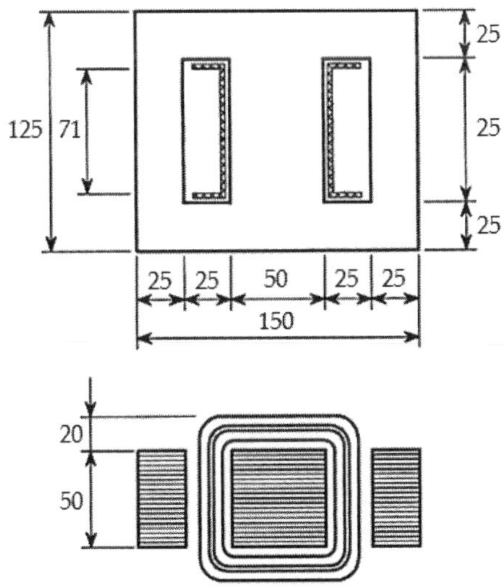

Figure 6.8
Main dimensions of the transformer.

류는 아래와 같다.

$$I_{1n} = \frac{S_n}{\eta V_{1n}} = 1\ \text{A, at}\ V_{1n} = 220\ \text{V}$$
$$I_{1n} = \frac{S_n}{\eta V_{1n}} = 1.74\ \text{A, at}\ V_{1n} = 127\ \text{V}$$

대략 2 A/mm^{2}의 고정된 전류밀도가 되는 값을 갖도록 코일의 직경이 선택되었다. 각 코일은, 그림 6.9에 보여준 바와 같이, 3개의 단자(端子)를 가진다. 도체 수는 철심 내의 자속밀도 B_M = 1.1 T가 되도록 선택되었다. 덧붙여, 2차 권선 권수의 선택에서는, 전부하(全負荷) 하에서 4 %의 전압 강하가 가정되었다. 그림 6.9를 참조하여, 다음의 권수와 직경이 2차 권선에 대해 선택되었다:

N_2' = 35 turns, $d_{Cu2'}$ = 2.938 mm

N_2'' = 12 turns, $d_{Cu2''}$ = 2.488 mm

N_2 = 47 total turns

0.1 mm의 절연 두께를 가정하면, 권선의 총 치수의 결과는 다음과 같다:

2 layers with $d_{Cu2'}$	thickness	6.1 mm
1 layers with $d_{Cu2''}$	thickness	2.6 mm
	thickness	8.7 mm

다음의 권수와 직경이 1차 권선에 대해 선택되었다:

N_1' = 240 turns, $d_{Cu1'}$ = 1.153 mm

N_1'' = 176 turns, $d_{Cu1''}$ = 0.885 mm

N_1 = 416 total turns

2차 권선의 총 치수의 결과는 다음과 같다:

5 layers with $d_{Cu1'}$	thickness	6.3 mm
3 layers with $d_{Cu1''}$	thickness	3.0 mm
	thickness	9.3 mm

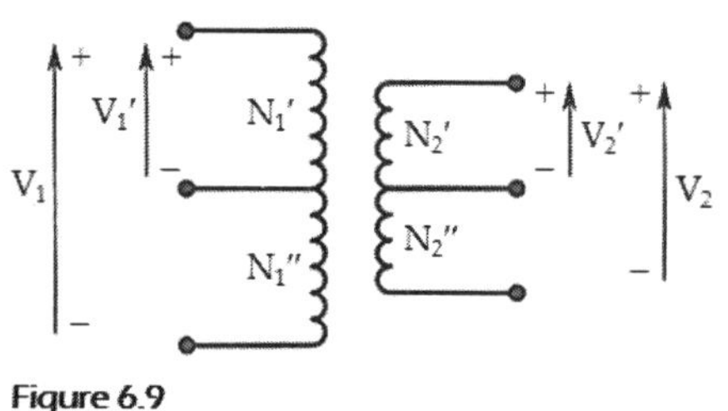

Figure 6.9
Sketch of the transformer windings.

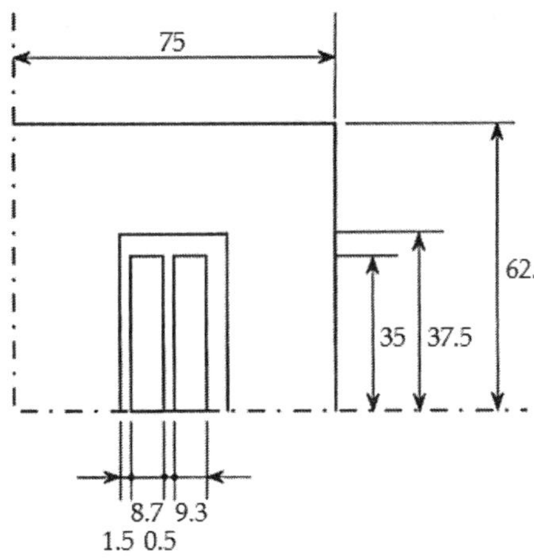

Figure 6.10
Selection of the transformer that is used in the following simulations.

마지막으로, 1.5 mm 두께의 절연 릴(reel), 두께 0.5 mm의 1차와 2차 권선 사이의 절연 및 두께 0.5 mm의 외부 절연이 채용되었다. 권선과 대응되는 절연의 총 두께는 20.5 mm이다. 그림 6.10에 변압기 단면의 4분의 1에 있는 두 코일의 치수를 나타내었다. 시뮬레이션은 이 절의 소절에 따라 수행되었다.

6.3.5.1 Computation with Linear Iron

다음과 같이 가정하자:

- 1차 권선의 일정한 전류는 I_{10} = 0.1 A와 같으며, 2차 권선은 전류가 0이다. 등가 도전 봉에는 $N_1 I_{10} / 2$ = 20.8 A이다;
- 철의 일정한 비투자율은 μ_{Fe} = 5500과 같다.

그림 6.11은 자기 벡터 포텐셜의 등 포텐셜을 그려 얻어진 자속 선도이다.

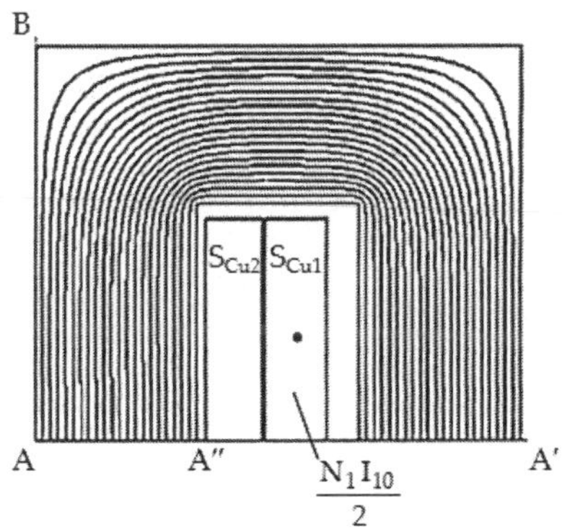

Figure 6.11
Flux plot.

그림 6.12는 자기 철 내부의 선 AA″(그림 6.11을 보라)를 따른 자속밀도를 보인다. 자속밀도의 평균치는 근사적으로 1.125 T와 같다. 자속밀도는, 철심 내부의 자기 경로의 다른 길이에 기인하여, 정확하게 일정하지 않다. 식 (6.13) 또는 (6.14)를 이용하여 구한 변압기에 저장되는 총 자기 에너지는

$$W_m = 58.46 \text{ mJ}$$

이다.

철심 만에 대한 자기 에너지 밀도의 적분은

$$W_{m(Fe)} = 58.42 \text{ mJ}$$

과 같은데, 자기 저장 에너지의 총 양(量)과 거의 같게 나타난다. 거꾸로, 철심에 식 (6.14)를 적용하면, 적분은 0이다. 사실 이 식은 외부 전원에 의해 공급되는 일로서의 변압기의 에너지를 나타낸다. 그것은 전류밀도가 0이 아닌 1차 권선의 코일에서만 0이 아니다.

식 (6.15)의 둘째 항으로부터, 자속은

$$\Phi_0 = 2.7952 \text{ mWb}$$

이다.

그러면, 식 (6.16)으로부터, $N_1 = 416$과 $N_2 = 47$에서, 쇄교 자속은 다음과 같다.

$$\Lambda_{10} = 1.1628 \text{ Vs}$$
$$\Lambda_{20} = 0.1314 \text{ Vs}$$

식 (6.17)이 직접 적용되면, $S_{Cu1} = 3.255 \cdot 10^{-4} \text{ m}^2$과 $S_{Cu2} = 3.045 \cdot 10^{-4} \text{ m}^2$에서

$$\Lambda_{10} = 1.1696 \text{ Vs}$$

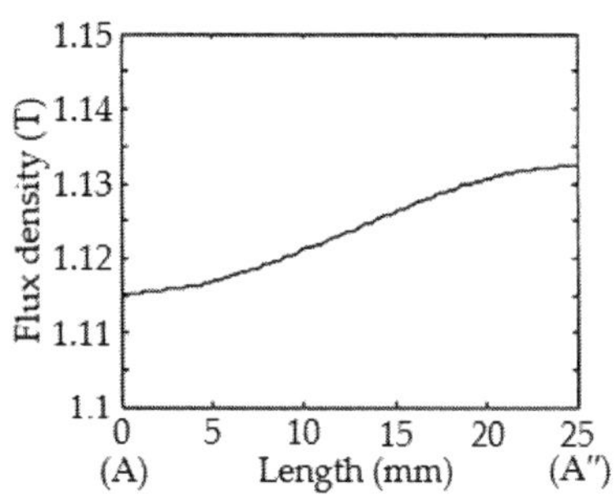

Figure 6.12
Flux density within the iron core.

Table 6.2
Values corresponding to the field analysis

I_{10} (mA)	$N_1 I_{10}/2$ (A)	B_{Fe} (T)	Λ_{10} (Vs)	E_{10} (V)
25.0	5.2	0.36	0.3774	118.5
50.0	10.4	0.73	0.7542	237.0
75.0	15.6	0.94	0.9780	307.2
100.0	20.8	1.05	1.0977	344.9
112.5	23.4	1.09	1.1361	356.9
125.0	26.0	1.12	1.1684	367.1
137.5	28.6	1.15	1.1976	376.2
150.0	31.2	1.17	1.2202	383.3

$$\Lambda_{20} = 0.1321 \text{ Vs}$$

가 얻어지는데, 앞에서의 값과 단지 0.5 % 밖에 차이가 나지 않는다. 마지막으로 권선에 유도되는 전압은 다음과 같다.

$$E_{10} = 367.4 \text{ V}$$
$$E_{20} = 41.5 \text{ V}$$

계통이 선형인 것으로 가정되었기 때문에, 이 전압의 RMS 치(値)는 다음과 같다.

$$E_{10(rms)} = 220 \text{ V}$$
$$E_{20(rms)} = 24.85 \text{ V}$$

식 (6.19)를 사용하여 계산된 1차 권선의 자기 인덕턴스와 상호 인덕턴스는 다음과 같다.

$$L_1 = 11.69 \text{ H}$$
$$M = 1.321 \text{ H}$$

식 (6.20)으로부터도, L_1의 같은 값이 계산된다.

6.3.5.2 *Computation with Nonlinear Iron*

이제 두께 0.5 mm, 비 철손 $p_{s,Fe}$ = 1.3 W/kg(1 T, 50 Hz에서)이며, 입자 배향 강(grain-oriented steel)은 아닌, TERNI 1350 규소 강 박판의 B-H 곡선이 채용된다. 저전력 변압기에서는, 보통 입자 배향 박판(lamination)은 비용을 줄이고 구조를 간단하게 하기 위해 사용되지 않는다(E-형상 또는 U-형상 박판이 보통 사용된다).

표 6.2는 여러 가지 1차 전류 I_{10}에 관련된 기자력 $N_1 I_{10} / 2$, 철의 자속밀도 B_{Fe},

1차 쇄교 자속 Λ_{10} 및 유도 전압 E_{10}의 값들을 나타낸다. 자화 특성은, 계산된 값들을 점으로 강조하여, 그림 6.13에 보여졌다. 같은 그림에서, 6.3.3절에서 설명된 방식으로 얻어진 변압기의 자화 특성이 보여졌다. 그림 6.14는 정격 값 $E_{10(rms)}$ = 220 V에 대응되는 정현 전압 파형과 대응되는 전류 파형을 보인다. 전류의 정현 파형으로부터의 왜곡(歪曲)이 현저하다.

6.3.5.3 *Effect of the Equivalent Air-Gap*

저전력 변압기의 조립을 간단하게 하기 위하여, 그림 6.15(a)에 보여준 바와 같이, E-형상 박판이 보통 사용된다. 박판의 치수는, 중앙 각(中央 脚, central leg)의 치수 C에 따라 분류되는, 표준 규격 UNEL 82611에 의해 정의된다.

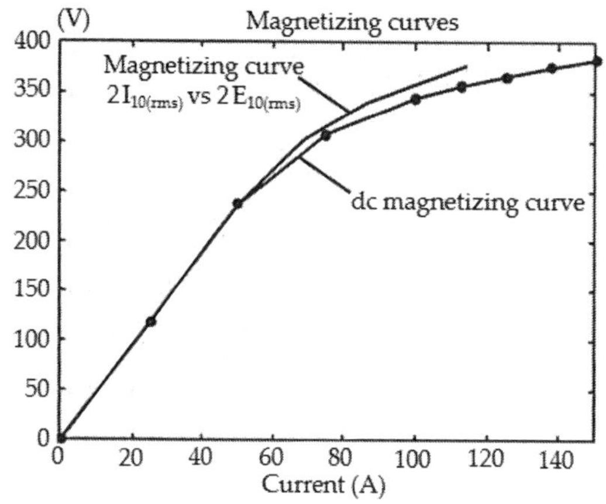

Figure 6.13
Current-voltage characteristics.

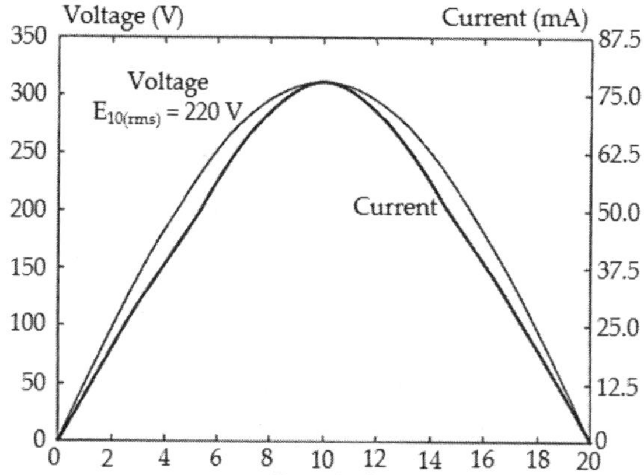

Figure 6.14
Voltage and current waveforms corresponding to the rated voltage $E_{10(rms)}$ = 220 V.

Table 6.3
Effect of the air-gap on the magnetic quantities

g (mm)	B_{Fe} (T)	$\int_{S_{Cu1+}} A_z dS$ (Vs/m)	$\int_{S_{Cu2+}} A_z dS$ (Vs/m)	$\int_S J_z A_z dS$ (J/m)
0.05	2.13	$17.32 \cdot 10^{-6}$	$16.20 \cdot 10^{-6}$	11.074
0.10	1.19	$9.674 \cdot 10^{-6}$	$9.043 \cdot 10^{-6}$	6.1816
0.15	0.83	$6.745 \cdot 10^{-6}$	$6.0303 \cdot 10^{-6}$	4.3100

철심의 두 부분 사이에서 발생하는 작은 공극을 고려하기 위하여, 공극의 다른 값에 대한 몇 가지 해석이 수행되었다. 윗부분과 아랫부분 사이의 대칭성이 나타나지 않기 때문에, 그림 6.3 (b)에 나타낸 것과 같이, 변압기 단면의 절반(折半)이 고려되었다. 자속 선도가 그림 6.15 (b)에 보여졌다.

공극 두께의 다른 값에 대응되는 몇 가지 자기 양(量)이 표 6.3에 보여졌다. 모든 시뮬레이션은 μ_{Fe} = 5500, $N_1 I_1$ = 208 A 및 I_2 = 0에서 수행되었다. 표 6.3을 보면, 공극이 작은 값이지만, 공극 두께의 효과가 분명하다.

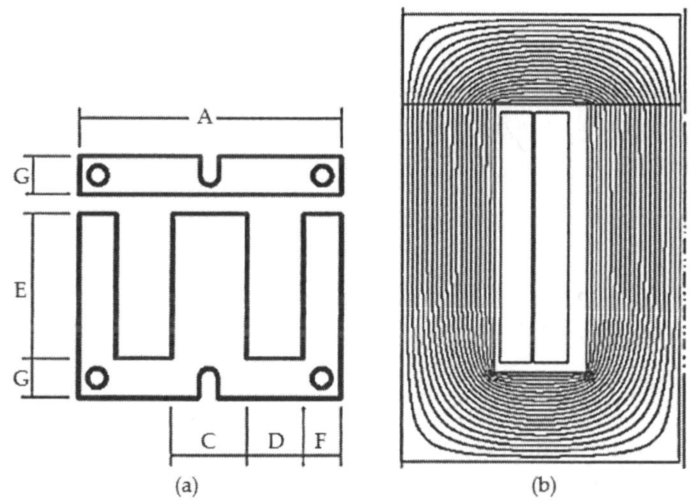

Figure 6.15
Standardized lamination for a low-power shell-type transformer (a) and flux plot in half a section of the transformer (b).

6.4 Determination of the Leakage Inductances

누설 인덕턴스 $L_{1\sigma}$와 $L_{2\sigma}$는 1차 권선에 전류를 흘리고 2次 권선은 단락(短絡)시키는 변압기의 단락 회로 시험으로부터 결정된다. 시험은 낮춰진 전압과 정격치와 거의 같은 전류에서 수행된다. 그것은 철심이 낮은 자속밀도에서 동작하는 결과가 된다. 일반적으로 철이 B-H 곡선의 선형 부분에서 동작하는 것으로 가정된다.

변압기의 등가 전기회로에 관해서는, 변환 비가 권수비(捲數比)와 같은, 즉 식 (6.10)과 같이 $a = N_1 / N_2$인, 그림 6.4가 고려된다. 시뮬레이션은 모든 권선 전류가 강제되어, 즉 2차 전류가 두 기자력이 같으며 반대가 되도록, 즉 $N_1 i_1 = -N_2 i_2$가 되도록 1차 전류에 따라 선택되어 수행된다. 그러면, 식 (6.6)의 두 번째 부분으로부터, 자화 전류 i_m은, 식 (6.23) 때문에, 0이 된다.

$$i_m = i_1 + \frac{i_2}{a} = i_1 + \frac{-(N_1/N_2)i_1}{N_1/N_2} = 0 \tag{6.23}$$

따라서 식 (6.2)의 두 쇄교 자속은 式 (6.24)의 누설 쇄교 자속에 대응된다.

$$\begin{cases} \lambda_{1\sigma} = L_{1\sigma} i_1 \\ \lambda_{2\sigma} = L_{2\sigma} i_2 \end{cases} \tag{6.24}$$

2차 권선에 유도되는 전류는 주 자속이 0이 되도록 하고, 변압기 내에는 누설 자속 만이 나타난다.

실제로, 변환 비 $a = N_1 / N_2$의 가정은 0의 자화 전류를 갖도록 하기 위해서는 불필요한 제약이다. 사실, 이 조건을 만족하기 위해서는, 모든 값의 a에 대해, $i_2 = -i_1 / a$이면 충분하다. 변환 비를 권수비와 같게 선택하는 것은, 시뮬레이션에서 두 코일 전류를 쉽게 설정하도록 하며, 풀어지는 구조에서 얻어지는 쇄교 자속에 물리적 의미를 부여하기 때문에, 특히 편리하다.

일단 누설 인덕턴스 $L_{1\sigma}$와 $L_{2\sigma}$가 구해지면, 총 누설 인덕턴스가 Γ'표현(그림 6.5) 또는 Γ''표현(그림 6.6)의 등가 전기회로를 참조하여 계산된다.

6.4.1 Statement of Problem

구조의 기하학적 대칭에 관해서는, 위에서 주어진 고려가 반복될 수 있다: 시뮬레이션은 변압기 단면의 4분의 1에 대해서 수행될 수 있다.

경계 조건에 관해서는, 변압기의 형태에 종속된다. 외철형 변압기(그림 6.3을 보라)에서는, 자속밀도 벡터가 대칭 선 AA′를 따라서는 법선 성분 만을 가지며 對稱선 BB′를 따라서는 접선 성분 만을 가진다. 그러면 경계 조건은 무부하 시뮬레이션에서 할당된 조건(AA′에 Neumann 조건과 BB′에 Dirichlet 조건)과 같게 된다.

내철형 변압기에서는, 외철형 변압기와 똑같이, 대칭 선 AA′를 따라서는 법선 성분만을 가지며 대칭 선 BB′를 따라서는 접선 성분만을 가진다. 그러면 경계 조건은 무부하에서 할당된 것에서 수정되어야 한다.

이 해석에서는, 누설 자속만을 다루기 때문에, 자속 선은 주로 공기 내와 코일 내에 모인다. 코일 내와 그를 둘러싸는 공간 내에 있는 영역의 요소 망을 증가시키는 것이 적당하다.

철은 일정한 자기 투자율 μ_{Fe}를 갖는 선형으로 가정된다.

정자기 시뮬레이션이 편리하게 수행된다. 일정한 전류가 두 권선에 강제된다: 1차 코일 내에 I_1과 2차 코일 내에 $I_2 = -I_1 (N_1 / N_2)$. 그 전류들은 정격치로 고정되기는 하지만, 문제가 선형이기 때문에, 전류 값은 중요하지 않다.

무부하 시뮬레이션에서와 같이, 그림 6.2 (c)와 6.3 (c)에 나타낸 것처럼, 총 전류가 흐르는, 전체 코일에 등가인, 도전 봉이 사용된다. 장 양(量)이 시간 종속이 아니기 때문에, 전류는 등가 봉의 면에 균일하게 분포한다. 와류가 있는 시뮬레이션에 대한 몇 가지 고려는 6.4.3절에서 설명될 것이다.

1차와 2차 코일의 두 부분에서의 전류는 다음과 같이 주어진다. 내철형 변압기에서는

1차 코일 내에서는 $N_1 I_{1sc} / 4$, 그리고

2차 코일 내에서는 $N_2 I_{2sc} / 4 = -N_1 I_{1sc} / 4$

인 한편, 외철형 변압기에서는

1차 코일 내에서는 $N_1 I_{1sc} / 2$, 그리고

2차 코일 내에서는 $N_2 I_{2sc} / 2 = -N_1 I_{1sc} / 2$.

6.4.2 Computation on the Solved Structure

장 문제가 풀어지면, 자기 양(磁氣 量)들은 다음과 같이 계산된다.

6.4.2.1 Magnetic Flux Density

자속밀도의 성분은, 식 (3.66)과 같이, 자기 벡터 포텐셜을 좌표 축을 따라 미분함으로써 구해진다.

6.4.2.2 Magnetic Energy

주어진 전류에 대응하는 자계는 주로 두 권선 사이의 절연 공간과 두 권선 자체 내에 모인다. 물질이 선형으로 가정되었음을 상기하면, 자기 저장 에너지는 자기 에너지 밀도 식 (6.12)를 변압기의 전체 체적에 대해 적분함으로써 계산된다. 문제가 2D이며 단면의 4분의 1만이 해석되었기 때문에, 자기 에너지는 식 (6.25)로 귀결된다.

$$W_m = 4l_{average} \int_S \frac{1}{2}\mu H^2 dS \tag{6.25}$$

여기서 S는 영역의 전(全) 표면이며 $l_{average}$는 도체의 평균 길이(1 turn의 길이의 2

분의 1)를 나타낸다. 단부 권선의 효과는 지금 해석 중인 단면에서의 권선의 부분과 같게 고려됨을 강조하자. 이러한 가정(假定)은, 장(場)이 주로 두 코일 사이에 모이기 때문에, 타당하다.

다른 방법으로, 자기 에너지는, 식 (6.26)과 같이, 전원으로부터 계통으로 공급되는 에너지로써 계산된다.

$$W_m = 4l_{average}\int_S\left(\frac{1}{2}J_{1z}A_z + \frac{1}{2}J_{2z}A_z\right)dS \tag{6.26}$$

6.4.2.3 *Flux Linkage*

1차 권선과 쇄교하는 자속은 1차 코일을 나타내는 등가 봉의 면에 대하여 자기 벡터 포텐셜 A_z를 적분함으로써 계산된다. 그 결과는 식 (6.27)로 귀결된다.

$$\begin{aligned}\Lambda_{1sc} &= N_1 l_{average}\frac{1}{S_{Cu1}}\left(\int_{S_{Cu1+}}A_z\,dS - \int_{S_{Cu1-}}A_z\,dS\right), \text{ with core-type transformer}\\ \Lambda_{1sc} &= 2N_1 l_{average}\frac{1}{S_{Cu1}}\left(\int_{S_{Cu1+}}A_z\,dS\right), \text{ with shell-type transformer}\end{aligned} \tag{6.27}$$

2차 권선에 대해서는 상사적(相似的)으로, 식 (6.27)에서 하첨자 1을 하첨자 2로 치환(置換)하면 된다.

6.4.2.4 *Induced EMF*

두 권선에 유도되는 기전력은 쇄교 자속과 전기 주파수 ω를 곱함으로써 얻어진다. 기전력은 식 (6.28)로 주어진다.

$$\begin{aligned}E_{1sc} &= \omega\Lambda_{1sc}\\ E_{2sc} &= \omega\Lambda_{2sc}\end{aligned} \tag{6.28}$$

장 문제가 선형이기 때문에, 양(量) I_{1sc}, I_{2sc}, Λ_{1sc}, Λ_{2sc} 및 E_{1sc}, E_{2sc}는 비례(比例) 관계이다. 그 최대치는 실효치(實效値)에 $\sqrt{2}$를 곱함으로써 얻어진다.

6.4.2.5 *Leakage Inductances*

단락 회로 인덕턴스는 쇄교 자속을 대응되는 권선 전류로 나눔으로써 얻어진다. $a = N_1 / N_2$ 그리고 $N_1 I_{1sc} = -N_2 I_{2sc}$이기 때문에, 식 (6.6)으로부터 $I_m = 0$이 되고, 그러면 $\Lambda_{1sc} = L_{1\sigma} I_{1sc}$ 그리고 $\Lambda_{2sc} = L_{2\sigma} I_{2sc}$이다. 이 식들은 그림 6.4의 전기회로를 검토하고 식 (6.11)과 함께 식 (6.3)과 (6.23)을 식 (6.2)에 대입함으로써 얻어진다. 결과적으로, 식 (6.29)로 귀결된다.

$$L_{1\sigma} = \frac{\Lambda_{1sc}}{I_{1sc}}$$
$$L_{2\sigma} = \frac{\Lambda_{2sc}}{I_{2sc}} \quad (6.29)$$

이 인덕턴스를 계산하기 위한 다른 방법은 두 전원에 의해 공급되는 에너지를 사용하는 방법이다. 내철형 변압기에서는

$$J_{1z} = \frac{N_1 I_1}{4\,S_{Cu1}} \qquad J_{2z} = \frac{N_2 I_2}{4\,S_{Cu2}}$$

이며 외철형 변압기에서는

$$J_{1z} = \frac{N_1 I_1}{2\,S_{Cu1}} \qquad J_{2z} = \frac{N_2 I_2}{2\,S_{Cu2}}$$

임을 고려하면, 식 (6.29)에 대응되는 인덕턴스는 내철형 변압기에서는 식 (6.30)인 한편, 외철형 변압기에서는 식 (6.31)이다.

$$L_{1\sigma} = \frac{2}{I_{1sc}^2}\left[4l_{average}\left(\int_{S_{Cu1+}}\frac{1}{2}J_{1z}A_z\,dS - \int_{S_{Cu1-}}\frac{1}{2}J_{1z}A_z\,dS\right)\right]$$
$$L_{2\sigma} = \frac{2}{I_{2sc}^2}\left[4l_{average}\left(\int_{S_{Cu2+}}\frac{1}{2}J_{2z}A_z\,dS - \int_{S_{Cu2-}}\frac{1}{2}J_{2z}A_z\,dS\right)\right] \quad (6.30)$$

$$L_{1\sigma} = \frac{2}{I_{1sc}^2}\left(4l_{average}\int_{S_{Cu1}}\frac{1}{2}J_{1z}A_z\,dS\right)$$
$$L_{2\sigma} = \frac{2}{I_{2sc}^2}\left(4l_{average}\int_{S_{Cu2}}\frac{1}{2}J_{2z}A_z\,dS\right) \quad (6.31)$$

표 6.1의 등가를 적용하면, 총 누설 인덕턴스 $L_{2\sigma}'$(또는 대신으로 $L_{1\sigma}''$)가 얻어진다.

6.4.2.6 Electric Forces

코일에 작용하는 힘은 Maxwell 응력 텐서를 사용함으로써 구해진다. 2D 문제이기 때문에, 코일은 단일 선에 의해 둘러싸인다. 각 선에서의 접선 및 법선 방향 힘은 식 (6.32)와 같이 계산된다.

$$F_t = l_{average} \int_l (\mu_0 H_t H_n) dl$$
$$F_n = l_{average} \int_l \frac{\mu_0}{2} \left(H_n^2 - H_t^2\right) dl \qquad (6.32)$$

x-축 방향 힘은 수직선에서의 힘 F_t와 수평선에서의 힘 F_n의 합이다. 비슷하게, y-축 방향 힘은 수평선에서의 힘 F_t와 수직선에서의 힘 F_n의 슴이다.

시뮬레이션에서 사용된 축 BB′에 관한 대칭성에 기인하여, 힘이 코일의 2분의 1에 대한 것임에 주목하면, 전체 y-축 방향 힘 성분은 0이 되는 한편, 전체 x-축 방향 힘 성분은 권선의 2분의 1에서 얻어진 힘의 2배로 얻어진다.

그 대신으로, 코일에 작용하는 힘은 Lorentz의 힘에 의해 계산될 수 있다. Lorentz의 비(比) 전기력 식 (1.84)와 전류밀도 벡터의 정의 식 (1.60)에 따라, 2분의 1 코일에서의 x-축과 y-축 방향 힘 성분은 식 (6.33)이다.

$$F_x = -l_{average} \int_{S_{Cu1}} J_z B_y \, dS$$
$$F_y = l_{average} \int_{S_{Cu1}} J_z B_x \, dS \qquad (6.33)$$

6.4.3 Simulation with Induced Currents

정자기 시뮬레이션 대신에, 가변(可變) 장 문제가 해석될 수도 있다. 1차와 2차 권선의 전류는 동시에 강제되지 않는다: 주기적인 정현파 전류(正弦波 電流) $i_1(t)$가 1차 권선에만 강제되는 한편, 전류 $i_2(t)$는 장 문제의 해로서 귀결된다. 그것은 2차 권선에 유도되는 전류이다. 두 전류의 파형은 일정한 주파수를 가진 정현파이며, 복소 페이서 표현이 채용된다.

이러한 접근은 추천되지는 않지만, 어떤 가능한 오차(誤差)를 피하기 위해 불가피(不可避)할 때에는 사용된다. 몇 가지 주의 점을 아래에서 강조한다.

1. 2차 코일이 등가 도전 봉으로 모델링되고, 와전류가 이 봉 내에서 계산되었다면, 봉 내의 전류의 분포는 균일하지 않다. 사실, 전류는 봉의 크기가 커지고 주파수가 높아짐에 따라 균일하지 않게 분포된다. 옳은 결과를 얻기 위하여, 2차 권선의 도전 봉 내의 유도 전류가 전체 단면에 걸쳐 균일하게 분포되도록 강제되어야 한다. 이와 같은 제약 조건을 부여하는 것이 불가능하지는 않지만 쉽지도 않다.
   물론 같은 문제가 1차 권선의 등가 봉에서도 나타난다. 하지만, 1차 전류는 전원 전류이기 때문에, 전류밀도가 봉 전체에 걸쳐 균일하게 분포되는 것으로 정의할 수 있다.
2. 주의 점 1에서 설명된 문제를 회피하기 위하여, 2차 권선은 유효한 수의 도체로 분할될 수 있다. 하지만, 2D 문제이기 때문에, 특정한 제약 조건이 없이는 각 도체에 유도되는 전류가 다를 수 있다. 코일(직렬 도체)을 이루는 각 도체

에 같은 전류가 강제되는 제약 조건이 주어져야 할 필요가 있다. 불행하게도, 이 제약 조건을 할당하는 것이 항상 가능하지는 않다.

3. 내철형 변압기에서 채택된 단순화의 경우, 가변(可變) 장 문제의 해는 무한 원점에서 닫히는 것으로 특징지어진 2차 도체를 통하여 얻어진다. 이것은 2D 문제이기 때문이다. 그러면, 봉 S_{Cu2+}는 1차 전류에 의해 생성되는 자속과 쇄교하는 한편, S_{Cu2-}는 어떤 전류와도 쇄교하지 않아, S_{Cu2+} 만이 와전류와 관련된다. 그것이 따라서 S_{Cu2+}와 S_{Cu2-}에 유도되는 전류의 合이 0이 되도록, 즉 $I_{Cu2-} = -I_{Cu2+}$으로 부여하기 위한 강제 조건이다. 이 조건을 부여하는 방법은 봉 S_{Cu2+}와 S_{Cu2-}가 임의의 시간에서 총 전류에 의해 관련된다고 선언하는 것이다. 이것은 $I_{Cu2+} + I_{Cu2-} = 0$을 부여하는 것과 등가이다.

6.4.4 Example

누설 인덕턴스의 계산에 목적을 두고, 6.3절에서 나타낸 변압기를 고려하자.

철의 비투자율(比透磁率)은 일정한 값 $\mu_{Fe} = 5500$으로 고정된다.

전류 $I_{1sc} = 1$ A가 1차 권선에 강제되고, 그러면 해석되는 단면 부분의 등가 1차 봉 내의 총 전류는

$$\frac{N_1 I_{1sc}}{2} = 208 \text{ A}$$

이며 등가 2차 봉 내의 총 전류는

$$\frac{N_2 I_{2sc}}{2} = -\frac{N_1 I_{1sc}}{2} = -208 \text{ A}$$

가 되어 전류 $I_{2sc} = -8.851$ A이다. 자속선도는 그림 6.16에 보여졌다.

권선 내의 자속밀도는 최대치 B = 7.44 mT로 그림 6.17 (a)와 같이 거동(擧動)하

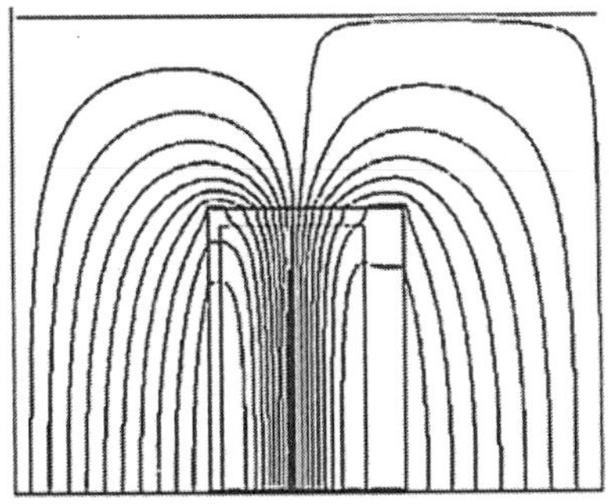

Figure 6.16
Flux plot during short-circuit operation.

는 것으로 가정한다. 이것은 그림 6.17 (b)에 나타낸 것과 같은 이론적 거동(理論的 擧動)과 같다. 비교를 위하여, 해석적으로 계산된 최대 자속밀도는 장 해로부터 계산된 값에 대응되는

$$B = \mu_0 \frac{N_1 I_{1sc}}{h_{coil}} = 7.47 \text{ mT}$$

로 귀결된다.

길이 $l_{average}$는 두 코일의 중간의 반(半) 주변(周邊) 길이로 계산된다. 그림 6.8과 6.10에 따라, $l_{average}$ = 132.8 mm이다. 식 (6.25)에 의해 계산된 자기 저장 에너지는

$$W_m = 2.547 \text{ mJ}$$

이며 그 결과는 거의 대부분이 1차 권선 (45.59 %), 2차 권선 (42.87 %) 및 주위 공간(周圍 空間) (11.53 %) 내에 저장된다. 철(鐵) 내에는 0.01 % 미만이다.

식 (6.26)으로부터 1차 권선 내에는 0.9766 mJ 그리고 2차 권선 내에는 1.5704 mJ 인

$$W_m = 2.547 \text{ mJ}$$

로 항상 귀결된다.

식 (6.27)로부터 쇄교 자속은 아래와 같다.

$$\Lambda_{1sc} = 1.9533 \text{ mVs}$$
$$\Lambda_{2sc} = -0.35488 \text{ mVs}$$

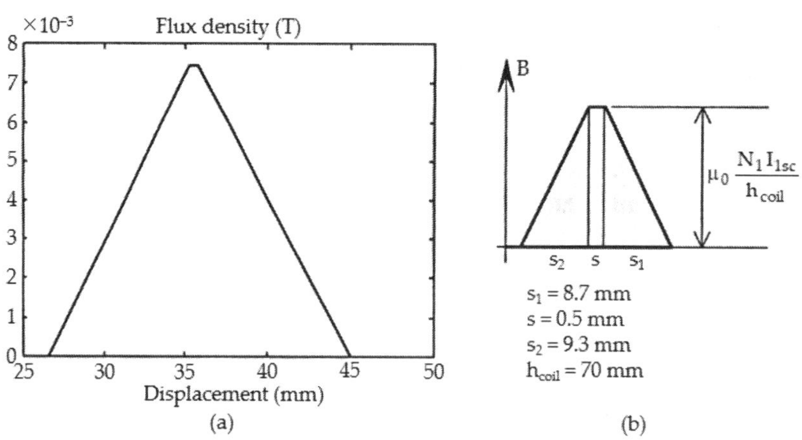

Figure 6.17
Flux density behavior within the two windings.

대응되는 누설 인덕턴스 식 (6.29)는 다음과 같다.

$$L_{1\sigma} = 1.9533 \text{ mH}$$
$$L_{2\sigma} = 0.040076 \text{ mH} \text{ (즉, 1차 권선으로 환산하면 3.1396 mH)}$$

1차 권선으로 환산한 총 누설 인덕턴스는 근사적(近似的)으로

$$L_{1\sigma} + \left(\frac{N_1}{N_2}\right)^2 L_{2\sigma} = 5.093 \text{ mH}$$

이며 이것은

$$L_{\sigma} = \frac{2W_m}{I_1^2} = 5.094 \text{ mH}$$

로 얻어진 것에 대응된다.

해석적으로 계산된 같은 인덕턴스는 아래와 같이 주어진다.

$$L_{\sigma} = \mu_0 \frac{N_1^2}{h_{coil}} 2l_{average} \left(\frac{s_1}{3} + s + \frac{s_2}{3}\right) = 5.365 \text{ mH}$$

코일에 작용하는 힘은 Maxwell의 응력(應力) 텐서에 의해 계산된다.

힘의 전체 y-축 성분(철심 각(脚)의 축에 평행(平行)한 방향인)은 대칭이라는 이유로 0이다. 이에 반하여, 각 코일의 절반은 압축된다. 코일의 고려되는 절반에 작용하는 압축력의 크기는 $F_y = 2.78$ mN이다.

힘의 전체 x-축 성분(철심 각의 축에 수직(垂直)인 방향인)은 아래와 같다.

$$F_x = 0.391 \text{ N}$$

해석적으로 계산된 x-축 방향 힘은 장 해로부터 구한 것 보다 조금 더 크게

$$F_x = \frac{1}{2}\mu_0 \frac{2l_{average}}{h_{coil}} (N_1 I_{1sc})^2 = 0.413 \text{ N}$$

와 같이 주어진다.

주(註): 2차 코일에 작용하는 x-축 방향 힘 성분의 계산을 다음에 설명한다. 코일을 둘러싸는 선은 그림 6.18에 보여준 바와 같이 고정된다. 서로 다른 경로를 따라 계산된 x-축 방향 힘 F_x는 아래와 같이 주어진다.

$$F_{xPQ} = 4l_{average} \int_{l_{PQ}} \frac{B_x H_x - B_y H_y}{2} dl = 1.22 \cdot 10^{-3}\ N$$
$$F_{xQR} = 4l_{average} \int_{l_{QR}} B_x H_y \, dl = 6.64 \cdot 10^{-3}\ N$$
$$F_{xRS} = 4l_{average} \int_{l_{RS}} \frac{B_x H_x - B_y H_y}{2} dl = 383.1 \cdot 10^{-3}\ N$$

y-축 방향 힘 성분도 비슷한 방법으로 계산될 수 있다.

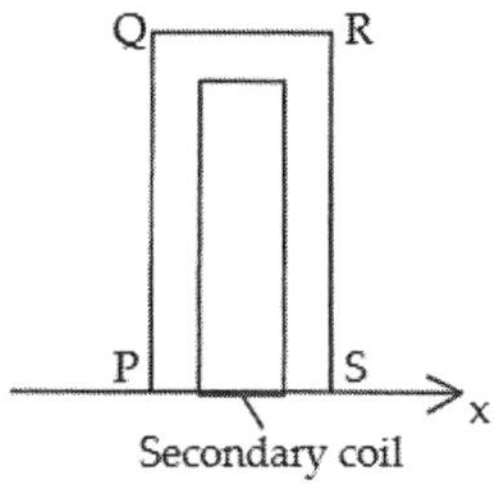

Figure 6.18
Line surrounding the secondary coil to compute the x-axis force.

6.5 Algorithm for the Construction of the Magnetic Characteristic of the Transformer

변압기의 자기 특성을 해석하기 위한, BASIC 언어를 사용한, 간단한 앨고리즘이 다음에 설명된다. 포화는 직류 자화 특성 $I_{10} - \Lambda_{10}$를 사용하여 고려된다.

FUNCTION `current (FlxLnk)`는 주어진 입력에 대해, 쇄교 자속의 값에 대응되는 전류의 값으로 되돌린다. 그것은 직류 자화 특성에 따라 값을 보간한다. 단순화를 위하여, 선형 보간(線形 補間)이 사용된다. 더 나은 결과를 위하여 더 고차(高次)의 보간이 사용될 수 있다.

```
DECLARE FUNCTION current (FlxLnk)
CLS
CLEAR

CONST pi = 3.14156
a$ = CHR$(34)
DIM f(205), i(205), ang(205), v(205)

omega = 2 * 50 * pi      'electric frequency
Fm = 600                 'maximum value of flux linkage
Vm = Fm * omega          'maximum value of voltage

'computation of the current waveform

Imax = 0
FOR k = 1 TO 201
     theta = 2 * pi * (k - 1)/ 200
     ang(k) = theta
```

```
      v(k) = Vm * SIN(theta)
      f(k) = Fm * COS(theta)
      i(k) = current(f(k))
      IF i(k) > Imax THEN Imax = i(k)
  NEXT k

  'computation of the rms values

  isum = 0
  vsum = 0
  FOR k = 1 TO 200
      isum = isum + i(k) ^ 2
      vsum = vsum + v(k) ^ 2
  NEXT k
  Vrms = SQR(vsum/ 200)
  Irms = SQR(isum/ 200)
```

Nb = 9인 직류 자화 특성과 선형 보간을 가정한 FUNCTION current (FlxLnk)의 가능한 구조는 다음과 같다. 주어진 특성이 전류와 쇄교 자속의 양(정)의 값만을 내포한다면 입력의 부호의 제어가 요구된다. 그림 6.13과 표 6.2를 참조하라.

```
  FUNCTION current(FlxLnk)

  'sign evaluation

  sign = 1
  If FlxLnk < 0 THEN
     sign = -1
     FlxLnk = - FlxLnk
  END IF

  'Definition of the dc magnetizing characteristic
  'given by a number of Nb points

  Nb = 9
  DIM FluxVect(Nb)
  DIM CurrVect(Nb)

  FluxVect(1) = 0:          CurrVect(1) = 0
  FluxVect(2) = 0.3774:     CurrVect(2) = 0.025
  FluxVect(3) = 0.7543:     CurrVect(3) = 0.050
  FluxVect(4) = 0.9780:     CurrVect(4) = 0.075
  FluxVect(5) = 1.0977:     CurrVect(5) = 0.100
  FluxVect(6) = 1.1361:     CurrVect(6) = 0.1125
  FluxVect(7) = 1.1684:     CurrVect(7) = 0.125
  FluxVect(8) = 1.1976:     CurrVect(8) = 0.1375
  FluxVect(9) = 1.2202:     CurrVect(9) = 0.150

  'Interpolation (linear)

  FOR i = 0 TO (Nb -1)
     IF (FlxLnk >= FluxVect(i) AND FlxLnk < FluxVect(i + 1)) THEN
       Cf = (CurrVect(i + 1) - CurrVect(i))/
       (FluxVect(i + 1) - FluxVect(i))
       CurrAux = Cf * (FlxLnk - FluxVect(i)) + CurrVect(i)
     ENDIF
  NEXT i

     IF (FlxLnk >= FluxVect(Nb) THEN
       Cf = (CurrVect(Nb) - CurrVect(Nb - 1))/
       (FluxVect(Nb) - FluxVect(Nb - 1))
       CurrAux = Cf * (FlxLnk - FluxVect(Nb)) + CurrVect(Nb)
     ENDIF
  'sign correction

     current = CurrAux * sign
     FlxLnk = FlxLnk * sign
```

```
END FUNCTION
```

References

1. E. Arnold, *Die Wechselstromtechnik. Die Transformatoren*, Vol. 2, Julius Springer, Berlin, 1904.
2. R. Richter, *Die Wechselstromtechnik. Die Transformatoren*, Vol. 3, Julius Springer, Berlin, 1932.
3. A. S. Longsdorf, *Theory of Alternating Current Machinery*, McGraw-Hill, New York, 1937.
4. T. Bödefeld and H. Segueuz, *Elecktrische Maschinen*, Springer-Verlag, Wren, 1942.
5. A. Carrer, *Macchine Elettriche. Parte prima: Trasformatori*, Editrice Universitaria Levrotto & Bella, Torino, 1954 (in Italian).
6. S. Ramo, J. R. Whinnery, and T. Van Duzer, *Fields and Waves in Communication Electronics*, John Wiley & Sons, New York, 1965.
7. G. R. Slemon, *Magnetoelectric Devices: Transducers, Transformers and Machines*, John Wiley & Sons, New York, London, Sydney, 1966.
8. A. E, Fitzgerald, C. Kingsley, Jr., and S. D. Umans, *Electric Machinery*, McGraw-Hill, New York, 1983.
9. I. J. Nagrath and D. P. Kothari, *Electric Machines*, Tata McGraw-Hill Publishing Company Limited, New Delhi, 1985.

7

Single-Phase Variable Reactance

이 장에서는 단상 가변(可變) 리액턴스의 유한요소 해석을 다루었다. 특히 공극(空隙, air-gap) 길이에 대한 리액턴스의 의존성이 해석된다. 유한요소법에 의해 얻어진 결과는 해석적으로 계산된 결과와 비교된다.

7.1 The Single-Phase Variable Reactance

그림 7.1은 단상 리액턴스의 몇 가지 구조를 보인다. 그림 7.1 (a)는 일정한 공극 길이를 가진 외철형 리액턴스를 보인다; 그림 7.1 (b)는 가변 공극을 가진 외철형 리액턴스을 보인다; 그림 7.1 (c)는 가변 공극을 가진 내철형 리액턴스를 보인다.

리액턴스는 전기회로에서 전류를 걸러내거나 제한하기 위해 사용된다. 가변 리액턴스는, 주로 실험실 시험에서, 무효 전력의 흐름을 제어하거나/또는 전기 공진(電氣 共振, electrical resonance)을 얻기 위해 커패시터에 연결된다.

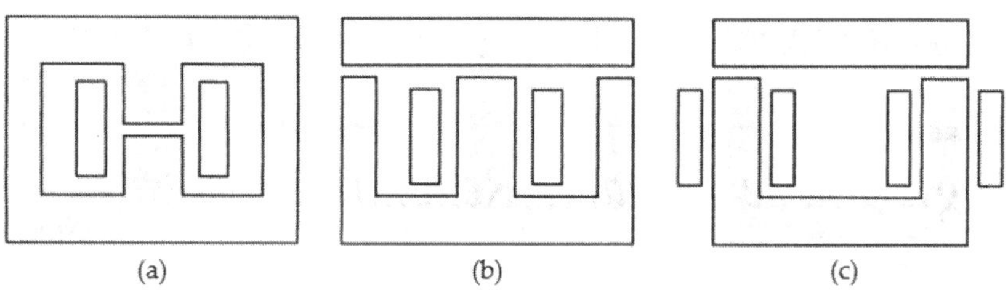

Figure 7.1
Magnetic structures of single-phase reactance.

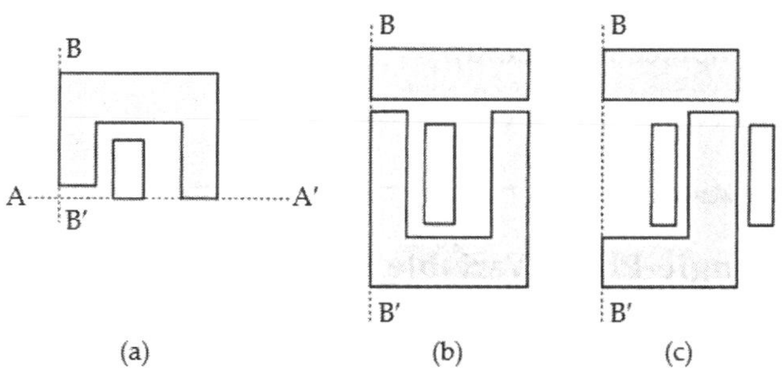

Figure 7.2
Reduction of the domain of the structures of Figure 7.1 using their symmetry.

리액턴스의 정격 전력(定格 電力, rated power)에 따라, 철심은 규소 강판 적층 또는 입자 배향 박판(grain-oriented lamination)의 형태일 수 있다. 적층 면에 평행한 면을 고려하고 단부 효과를 무시하면, 검토는 2차원 문제로 축약될 수 있다.

덧붙여, 단상 변압기의 경우처럼, 구조의 대칭 축을 받아들이고 적절한 경계 조건을 거기를 따라 부과한 후에, 해석은 그림 7.1의 단면의 부분으로 축약해도 된다. 예를 들어, 그림 7.1의 리액턴스의 검토(檢討)는 그림 7.2에 나타낸 부분과 같이 축약될 수 있다.

7.2 Computation of the Reactance

검토의 목적은 자기 인덕턴스 값의 결정이다. 리액턴스가 가변 공극으로 특성지어 진다면, 인덕턴스에 미치는 공극 길이의 의존성을 검토하는 것 또한 중요하다. 이 의존성은 공극의 서로 다른 값에 따른 몇 가지 장 해석에 의해 이루어진다. 더구나, 가동부와 고정부 사이의 인력(attractive force)을 평가하는 것도 가능하다.

7.2.1 Statement of the Field Problem

자계의 세기는 주로 자기 경로의 공기 부분에 집중된다. 따라서, 리액턴스의 공극에 있는 요소 망을 증가시키는 것이 편리하다.

정자장 시뮬레이션이 수행된다; 일정 전류 I가 장 원천(源泉)으로서 권선에 강제된다. 쇄교 자속과 전압이 장 해로부터 계산된다. 또다시 1차 권선의 각 단면은 다음의 총 전류가 흐르는 단일 도전 봉으로 나타내진다:

그림 7.1 (a) 또는 (b)의 전체 구조 또는 그림 7.2 (b)에 보인 것과 같은 구조의 절반(折半)을 해석하는 외철형 리액턴스의 경우 $N_t I$

그림 7.2 (a)에 보인 것과 같은 구조의 4분의 1을 해석하는 외철형 리액턴스 또는 그림 7.1 (c) 또는 그림 7.2(c)와 같은 내철형 리액턴스의 경우 $N_t I/2$

여기서 N_t는 총 권수(總 捲數)이며 I는 권선 전류이다.

처음에는, 일정 자기 비투자율 μ_{Fe}를 가진 선형 자성체가 고려된다. 비선형의 효과는 뒤에 조사될 것이다.

경계 조건을 옳게 부여하기 위하여, 먼저 경계를 따른 장 선(場 線, field line)이 추정되어야 한다. 대칭 축 AA′를 따라서는, 자속밀도 벡터 **B**는 법선 성분만이 나타난다: Neumann 경계 조건이 부여된다. 대칭 축 BB′를 따라서는, 외철형 리액턴스의 경우에는, 자속밀도 벡터 **B**는 접선 성분만이 나타난다: Dirichlet 경계 조건이 부여된다. 거꾸로, 내철형 리액턴스의 경우에는, 자속밀도 벡터 **B**는 법선 성분만이 나타난다: Neumann 경계 조건이 다시 부여된다. 영역을 한정하는 (적당히 먼 선인) 그 외 경계를 따라서는 0의 자기 벡터 포텐셜이 부여된다.

7.2.2 Computation on Analyzed Structure

장 해가 얻어짐으로써, 중요한 자기 양(量)들이 계산될 수 있다. 아래에서는, 검토는 그림 7.1 (b)의 구조에 초점을 맞출 것이다. 따라서, 다른 구조 또는 구조의 다른 부분으로 해석을 확장하기 위해서는, 이어지는 방정식들이 적절하게 재정리(再整理)되어야 한다.

덧붙여, 철의 순(純) 길이(net iron length)가 L_{Fe}인 사각 철심 각(四角 鐵心 脚, rectangular leg)이 가정된다.

7.2.2.1 Magnetic Flux Density

자속 선은 자기 벡터 포텐셜에 의해 직접 얻어진다. 자속밀도의 성분은, 식 (3.66)에서 설명된 바와 같이, 자기 벡터 포텐셜을 도출함으로써 평가될 수 있다.

7.2.2.2 Magnetic Energy

모든 선형 물질의 사용으로 인해, 모든 위치(位置)에서의 자기 에너지 밀도는 식 (7.1)과 같이 주어진다.

$$w_m = \frac{1}{2}\mathbf{B}\cdot\mathbf{H} = \frac{1}{2}\mu H^2 \tag{7.1}$$

전체 리액턴스 내에 저장되는 자기 에너지는 리액턴스의 전 체적에 대한 자기 에너지 밀도의 적분에 의해 얻어진다. 2D 문제에서는, 이것은 면적 적분에 길이 L_{Fe}를 곱한 것과 등가이다. S가 영역의 총 면적이라 하면, 결과는 식 (7.2)가 된다.

$$W_m = L_{Fe}\int_S \frac{1}{2}\mu H^2 dS \tag{7.2}$$

그 대신으로, 자기 에너지는 도체의 면적에서만 0과 다른 값이 되는 식 (7.3)에 의해 계산될 수 있다.

$$W_m = L_{Fe}\int_S \frac{1}{2}J_z A_z dS \tag{7.3}$$

7.2.2.3 Flux Linkage

권선과 쇄교하는 자속은 코일의 면에서의 자기 벡터 포텐셜 A_z의 처리에 의해 계산된다. S_{Cu+}를 전류가 정(양)(z-축과 같은 방향, 즉, 지면(紙面)에서 나오는)인 등가봉의 단면, 그리고 S_{Cu-}를 전류가 부(음)(z-축과 반대 방향, 즉, 지면으로 들어가는)

인 등가 봉의 단면이라 하자. 물론 두 값은 같으며 S_{Cu}와 같은 값이다. 쇄교 자속의 계산 결과는 식 (7.4)와 같다.

$$\Lambda = N_t L_{Fe} \frac{1}{S_{Cu}} \left(\int_{S_{Cu+}} A_z \, dS - \int_{S_{Cu-}} A_z \, dS \right) \tag{7.4}$$

7.2.2.4 *Electrical Voltage*

쇄교 자속의 정현 파형의 가정에 따라, 리액턴스에서의 전압의 실효치(實效値)는, 식 (7.5)와 같이, 쇄교 자속의 실효치에 전기 주파수 ω를 곱함으로써 얻어진다.

$$E_{rms} = \omega \Lambda_{rms} \tag{7.5}$$

리액턴스 코일의 단자 쌍(端子 雙, terminal pair)에서의 전압은, 해석적으로 계산되는 저항에서의 전압 강하와 함께, 식 (7.5)로 주어지는 전압의 기하학적 합(幾何學的 合, geometrical sum)으로써 얻어진다.

7.2.2.5 *Self-Inductance*

자기(自己) 인덕턴스의 값은, 식 (7.6)과 같이, 쇄교 자속을 대응되는 전류로 나눔으로써 구해진다.

$$L = \frac{\Lambda}{I} \tag{7.6}$$

그 대신으로, 선형의 경우에는 항상, 자기 인덕턴스는 자기 에너지로부터 구해질 수 있으며, 그 결과는 식 (7.7)과 같다.

$$L = \frac{2W_m}{I^2} \tag{7.7}$$

7.2.2.6 *Electric Forces*

리액턴스의 가동부(可動部, movable part)에 작용하는 힘은 Maxwell 응력(應力) 텐서에 의해 평가(平價)된다. 면은 처음에 힘이 계산되어야 하는 가동부를 둘러싸도록 선택된다. 2D 문제에서는, 면은, 예를 들어 그림 7.3 (a)의 선 MNOP와 같이, 선으로 축약된다. y-방향의 총 힘은, 식 (7.8)과 같이, 선의 네 선분을 따라 계산된 y-축에 평행한 방향의 모든 힘 성분에 의해 주어진다.

$$F_y = F_{yMN} + F_{yNO} + F_{yOP} + F_{yPM} \tag{7.8}$$

식 (7.8)에는 선분 MN과 OP를 따른 힘의 법선(法線, normal) 성분:

$$F_{yMN} = -L_{Fe}\int_{MN}\frac{\mu_0}{2}\left(H_y^2 - H_x^2\right)dl$$
$$F_{yOP} = L_{Fe}\int_{OP}\frac{\mu_0}{2}\left(H_y^2 - H_x^2\right)dl \qquad (7.9)$$

와 선분 NO와 PM을 따른 힘의 접선(接線, tangential) 성분:

$$F_{yNO} = L_{Fe}\int_{NO}\left(\mu_0 H_y H_x\right)dl$$
$$F_{yPM} = -L_{Fe}\int_{PM}\left(\mu_0 H_y H_x\right)dl \qquad (7.10)$$

이 있다.

자계가 구조의 외부에서는 무시할 수 있는 값으로 가정했기 때문에, 주 성분은 선분 MN에 작용하는 수직력이다. 흡인력은, 그림 7.3 (b)에 나타낸 바와 같이, 선분 MN 만에서의 자기 압력(magnetic pressure)의 적분으로부터 추정될 수 있다.

힘을 계산하기 위한 Maxwell 응력 텐서 대신의 방법은 가상(假想) 일의 방법(the method of virtual works)이다. $W_m(y)$를 처음 위치 y에서 가동부에 대해 계산된 자기 에너지라 하자. 전원 전류는 일정하게 유지하며, 가동부가 y-축 방향으로 작은 양(量)만큼 이동된다. Δy를 위치의 변화라 하자. 자기 에너지 $W_m(y + \Delta y)$가 가동부가 새로운 위치 $y + \Delta y$에 있는 경우에 대하여 계산된다. 그러면, 계통이 선형이기 때문에, 힘은 식 (7.11)과 같이 계산된다.

$$F_y = \left.\frac{\Delta W_m(y)}{\Delta y}\right|_{i=const} = \left.\frac{W_m(y+\Delta y) - W_m(y)}{\Delta y}\right|_{i=const} \qquad (7.11)$$

물론, 이 결과는 이동 거리(移動 距離, movement) Δy의 선택된 값에 좌우된다.

힘 계산의 개선(改善)은 위치의 변화를 +Δy와 −Δy로 고려함으로써 얻어진다. 힘은 식 (7.12)와 같이 산출된다.

$$F_y = \left.\frac{W_m(y+\Delta y) - W_m(y-\Delta y)}{2\Delta y}\right|_{i=const} \qquad (7.12)$$

이 방법에서는, 에너지의 2계(階)보다 높은 계수의 미분에 기인한 모든 항은 무시되었다. 이것은 Taylor 급수(級數)(Taylor series)에 의한 위치 y 부근에서의 자기 에너지의 전개(展開) 식에 의해 입증된다. 2계보다 더 높은 항을 무시하면, 식 (7.13), (7.14)가 된다.

$$W_m(y+\Delta y) = W_m(y) + \frac{dW_m(y)}{dy}\Delta y + \frac{1}{2}\frac{d^2 W_m(y)}{dy^2}(\Delta y)^2 + \cdots \qquad (7.13)$$

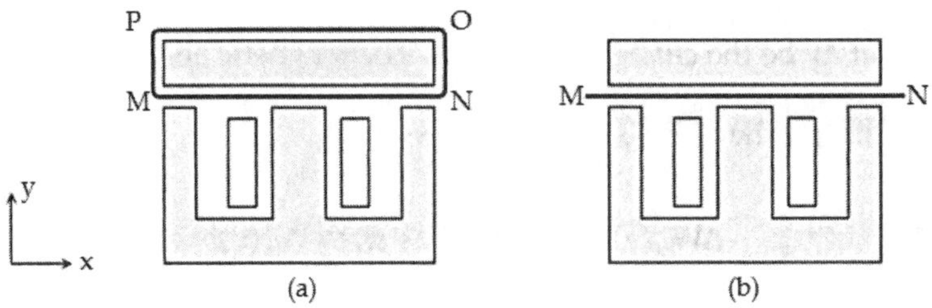

Figure 7.3
Lines along which the attractive force is computed.

$$W_m(y-\Delta y) = W_m(y) - \frac{dW_m(y)}{dy}\Delta y + \frac{1}{2}\frac{d^2W_m(y)}{dy^2}(\Delta y)^2 - \cdots \tag{7.14}$$

첫째 식에서 둘째 식을 빼면, 식 (7.15)로 귀결된다.

$$\frac{dW_m(y)}{dy} = \frac{W_m(y+\Delta y) - W_m(y-\Delta y)}{2\Delta y} \tag{7.15}$$

7.2.3 Considerations with Nonlinear B-H Curve

단상 변압기의 경우처럼, 전류 I와 쇄교 자속 Λ의 이산(離散)된 값으로부터 직류 자화 특성이 먼저 얻어진다. 자기 히스테리시스와 저항 전압 강하를 무시하고, 쇄교 자속의 정현 파형을 가정하면, 대응되는 전류 파형이 계산된다. 그다음에, 전류 파형으로부터 전류의 실효치(實效値)가 계산된다. E_{rms}와 I_{rms} 사이의 관계가 그림 7.4와 같이 얻어진다.

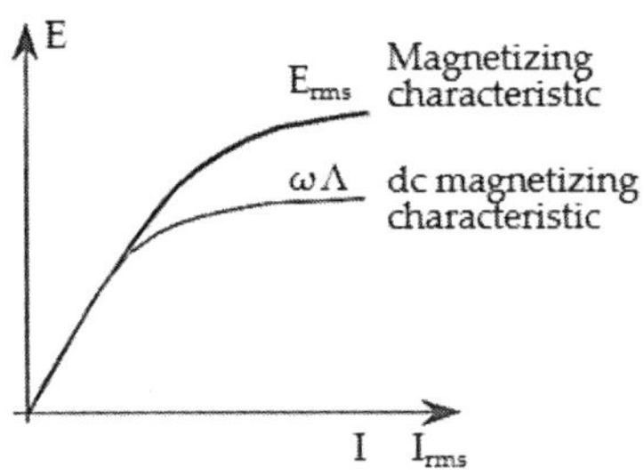

Figure 7.4
Magnetizing characteristics.

7.3 Example

실험실 시험을 위하여 설계된 단상 리액턴스가 해석된다. 그것은 커패시터 부하(負荷)가 연결되었을 때 공진(共振) 현상(resonance phenomena)을 일으키도록 설계되었다. 리액턴스는 전압 원(voltage source)이 낮은데도 불구하고, 시험에 있어서 매우 높은 전압이 커패시터 부하에 인가되도록 변화된다. 공극 길이는 공진을 얻도록 하기 위하여, 커패시터 부하에 의존하여 때에 따라 적합하게 바뀐다.

범위 C = 10 ~ 200 nF인 커패시터 부하에 따라, 인덕턴스의 변화는 5 ~ 1000 H의 범위이다.

단상 리액턴스의 정격 데이터는 다음과 같다:

1. f = 50 Hz — 주파수
2. V_n = 50 kV — 공진 조건에서의 실효 전압
3. I_n = 3.15 A — 최대 실효 전류
4. S_n = 160 kVA — 피상(피상) 전력
5. 자성체 — 두께 0.3 mm이며 비(比) 철손 $p_{s,Fe}$ = 0.5 W/kg(B_M = 1 T, f = 50 Hz 에서)인 입자 배향(grain-oriented) TERNI M5T30
6. 1.4에서 1.5 T 사이의 최대 자속밀도 (포화를 피하기 위해)
7. 절연 등급(絶緣 等級) A가 선택되어, 리액턴스가 기름 속에 있음

철심 각(leg)은 거의 원형으로서, S_{Fe} = 4253 mm^2, 외 직경 D = 249.6 mm이다(적층 계수(stacking factor)는 k_{stk} = 0.93이며, 철심 각의 적층 단에 기인한 이용률(utilization factor)은 0.935이다). 철심 각과 권선 사이의 거리는 각각의 두께가 5 mm인 2개의 절연 층 및 3개의 기름 통로(oil channel)와 함께 25 mm이다. 코일과 계철(繼鐵, iron yoke) 사이의 거리는 100 mm, 그리고 코일의 두 외 직경 사이의 거리는 109.9 mm이다. 리액턴스의 주 치수가 그림 7.5에 보여졌다. 가동부는 철심 각의 직경 D와 같은 폭 및 170.4 mm의 높이를 갖는 직사각 단면으로 선택되었다.

7.3.1 Inductance Adjustment

인덕턴스의 변화는 공극의 길이와 리액턴스의 권수(捲數)의 조작에 의해 얻어진다.

공극의 변화에 주목하여, 가장 많은 누설(漏洩) 자속이 생길 때 가장 높은 길이가 대응되도록 최대한의 주의를 기울여 해석되었다. 누설은 리액턴스의 조정(調整)을 방해할 수 있을 정도로 높아질 수 있다. 공극 길이의 임계(臨界) 값은 10 mm 보다 더 크거나 더 작게 고려될 수 있다. 공극의 최소치(最小値)는 주로 불완전한 적층 결합(積層 結合, lamination joints)이 원인이 되는 기계적 고려에 의하여 제한이 나타난다. 최소 공극 길이는 1.5 내지 2 mm 사이로 추정(推定)되었다.

지침(指針)으로서, 인덕턴스의 해석적 표현 식이 나타내어졌다. 그것은 리액턴스의 자기회로(磁氣回路)의 검토로 부터 얻어질 수 있다. N_t / 2 turns의 형태인, 권선

의 한 개의 코일(다른 코일은 개방 회로로 되어 있는)의 자기(自己) 인덕턴스는 식 (7.16)과 같이 주어진다.

$$L = \frac{\left(\frac{N_t}{2}\right)^2}{\frac{2t}{\mu_0 S_{Fe}} + \frac{l_{Fe,\,average}}{\mu_{Fe}\mu_0 S_{Fe}}} = N_t^2 \frac{\mu_0 S_{Fe}}{8t} \tag{7.16}$$

인덕턴스는 본래 공극 길이에 반비례(反比例)한다. 따라서, 공극의 변화에 부과되는 제약은 인덕턴스 자체의 변화에 대한 제약에 대응된다. 2 mm와 10 mm 사이의 공극 길이의 변화의 경우, 5와 같은 값의 최대치와 최소치 사이의 비(比)를 산출한다.

그러한 변화 비(比)는 리액턴스의 권수의 조작으로, 즉 권선의 두 코일을 직렬 또는 병렬로 연결함으로써, 증가된다. 각 코일이 식 (7.16)으로 표현된 것과 같은 자기(自己) 인덕턴스로 특성지어 지며, 상호 인덕턴스는 M ≈ L이라 하자. 두 코일이 그림 7.6 (a)와 같이 직렬로 연결되었다면 총 인덕턴스는 식 (7.17)과 같다.

$$L_s \approx 2(L+M) \approx 4L \approx N_t^2 \frac{\mu_0 S_{Fe}}{2t} \tag{7.17}$$

두 코일이 그림 7.6 (b)와 같이 병렬로 연결되었다면 총 인덕턴스는 4분의 1로 줄어든다. 즉, 식 (7.18)과 같이 된다.

$$L_p \approx \frac{1}{2}(L+M) \approx L \approx N_t^2 \frac{\mu_0 S_{Fe}}{8t} \tag{7.18}$$

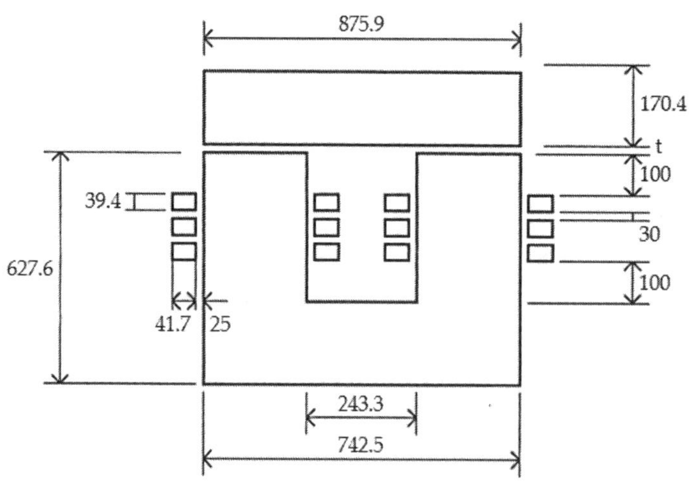

Figure 7.5
Main dimensions of the reactance.

최소 공극(空隙) 길이와 직렬(直列) 연결 코일로 얻어진 최대(最大) 인덕턴스, 그리고 가장 높은 공극 길이와 병렬(竝列) 연결 코일로 얻어진 최소(最小) 인덕턴스 사이의 비(比)는 20의 값으로 된다. 마지막으로, 병렬 연결의 경우에는, 공진이 범위 C = 40 ~ 200 nF의 커패시터 부하(capacitor load)에서 얻어지는 한편, 직렬 연결의 경우에는, C = 10 ~ 50 nF에서 얻어진다.

7.3.2 Definition of the Winding

최대 자속밀도는 가장 높은 전압 V_n이 병렬 연결된 각 코일에 인가(印加)되었을 때 얻어진다. 코일에 인가되는 전압은 직렬 연결이 되면 절반(折半)으로 된다. 각 코일의 권수는 3780으로 선택되어, 총 권수는 N_t = 7560이다.

전류의 최대치는, 리액턴스가 용량성 부하(容量性 負荷, capacitive load) C = 200 nF에서 공진할 때, 피상 전력(皮相 電力, apparent power) S_n = 160 kVA에 대응되는 전류 $I = \omega C V_n$ = 3.15 A로 나타난다. 이러한 공진은 코일이 병렬 연결되었을 때 인덕턴스의 최소치에서 얻어진다. 도체 내의 전류는 그러면 절반(折半)이 되어, 1.575 A가 된다.

도체의 직경(直徑)은 2중(重)의 절연 두께와 함께 d_{Cu} = 1.093 mm에 대응된다 (UNEL 01722-3-4).

각 코일은 각각이 1260 turns인 3개의 기본 코일로 나눠진다. 권선은 각 층이 36 turns인 35층으로 이루어진다. 각 층은 두께 0.1 mm의 종이 한 장으로 절연된다. 각 기본 코일의 치수의 결과는 그림 7.5에 보여준 바와 같이 폭(幅) 41.7 mm와 높이 39.4 mm이다.

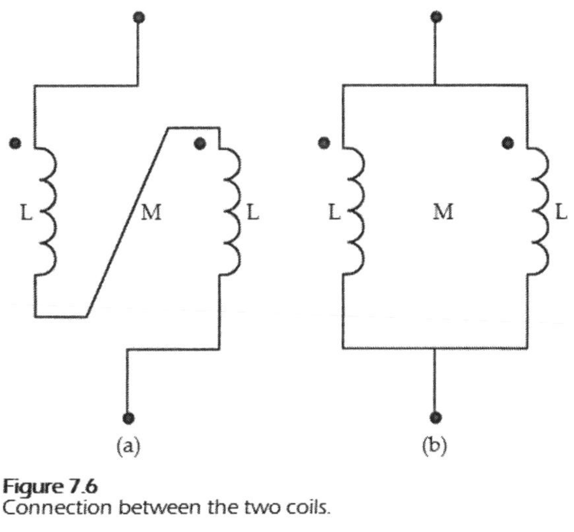

Figure 7.6
Connection between the two coils.

7.3.3 Analysis

리액턴스의 해석은 평면 (x, y)에서의 2D 해석으로 축약된다. 평면 대칭을 갖도록 하기 위하여, 철심 각의 원형은 사각형으로 모델링되지만 같은 단면적을 갖도록 해야 할 것이다. 이것이 그림 7.7에 보여졌다. 원형 철심 각이 직경 D = 249.6 mm를 가지므로, 그러면 사각 철심 각의 폭을 D와 같게 유지하면, z-축 방향 길이는 L_{Fe} = 170.4 mm로 된다.

가동부의 높이는 z-축 방향 길이 L_{Fe}인 기계와 같은 자기 양(磁氣 量)이 되도록 하기 위해 조절되었다. 그러한 높이는, 그림 7.7에 보여준 바와 같이, 직경 D와 같게 되었다. 마지막으로, 계철의 사각 단부(四角 端部)의 효과와 함께 유효 철 체적을 고려할 목적으로, 그림 7.7에서 점선(點線)으로 보여준 바와 같이, 가동부의 수평 방향 길이가 증가되었다.

요구된 단순화(單純化)에 의해, 2D 해석은, 보다 빠른 해석과 함께, 리액턴스 거동의 좋은 추정을 허용한다.

그림 7.5의 기계의 전 영역에 대해 해석이 수행될 것이다. 하지만, 구조는 그림 7.2 (c)의 BB′ 축에 대응되는 대칭 축을 나타낸다. 그러면, BB′ 축에 Neumann 경계 조건을 부가하여, 구조의 절반(折半)만을 해석할 수 있다.

자계의 세기가 공극에서 더 높기 때문에, 그림 7.8에 보여준 바와 같이, 망(網)은 이 영역에서 증가된다. 구조의 분할은 약 2000개 정도의 삼각 요소를 사용하여 수행되었다. 이 선택은 정밀한 결과를 얻기 위해 적절함이 증명되었다: 유한 요소의 20 %의 증가가 0.3 % 보다 적은 장 해에서의 자기 에너지의 변동을 나타낸다.

자기 B-H 곡선 Terni M5T30이 철심으로 사용되었다.

여러 가지 시뮬레이션이 서로 다른 공극 길이 t와 전류 I에 대해 수행되었다. 기본 코일이 도체 봉으로 도식화되었기 때문에, 각 코일 내의 등가 전류는 전류 I와 각 기본 코일의 권수를 곱한 $N_t / 6$ = 1260으로 얻어진다.

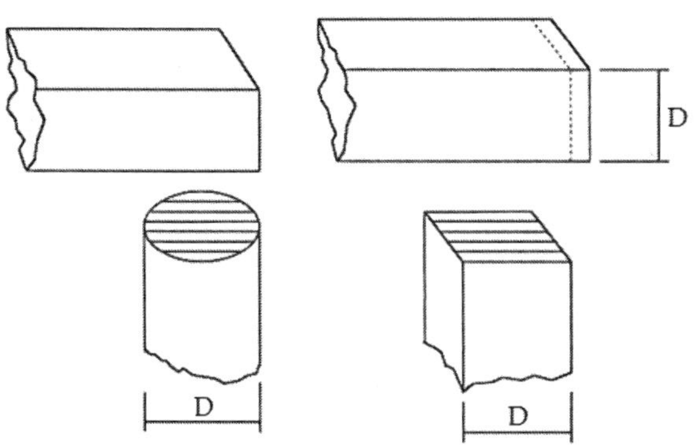

Figure 7.7
Equivalent structure of the reactance to apply the planar symmetry.

그림 7.9는 자속 분포를 보인다. 그림 7.9 (b)의 상세도(詳細圖)는 공극 내부로 제한되지 않고 철심 각(脚)의 끝부분으로 펼쳐지는 자속 선을 강조한 것이다. 이러한 자속의 존재는, 같은 전류에서(그리고 따라서 같은 기자력에서), 쇄교 자속이 통상의 공극에만 있는 쇄교 자속의 가정으로 해석적으로 예측되는 것보다 더 많게 된다. 그 결과로서, 인덕턴스가 더 크다. 따라서, 특히 공극 길이가 최대일 때, 인덕턴스가 요구되는 값을 나타내는지 입증해야 할 필요가 있다.

그림 7.10은, 서로 다른 공극 길이와 전류에 대응되는, 공극의 중간에서의 자속밀도의 세기를 보인다. 자속밀도는 리액턴스의 대칭 축으로 부터의 거리(距離)의 함수로 그려졌다. 그림 7.10 (a)는 공극 t = 1.5 mm와 전류 I = 0.154 A에 대응된다. 그림 7.10 (b)는 공극 t = 9 mm와 전류 I = 3.19 A에 대응된다.

두 그림 모두에서, 단부 효과가 분명하다: 중간 영역에서는 자속밀도 세기의 값이 본질적으로 일정하다; 단부에 가까운 부분에서는 그 값이 대략 10 % 증가한다.

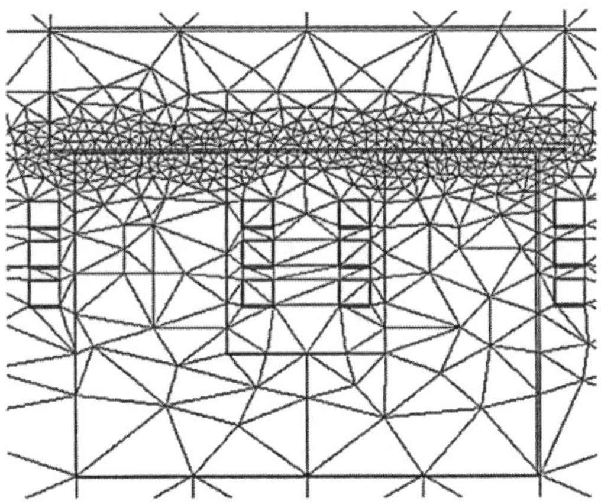

Figure 7.8
Mesh of the section of the reactance.

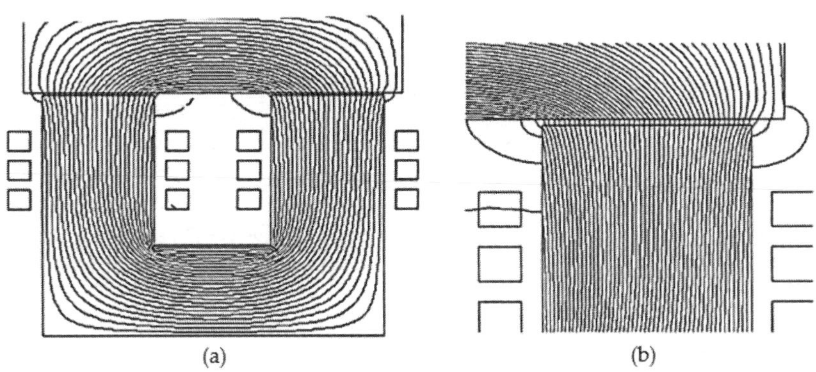

Figure 7.9
Flux plots.

Table 7.1
Values of the self-inductance, computed at low current

t (mm)	L_s (H)	L_s (analytic) (H)	L_p (H)	L_p (analytic) (H)
1.5	1047.0	1002.3	261.7	250.6
1.6	972.4	940.6	243.4	235.1
1.7	917.6	886.0	229.4	221.5
1.8	870.2	837.4	217.6	209.4
1.9	826.8	793.9	206.7	198.5
2.0	789.8	754.7	197.5	188.7
2.1	752.2	719.2	188.1	179.8
2.2	720.0	686.8	180.0	171.7
2.3	690.0	657.3	172.6	164.3
2.4	662.8	630.1	165.7	157.5
2.5	638.0	605.2	159.5	151.3
3.0	538.4	505.1	134.6	126.3
4.0	412.8	379.6	103.2	94.9
5.0	336.4	304.0	84.1	76.0
6.0	285.8	253.6	71.5	63.4
7.0	249.0	217.5	62.3	54.4
8.0	221.0	190.4	55.3	47.6
9.0	199.5	169.3	49.9	42.3
10.0	182.1	152.4	45.5	38.1

표 7.1은 공극 t의 변화에 따라 얻어진 인덕턴스의 값을 담고 있다. 포화 효과를 피하기 위해 낮은 전류가 채택되었다. 문제가 본질적으로 선형이기 때문에, 인덕턴스는 식 (7.2) 또는 (7.3)으로 주어진 자기 에너지를 사용하여 식 (7.7)에 의해 계산되었다. 하지만, 인덕턴스가 식 (7.4)로 주어진 쇄교 자속을 사용하여 식 (7.6)에 의하여 계산되어도 같은 결과가 얻어진다. 병렬 연결 코일의 경우의 인덕턴스는 단순히 직렬 연결 코일의 인덕턴스를 4로 나눔으로써 얻어졌다.

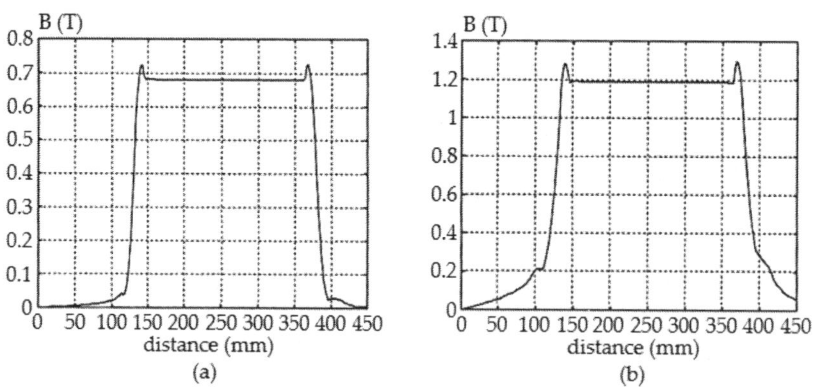

Figure 7.10
Flux density in the middle of the air-gap as a function of the distance of the symmetry axis; (a): t = 1.5 mm and I = 0.154 A; (b): t = 9 mm and I = 3.19 A.

Table 7.2
Effect of the saturation (t = 1.5 mm)

I (mA)	W_m (J)	Λ (Vs)	L_s (H)
58	1.76	60.71	1046.6
104	5.66	108.91	1047.2
150	11.78	157.12	1047.5
196	20.12	205.35	1047.7
242	30.68	253.58	1047.9
288	43.40	301.36	1046.4
334	58.19	348.46	1043.3
373	71.91	387.99	1040.2
419	89.41	432.30	1031.7
458	105.30	468.97	1024.0
504	123.10	506.53	1005.0
550	136.00	531.26	965.9
596	144.40	545.89	915.9
642	149.20	553.40	862.0
688	153.60	560.23	814.3
734	158.50	567.33	772.9
780	162.8	573.31	735.0
826	166.50	578.24	700.0
872	169.90	582.62	668.1
918	173.10	586.60	639.0
964	176.10	590.17	612.2

쉬운 비교를 위하여, 같은 표 내에 식 (7.17)과 (7.18)에 의해 주어지는 바와 같이 해석적으로 계산된 인덕턴스를 나타내었다. 예측된 바와 같이, 유한요소법으로부터 얻어진 값이 해석적으로 계산된 값보다 더 크다. 이것은 본질적으로, 그림 7.9에서 강조된 바와 같이, 공극 외부의 자속에 기인한다. 두 인덕턴스 사이의 상대적(相對的)인 차이는 공극이 증가할수록 더 크다. 사실, t의 더 큰 값에 따라, 공극의 더 바깥쪽의 자속이 증가한다.

그림 7.11은 표 7.1에서 보여준 결과를 그림으로 나타낸 것이다.

포화의 효과를 강조하기 위하여, 공극 길이는 t = 1 mm로 고정되고, 전류는 0과 1 A 사이로 변화되었다. 해석은 공칭 전류(nominal current)보다 더 높은 전류에서 수행되었다. 사실, 이러한 공극 길이의 경우, 최대 전류는 0.4 A(첨두치)이다.

몇 가지 결과가 자기 에너지, 쇄교 자속, 그리고 식 (7.6)에 의해 계산된 인덕턴스를 나타낸 표 7.2에 주어졌다. 문제가 선형으로 남아 있지 않기 때문에, 인덕턴스는 겉보기 인덕턴스의 의미(意味)를 띤다. 자기 에너지에 의한 계산 식 (7.7)은 선형 조건에서만 옳음을 상기하자. 표 7.2로부터, 낮은 전류에서는 식 (7.6)과 (7.7)이 같은 결과를 산출하는 반면, 높은 전류에서는 그렇지 않음을 입증하는 것이 가능하다.

그림 7.12는 전류 I에 대한 쇄교 자속 Λ를 보인다. 고정된 값이 사용되었기 때문에, 이것은 직류 자화 곡선이다. 같은 그림에, 전류의 함수로, 겉보기 인덕턴스

(Λ와 I의 비(比)에 의해 얻어진)도 또한 보인다.

그림으로부터, 최대 공칭 전류가 0.4 A이기 때문에, 리액턴스가 정상(正常) 운전 동안에는 선형으로 동작함을 밝히는 것이 용이하다.

무시할 수 있는 저항 전압 강하와 함께 전압이 정현 파형인, 쇄교 자속의 정현 파형이 가정되면, 그러면 전류 파형은 그림 7.12의 직류 자화 곡선으로부터 재구성(再構成)된다.

보간을 위한 앨고리즘은 6장의 끝 부분에서 설명되었다. 그림 7.13은 쇄교 자속의 서로 다른 첨두치에 대한 쇄교 자속과 전류의 몇 가지 파형을 보인다. 전류 파형에 대한 포화 효과(飽和 效果)가 명백하다.

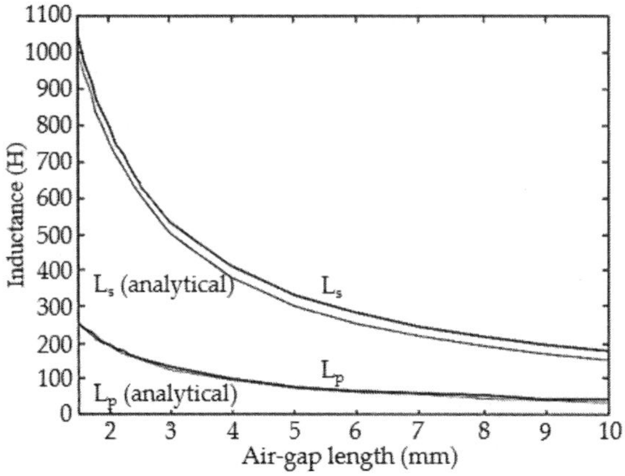

Figure 7.11
Behavior of the inductance as a function of the air-gap, with constant current.

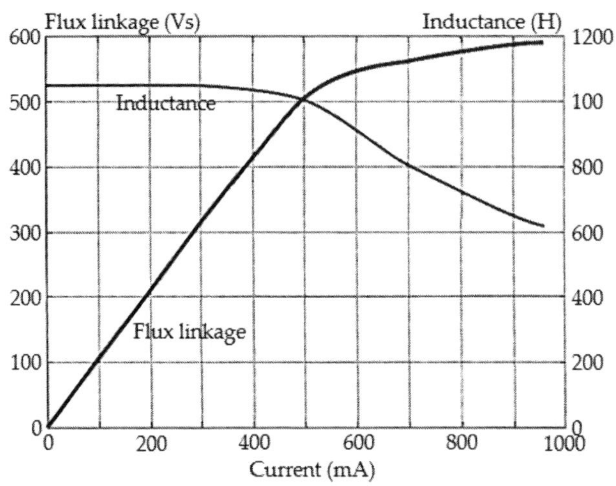

Figure 7.12
Flux linkage and inductance as functions of the current (at t = 1.5 mm).

앞 장에서 설명된 바와 같이, 쇄교 자속에 대응되는 전류의 실효치를 계산함으로써, 리액턴스의 자화 특성이 얻어진다. 그 결과, L*로 부르는 인덕턴스의 새로운 값이 정의될 수 있다. 그것은 쇄교 자속의 실효치와 전류의 실효치 사이의 비(比)로써 얻어진다. 그림 7.13 (d)를 참조(參照)하여 N_j개의 점으로 얻어진 결과는 다음과 같다:

$$\Lambda_{rms} = \frac{\Lambda_M}{\sqrt{2}} = \frac{600}{\sqrt{2}} = 424.3 \text{ Vs}$$

$$I_{rms} = \sqrt{\frac{\omega}{2\pi}\int_0^{2\pi} i(t)^2\,dt} = \sqrt{\frac{1}{N_j}\sum_{j=1}^{N_j} i_j^2} = 0.556 \text{ A}$$

$$L^* = \frac{\Lambda_{rms}}{I_{rms}} = 763.7 \text{ H}$$

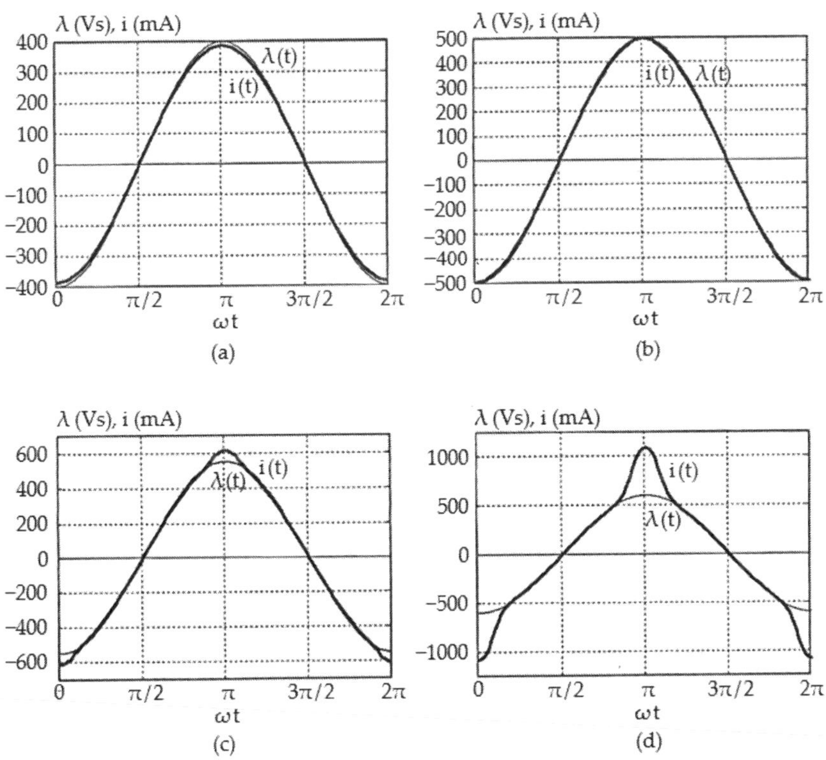

Figure 7.13
Current waveforms, corresponding to a sinusoidal flux linkage with peak value
(a): 400 Vs; (b): 500 Vs; (c): 550 Vs; (d): 600 Vs.

References

1. G. Kron, "Equivalent Circuits to Represent the Electromagnetic Field Quantities," in *The Physical Rev.*, vol. 64, August 1–15, 1943, pp. 126–128.
2. L. F. Blume, A. Boyajian, *Transformer Engineering*, John Wiley, New York, 1951.
3. G. Rago, *Costruzioni Elettromeccaniche e Disegno*, Sansoni, Firenze, 1968.
4. N. Bianchi, F. Dughiero, "Optimal Design Techniques Applied to Transverse-Flux Induction Heating Systems," in *IEEE Trans. on Magnetics*, vol 31, no. 3, May 1995, pp. 1992–1995.
5. N. Bianchi, F. Dughiero, S. Lupi, "Design of Induction Heating Systems by Optimization of Field Shape," in *Proceedings of the International Induction Heating Seminar, IHS '98*, Padova, 13–15 May, 1998, pp. 413–423.
6. W. T. McLyman, *Transformer and Inductor Design Handbook*, CRC Press, Boca Raton, 2004.

8

Synchronous Generators

이 장에서는 3상 동기발전기(同期發電機)의 유한 요소 해석에 대하여 설명한다. 무부하 특성(無負荷 特性)과 직축 및 횡축 인덕턴스가 검토된다.

8.1 Introduction

동기발전기는 고정된 부분인 고정자(stator)와 회전하는 부분인 회전자(rotor)로 구성된다. 그들 모두에서, 자성체가 자속을 안내하기 위해 사용되며, 권선은 전류를 흘리기 위해 사용된다. 2p = 2극인 동기발전기의 구조가 그림 8.1에 보여졌다.

계자(界磁) 권선 또는 자화(磁化) 권선이라 불리는 회전자 권선에는 끌리는 접점(接點)(dragging contact), 즉 브러시(brush)와 도전 환(導電 環, conductive ring)에 의해 직류가 공급된다. 이것이 기계의 주 자속의 1차 원천이다. 그림 8.1에 나타낸 것과 같은 회전자 자극의 중간에 있는 자극 축은 직축(直軸, direct axis) 또는 d-축이라 불린다. 자극 간 축(磁極 間 軸, interpolar axis)은 회전 방향에 대하여 전기 각(電氣 角)으로 90° 앞서며, 횡축(橫軸, quadrature axis) 또는 간단히 q-축이라 불린다. 회전자는 일정한 기계 각속도(機械 角速度) ω_m(전기 각속도 $\omega = p\,\omega_m$)으로 회전하며, 회전 자계(回轉 磁界, rotating magnetic field)를 발생한다.

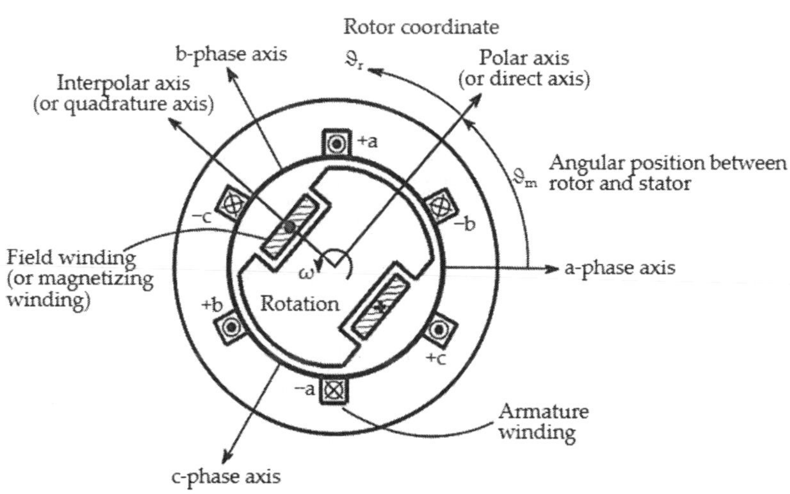

Figure 8.1
Structure and references of the three-phase synchronous generator.

전기자(電機子) 권선(armature winding)이라고도 불리는 고정자 권선은, 가변 자속과 쇄교하여 가변 기전력(variable EMF)이 유도된다. 권선의 3개의 상(相)은 a, b 및 c로 명명된다. 각 상 권선은 전기 각 120° 씩 이격되어 있다. 그것들이 그림 8.1에 단일 권(single turn)과 그 권선 자체에 수직인 축으로 나타나 있다. 권선의 방향은, 오른 나사의 법칙에 따라, 축 방향과 일치함을(정의 전류의 방향으로의 회전이 오른 나사를 권선 축의 방향으로 나아가게 함을) 확인하라. 마지막으로, 고정자에 대한 회전자의 위치는 자극 축과 a-상 축 사이에 전기 각 ϑ 만큼 차이가 난다. 각도 ϑ는 $\vartheta = p\,\vartheta_m$이다. 여기서 ϑ_m은 회전자와 고정자 사이의 기계 각이다.

전기자 권선이 개방(開放)되었을 때에는, 전류는 흐르지 않으며 유도 기전력은 권선 단자에서 측정될 수 있다. 이것은 발전기의 무부하 전압이다. 한편, 전기자 권선이 부하에 연결되었을 때에는, 기전력과 같은 주파수로 권선에 가변 전류가 흐른다. 이러한 전류는 회전자 속도와 같은 속도(동기 속도(同期 速度)라 불리는)로 회전하는 자계를 일으킨다. 전기-기계 변환(電氣-機械 變換, electromechanical conversion)은 고정자와 회전자 자계의 상호 작용에 의해 얻어진다.

단부 효과(端部 效果, edge effect)를 무시하고 발전기의 축 방향을 따라 같은 거동을 가정하면 평면 대칭(平面 對稱, planar symmetry)이 가정된다: 평면 (x, y)만이 고려되고, 자기 벡터 포텐셜과 전류밀도는 $\mathbf{A} = (0, 0, A_z)$, $\mathbf{J} = (0, 0, J_z)$와 같이 z-축 성분만을 갖는다. 그러면 자속밀도와 자계의 세기 벡터는 $\mathbf{B} = (B_x, B_y, 0)$와 $\mathbf{H} = (H_x, H_y, 0)$와 같이 평면 (x, y) 상의 성분만을 갖는다.

기계의 길이는, 적층 사이의 절연을 고려하는 적층 계수(積層 係數) k_{stk}(k_{stk} = 0.95 – 0.98)와 가능한 통풍 관(通風 管, ventilation channel)(예를 들어, 폭이 l_{cv}인 N_{cv} channel)을 고려하여 철의 유효 길이 L_{Fe}와 같게 선택된다. 그러면 순(純) 길이(net length)는 식 (8.1)과 같다.

$$L_{Fe} = (L - N_{cv}\,l_{cv})k_{stk} \tag{8.1}$$

여기서, L은 기계의 총 길이이다.

덧붙여, 자극 쌍(磁極 雙, pole pair) 사이에 주기성(週期性)이 존재하여, 검토는 그림 8.2 (a)와 같이 한 개의 자극 쌍에 대해서만 수행해도 된다. 고정자 대칭성이 자극 사이에 존재할(슬롯 수가 자극 수의 배수(倍數)일) 때에는, 해석은 그림 8.2 (b)와 같이 자극 축이 중심으로 되는, 또는 그림 8.2 (c)와 같이 자극 간(間) 축이 중심으로 되는 한 개의 극에 대해 수행해도 된다. 주기 조건이 어떤 축이 선택되었는지에 관계없이 주어지기 때문에, 그림 8.2에 보여준 바와 같이 중간을 d- 또는 q-축을 따라 그리는 것이 실제로 필요하지는 않다. 하지만, d- 또는 q-축의 선택이 경계 조건을 부여하기에 특히 적당하다. 사실, 이후에 설명될 바와 같이, 특별한 운전 조건은 Dirichlet 또는 Neumann 경계 조건이 부여되는 것을 허용한다.

마지막으로, 그림 8.2 (d)에 보여준 바와 같이 해석이 한 극의 2분의 1로 줄어드

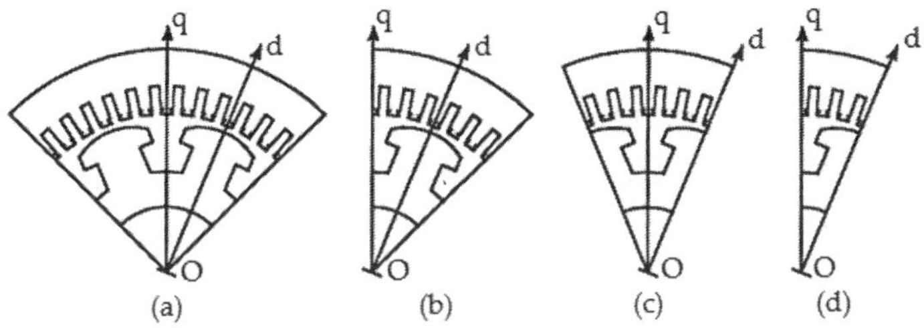

Figure 8.2
Sections of the machine and periodicity.

는 경우도 있다.

8.2 Computation of the No-Load Characteristic

N_e turns로 이루어진 계자 권선에는 일정한 전류 I_e가 공급된다. 전기자 권선은 어떠한 전류도 흐르지 않도록 개방되어 있다. 그들은 0의 도전율을 갖는 것으로 고려하면 된다. 고정자와 회전자 자성체는 적절한 B-H 곡선으로 표현된다.

한 자극의 절반(折半)의 자속 선이 자극의 다른 절반의 자속 선으로 거울 상(像)으로 비춰지는 것을 고려하여 경계 조건이 부여된다. 그러면, 자기 벡터 포텐셜의 값이 자극 축을 따라 고정(固定)(Dirichlet 조건)되는 한편, 수직인 자속밀도 벡터가 자극 간(間) 축을 따라 주어진다(Neumann 조건). 자속 선이 계철(繼鐵)로부터 빠져나가지 않기 때문에, 0의 자기 벡터 포텐셜이 고정자의 외부 원주(圓周)를 따라 부여된다. 그림 8.3은, 그림 8.2 (b) – (d)에 대응되는, 무부하 운전에서의 발전기의 서로 다른 부분에 주어지는 경계 조건을 보인다.

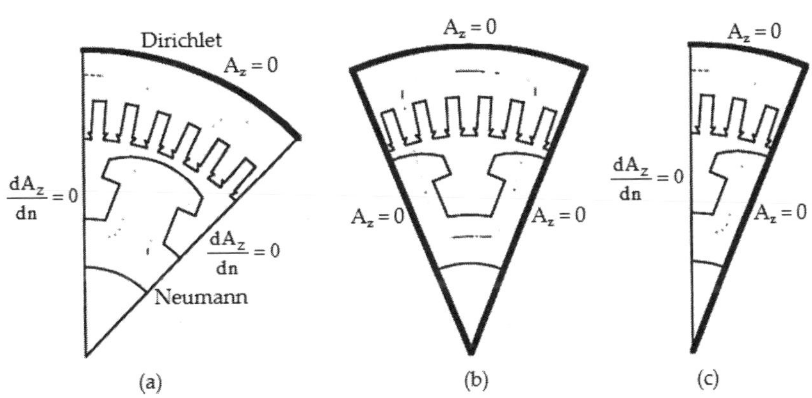

Figure 8.3
Boundary conditions in the no-load simulation.

N_e turns로 이루어지며 여자(勵磁) 전류 I_e가 흐르는 계자 권선은 총 전류 $N_e I_e$가 흐르는 등가 도전 봉으로 모델링된다.

3상 권선은, 회전자에 대해 어떤 형태로든, 고정자 슬롯 내에 배치될 수 있다. 하지만, 전기적인 대칭성의 이점을 취하는 것이 유용하다. 그림 8.4는, 극당 6개의 슬롯을 가진 고정자의 한 개의 극에 대응되는, 단층(單層, single-layer), 전절권(全節捲, nonchorded winding)의 일부를 보인다. 그림 8.4 (a)와 8.4 (b)는 권선 분포(分布)가 서로 다르다; 그림에서는 a-상 축이 고정자 기준 축으로서 강조되었다.

그림 8.5는 극당 6개의 슬롯을 가진 고정자의 한 개의 극에 대응되는, 2층(double-layer), 1 슬롯 단절권(短節捲)(one-slot chorded winding)의 일부를 보인다. 완전한 전기적 및 기하학적 대칭성을 갖도록 하기 위하여, 고정자 극은 a-상 축의 중간이 중심으로 되었다. 고정자 기준 축은 a-상 축에 의해 강조되었다. 이 경우, 첫 번째와 마지막 슬롯은 절반(折半)으로 되어야 함에 유의하는 것이 중요하다.

8.2.1 Computations after the Field Solution

일단 장 문제가 풀어지고 나면, 영역의 각 점에서의 자기 벡터 포텐셜의 z-축 성분 $A_z(x, y)$이 알려진다. 3상 권선과 쇄교하는 자속 및 유도 EMF가 계산된다. 고정자 슬롯에 있는 권선 분포를 다룰 때 특히 유의해야 한다.

8.2.1.1 Flux Linkage

단면적이 S_q인 q-번째 슬롯에서의 자기 벡터 포텐셜의 평균치는 식 (8.2)와 같다.

$$S_q \int_{S_q} A_z \, dS \tag{8.2}$$

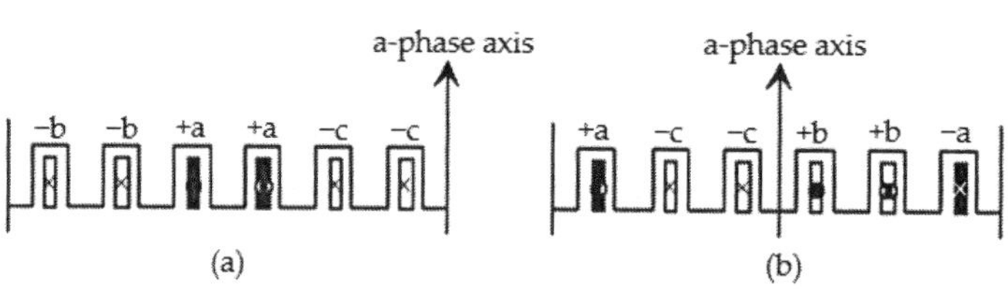

Figure 8.4
Distribution in the slots of the three-phase windings: single-layer, nonchorded winding.

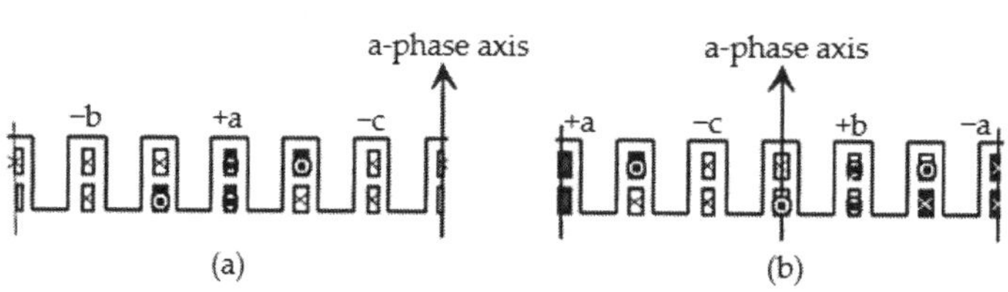

Figure 8.5
Distribution in the slots of the three-phase windings: double-layer, one slot chorded winding.

N_q를 슬롯당 도체 수, n_{pp}를 기계의 병렬 경로(竝列 徑路)의 수라 하자. 이에 따라 기계의 총 도체 수는 n_{pp}에 직렬 도체 수를 곱한 것이 된다. 해석 영역이 한 개의 극만으로 – 그림 8.3 (a) 또는 그림 8.3 (b)를 보라 – 고려되면 j-번째 상 쇄교 자속은 식 (8.3)과 같이 주어진다.

$$\Lambda_j = 2pL_{Fe}\frac{n_q}{n_{pp}}\sum_{q=1}^{Q/2p} k_{jq}\frac{1}{S_q}\int_{S_q} A_z\,dS \quad j = a, b, c \tag{8.3}$$

여기서 2p는 극 수(極 數)이며 L_{Fe}는 式 (8.1)과 같이 주어진다; Q는 발전기의 슬롯 수이며, 따라서 Q / 2p는 극 슬롯 수이다. 마지막으로, k_{jq}는 q-번째 슬롯에 있는 도체가 j-번째 상인가 아닌가 뿐만 아니라 도체의 방향을 고려하는 계수(係數)이다.

이러한 계수는 다음과 같은 값으로 가정한다.

단층권 (각 슬롯에 1개의 코일 변(邊, side))

$k_{jq} = 0$ — q-번째 슬롯에 있는 코일 변이 j-번째 상에 속하지 않는 경우;

$k_{jq} = +1$ — q-번째 슬롯에 있는 코일 변이 j-번째 상에 속하며 그 방향이 z-축 방향에 대하여 양인(그림 8.1을 기준으로 하여 지면을 떠나는) 경우;

$k_{jq} = -1$ — q-번째 슬롯에 있는 코일 변이 j-번째 상에 속하며 그 방향이 z-축 방향에 대하여 음인(그림 8.1을 기준으로 하여 지면으로 들어가는) 경우.

2층권 (각 슬롯에 2개의 코일 변)

$k_{jq} = 0$ — q-번째 슬롯에 있는 코일 변이 모두 j-번째 상에 속하지 않는 경우;

$k_{jq} = +0.5$ — q-번째 슬롯에 있는 한 개의 코일 변 만이 j-번째 상에 속하며 그 방향이 z-축 방향에 대하여 양인 경우;

$k_{jq} = -0.5$ — q-번째 슬롯에 있는 한 개의 코일 변 만이 j-번째 상에 속하며 그 방향이 z-축 방향에 대하여 음인 경우;

$k_{jq} = +1$ — q-번째 슬롯에 있는 두 개의 코일 변 모두 j-번째 상에 속하며 그 방향이 z-축 방향에 대하여 양인 경우;

$k_{jq} = -1$ — q-번째 슬롯에 있는 두 개의 코일 변 모두 j-번째 상에 속하며 그 방향이 z-축 방향에 대하여 음인 경우.

바꾸어 말하면, k_{jq}의 크기는 j-번째 상 도체에 의한 q-번째 슬롯의 상대적인 채워짐을 지정한다. k_{jq}의 부호(符號)는 루프 적분의 스칼라 적(積) $\mathbf{A}\cdot\mathbf{t}$의 부호를 나타낸다: 벡터 $\mathbf{A}$가 성분 A_z 만을 갖는 반면, 접선 방향 단위 벡터 $\mathbf{t}$ (권선의 방향을 정의하는)는 양(陽)의 전류가 z-축 방향으로 흐를 때 $\mathbf{u}_z$와 일치하거나, 같은 양(陽)의 전류가 z-축 방향에 반대로 흐를 때 $-\mathbf{u}_z$와 일치한다. 따라서, $\mathbf{A}\cdot\mathbf{t} = k_{jq} A_z$는 $+A_z$ 또는 $-A_z$와 같다.

Table 8.1
Values of k_{jq} referring to the distribution of Figure 8.4 (a)

slot (q)	phase (j)		
	a	b	c
	0	−1	0
	0	−1	0
	+1	0	0
	+1	0	0
	0	0	−1
	0	0	−1

Table 8.2
Values of k_{jq} referring to the distribution of Figure 8.5 (a)

slot (q)	phase (j)		
	a	b	c
1	0	−0.25	+0.25
2	0	−1	0
3	+0.5	−0.5	0
4	+1	0	0
5	+0.5	0	−0.5
6	0	0	−1
7	0	+0.25	−0.25

예를 들면, 그림 8.4 (a)의 단층권의 경우, 표 8.1에 보여준 값이 얻어지는 한편, 그림 8.5 (b)의 2층권의 경우에는, 표 8.2에 보여준 값이 얻어진다. 뒤의 경우, 슬롯 q = 1과 슬롯 q = 7에서는, 슬롯의 절반(折半)만이 고려되기 때문에, 값 0.25가 사용되었다. 마지막으로, 각 행(行)(슬롯 전체)의 계수의 크기의 합은 항상 1과 같음에 유의하는 것이 중요하다.

8.2.1.2 Induced EMF

편의를 위하여, 최대 자속이 a-상 권선과 쇄교하는 경우를 고려하자. 이것은 a-상 축이 d-축과 평행함을 의미한다. 그러면, 최대 쇄교 자속을 Λ_{ma}로 나타내면, 일정한 회전자 속도에서 유도 EMF의 RMS 값은 환형(環形) 결선(ring connection, Δ-결선)의 경우 식 (8.4)와 같은 무부하 선 전압(無負荷 線 電壓)이다.

$$E_a = \frac{1}{\sqrt{2}}\omega\Lambda_{ma} \tag{8.4}$$

이와 달리, 성형(星形) 결선(star connection, Y-결선)의 경우에는, 무부하 선 전압이 식 (8.5)와 같다.

$$U_0 = \sqrt{3}E_a \tag{8.5}$$

같은 장 해로부터, 한 슬롯 간격(間隔)(one slot pitch) 만큼의 코일의 단계적 회전을 가정하면, 몇 개의 무부하 전압 점을 얻는 것이 가능하다. 이와 같은 회전을 가정하면, 그림 8.6에 보여준 바와 같이, 다른 코일 변(邊)이 각 슬롯에 관련되며, 계수 k_{jq}는 적절하게 수정된다. 이것은 회전자 만에 의해 공급되어 자속 선이 슬롯 내의 도체의 분포와는 무관함을 의미하기 때문에 가능하다.

파형(波形) $U_0(n)$은 N_c 점(예를 들어, 보통 $N_c = Q/p$이다)에 의해 만들어진다. 고조파 성분은 근사적(近似的)으로 추정(推定)될 수 있다. 이산형(離散形) Fourier 급수 전개(級數 展開)(discrete Fourier series expansion)로부터, 기본파의 값은 식 (8.6)과 같이 얻어진다.

$$
\begin{aligned}
U_{1\sin} &= \frac{2}{N_c}\sum_{n=1}^{N_c} U_0(n)\cdot\sin\left(\frac{2\pi}{N_c}n\right)\\
U_{1\cos} &= \frac{2}{N_c}\sum_{n=1}^{N_c} U_0(n)\cdot\cos\left(\frac{2\pi}{N_c}n\right)\\
U_1 &= \sqrt{U_{1\sin}^2 + U_{1\cos}^2}
\end{aligned}
\tag{8.6}
$$

그러면 ν-차(次) 고조파(高調波)는 식 (8.7)과 같다.

$$
\begin{aligned}
U_{\nu\sin} &= \frac{2}{N_c}\sum_{n=1}^{N_c} U_0(n)\cdot\sin\left(\frac{2\pi}{N_c}\nu n\right)\\
U_{\nu\cos} &= \frac{2}{N_c}\sum_{n=1}^{N_c} U_0(n)\cdot\cos\left(\frac{2\pi}{N_c}\nu n\right)
\end{aligned}
\tag{8.7}
$$

거친 오차를 피하기 위하여, 전압 고조파는 $\nu < N_c/2$의 최대 차수(最大 次數)까지 평가될 수 있다(Shannon의 정리, Shannon's theorem).

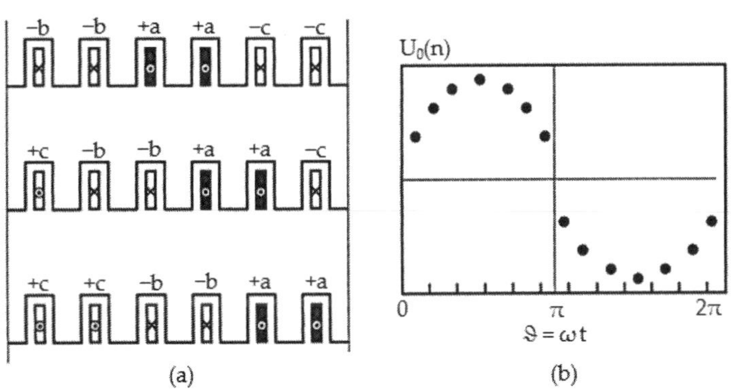

Figure 8.6
Construction of the voltage waveform by dots.

8.3 Computation of the Direct-Axis Inductance

직축 인덕턴스 L_d의 계산에 있어서는, 자화 전류는 0으로 두고, 고정자 권선에는 자극 축과 일치하는 최대 값의 기자력 분포를 얻을 수 있도록 전류가 공급된다. 자계는 회전자와 동기(同期)이기 때문에, 정자장 시뮬레이션이 가능하다.

전기적 및 기하학적 대칭성을 생각하면, 기계의 일부분, 즉 한 극 또는 한 극의 절반(折半)과 같은 부분만이 해석된다.

경계 조건은 자속 선이 자극 축을 따라서는 접선 방향이며 자극 간(間) 축에는 수직이 되게 제한하도록 부여된다. 경계 조건은, 그림 8.3에서 보여준, 무부하 시뮬레이션에서 부여된 것과 같다.

상 전류(相 電流)를 정의하기 위하여, 그림 8.7의 페이서 도를 참조하자. 시각 t를 기준으로 하면, 식 (8.8)과 같이 배치된다.

$$\begin{aligned} i_a(t) &= I_M(n)\sin(\omega t) \\ i_b(t) &= I_M(n)\sin\left(\omega t - \frac{2\pi}{3}\right) \\ i_c(t) &= I_M(n)\sin\left(\omega t - \frac{4\pi}{3}\right) \end{aligned} \tag{8.8}$$

일단 권선의 분포가 고정되면, 3상 전류는 기자력 분포의 최대가 자극 축(d-축)과 일치하도록 선택된다. 이것은 $I_d = I_n$ 그리고 $I_q = 0$으로 두는 것에 대응된다. 발전기의 한 개의 극을 참조하여, 그림 8.8은 권선 분포와 시각의 두 가지 적합한 조합을 보인다. 이들 모두에서, 그림 8.3 (b)의 경계 조건이 부여될 수 있다.

시각 $\omega t = \pi/2$가 선택된 그림 8.8 (a)의 배열의 경우, 식 (8.9)가 성립한다.

$$\begin{aligned} i_a &= I_M \\ i_b &= -\frac{I_M}{2} \\ i_c &= -\frac{I_M}{2} \end{aligned} \tag{8.9}$$

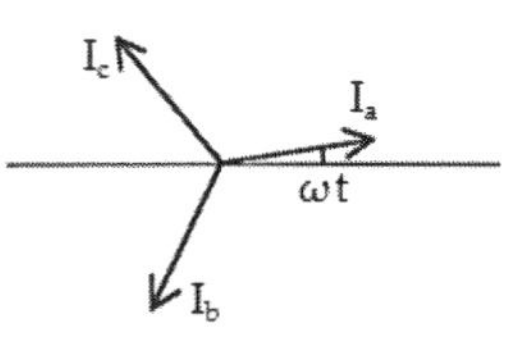

Figure 8.7
Reference phasor diagram of the stator winding currents.

時刻 $\omega t = 0$가 선택된 그림 8.8 (b)의 배열의 경우, 식 (8.10)이 성립한다.

$$\begin{aligned} i_a &= 0 \\ i_b &= -\frac{\sqrt{3}}{2} I_M \\ i_c &= +\frac{\sqrt{3}}{2} I_M \end{aligned} \tag{8.10}$$

일단 3상 전류 i_a, i_b 및 i_c와 권선의 분포, 즉 각 슬롯의 계수 k_{aq}, k_{bq} 및 k_{cq}가 고정되면, q-번째 슬롯 내에 흐르는 전류는 식 (8.11)과 같이 표현될 수 있다.

$$\begin{aligned} i_q &= \frac{n_q}{n_{pp}} \sum_{j=a,b,c} k_{jq} i_j \\ &= \frac{n_q}{n_{pp}} \left(k_{aq} i_a + k_{bq} i_b + k_{cq} i_c \right) \end{aligned} \tag{8.11}$$

8.3.1 Computation on Solved Structure

일단 장 해가 얻어지면, 직축 인덕턴스는 몇 가지 방법으로 계산될 수 있다.

8.3.1.1 Computation of L_d by Means of the Magnetic Energy

W_{md}를 고정자 d-축 전류 만에 기인한 동기발전기 내에 저장되는 자기 에너지라 하자. 선형 조건의 경우 그것은 식 (8.12)이다.

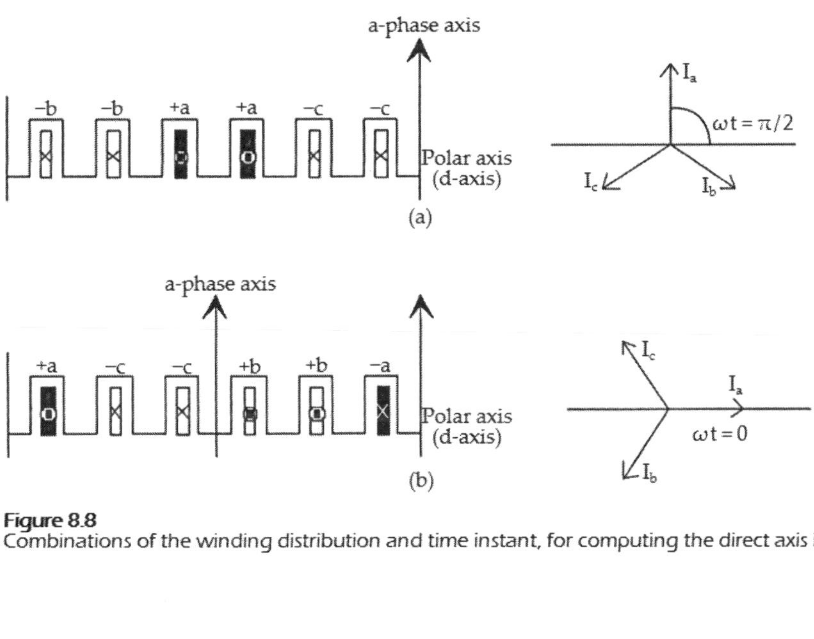

Figure 8.8
Combinations of the winding distribution and time instant, for computing the direct axis inductance.

$$W_{md} = \frac{3}{2}\left(\frac{1}{2}L_d I_d^2\right) \tag{8.12}$$

d-축 전류 만의 경우, $I_d = I_M$이며, 직축 인덕턴스는 식 (8.13)이 된다.

$$L_d = \frac{2}{3}\frac{2W_{md}}{I_M^2} \tag{8.13}$$

그림 8.8 (a)와 그림 8.8 (b) 그리고 식 (8.9)와 식 (8.10)으로 나타내어진 대응되는 전류로는 서로 약간 다른 결과가 얻어진다. 이것은 두 배열(配列)의 서로 다른 고조파 성분에 기인한다. 결국, 이 계산은 선형 자기회로의 경우에만 옳음을 마음에 새겨야 한다.

8.3.1.2 Computation of L_d by Means of the Flux Linkage

동기 직축 인덕턴스(synchronous direct axis inductance)는, 3상 권선에 동시에 전류가 흐를 때, 그 축이 자극 축과 일치하는 상의 인덕턴스로 정의된다. 그림 8.8 (a)의 조합(組合)을 참조하자. 그것은 자극 축이 a-相 축과 일치하여, $\vartheta = 0$임에 유의하는 것이 중요하다. $I_d = I_M$으로서 d-축 전류만을 강제하며, 식 (8.9)로부터 $I_a = I_M$이기 때문에, $I_d = I_a$이다.

a-상 권선과 쇄교하는 자속 $\Lambda_a = \Lambda_d$는 식 (8.3)으로부터 계산된다. 인덕턴스는 식 (8.14)와 같이 주어진다.

$$L_d = \frac{\Lambda_a}{I_a} = \frac{\Lambda_d}{I_M} \tag{8.14}$$

비슷하게, 인덕턴스가 그림 8.8 (b)의 권선 분포와 식 (8.10)으로 주어지는 전류로부터 계산될 수 있다. 이 경우에는, $\vartheta = \pi / 2$, $I_b = (\sqrt{3}/2)\, I_M$ 및 $\Lambda_d = (\sqrt{3}/2)\, \Lambda_b$ (항상 $I_d = I_M$으로 d-축 전류만을 강제하는)이므로, 그러면 식 (8.15)가 성립한다.

$$L_d = \frac{\Lambda_b}{I_b} = \frac{2\Lambda_b}{\sqrt{3}I_M} \tag{8.15}$$

식 (8.14)와 (8.15) 사이의 차이는 두 해의 서로 다른 고조파의 기여를 가리킨다.

8.3.1.3 Computation of L_d by Means of the Air-Gap Flux Density

장 해로부터, 공극에서의 자속밀도 분포의 반경(半徑) 방향 성분(radial component) $B_{gn}(\vartheta_r)$을 얻는 것이 가능하다. 여기서, ϑ_r은 자극 축(그림 8.1에서 전기 각으로 나타낸 회전자 좌표(回轉子 座標)인)에 대한 각 위치이다. 직축에 관한 자속밀도의 기본파 성분은 식 (8.16)과 같이 주어진다.

$$B_{1dM} = \frac{2}{\pi}\int_0^{\pi} B_{gn}(\vartheta_r)\cos(\vartheta_r)d\vartheta_r \tag{8.16}$$

자속밀도의 반경 방향 성분 $B_{gn}(n)$의 분포가 N_p 점에 대하여 알려진다면, 계산은 식 (8.17)과 같이 된다.

$$B_{1dM} = \frac{2}{N_p}\sum_{n=1}^{N_p} B_{gn}(n)\cos(n\Delta\vartheta)\Delta\vartheta \tag{8.17}$$

여기서, $\Delta\vartheta = \pi / N_p$(발전기의 한 개의 극의 시뮬레이션을 가정하면)이다.

식 (8.17)의 자속밀도 값으로부터, 자속은 정현 분포(기본파 성분의)의 평균치와 1개의 자극에 대응하는 면적을 곱함으로써 얻어진다. 그러면, d-축 쇄교 자속의 첨두치(尖頭値, peak value)는 식 (8.18)이다.

$$\Lambda_d = B_{1dM}\frac{k_w N}{2}\frac{D L_{Fe}}{p} \tag{8.18}$$

여기서, D는 고정자의 내경(內徑), N은 상(相)당 직렬 도체 수, 그리고 k_w는 권선계수(捲線 係數, winding factor)이다. 마지막으로 식 (8.19)가 구해진다.

$$L_{dm} = \frac{\Lambda_d}{I_M} \tag{8.19}$$

마지막 계산은 자속밀도 분포의 기본파 성분을 채택하면, 그러면 고조파 성분과는 거의 무관하다.

덧붙여, 공극과 슬롯에 있어서의 누설 자속은 식 (8.13)과 (8.14)에서는 고려되는 반면, 식 (8.19)가 사용될 때에는 고려되지 않는다. 따라서, L_σ를 누설 인덕턴스라 두면, 직축 인덕턴스는 식 (8.20)과 같이 얻어진다.

$$L_d = L_\sigma + L_{dm} \tag{8.20}$$

식 (8.14)와 (8.19)는 자화 전류를 0과 같은 값으로 두지 않더라도 적용될 수 있음에 유의하는 것이 중요하다. 이러한 경우에는, 자화 전류에 기인한 쇄교 자속이 먼저 계산되어 일정하게 고려되어야 한다. 그것은 총 쇄교 자속에서 빼줘야 한다. a-상을 참조하면, 식 (8.14)와 (8.19)는 식 (8.21)로 된다.

$$L_d = \frac{\Lambda_d - \Lambda_{dm}}{I_M} = \frac{\Lambda_a - \Lambda_{ma}}{I_M} \tag{8.21}$$

여기서, $\Lambda_{dm} = \Lambda_{ma}$는 자화 전류에 기인한 a-상 쇄교 자속을 가리킨다.

8.4 Computation of the Quadrature-Axis Inductance

횡축 인덕턴스 L_q의 계산은 인덕턴스 L_d의 계산과 같은 방법으로 수행된다. 상 전류와 권선 분포는 최대 값이 자극 간(間) 축, 즉 q-축과 일치하는 기자력 분포를 갖도록 선택되어야 한다. 그림 8.8을 참조하면, 권선 분포에 대한 3상 전류 i_a, i_b 및 i_c가 특성지어 지는 두 가지 순시(瞬時)(즉, 각도 ωt들)가 바뀌어야 한다. 경계 조건은 그림 8.9에 보여준 바와 같이 적절하게 조정된다.

그러면 q-축 인덕턴스는 다음과 같이 얻어진다.

8.4.1 Computation of L_q by Means of the Magnetic Energy (Linear Case)

$$L_q = \frac{2}{3}\frac{2W_{mq}}{I_M^2} \tag{8.22}$$

8.4.2 Computation of L_q by Means of the Flux Linkage

$$L_q = \frac{\Lambda_q}{I_M} \tag{8.23}$$

8.4.3 Computation of L_q by Means of the Air-Gap Flux Density

$$B_{1qM} = \frac{2}{\pi}\int_0^{\pi} B_{gn}(\vartheta_r)\sin(\vartheta_r)\,d\vartheta_r \tag{8.24}$$

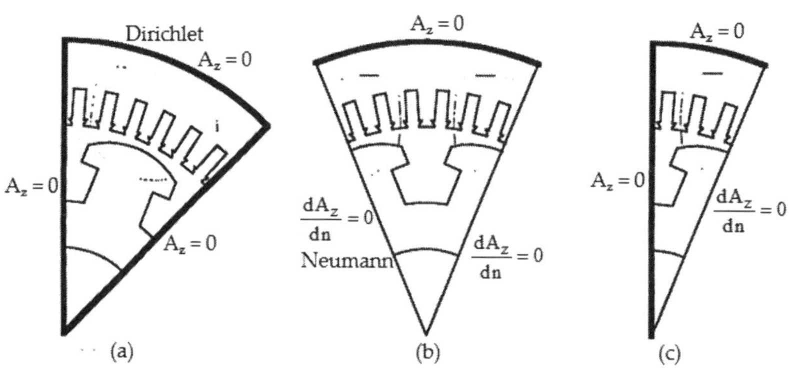

Figure 8.9
Boundary conditions for computing the quadrature axis inductance.

$$\Lambda_q = B_{1qM} \frac{k_w N}{2} \frac{D L_{Fe}}{p} \tag{8.25}$$

$$L_{qm} = \frac{\Lambda_q}{I_M} \tag{8.26}$$

8.5 Self- and Mutual Inductances

자기(自己) 및 상호 인덕턴스는 한 개의 상 권선에만 전류를 흘리고 3상 권선과 쇄교하는 자속을 계산함으로써 얻어진다. 예를 들면, a-상 권선에만 전류 $i_a = I_a$가 흘려진다. 3상 쇄교 자속 Λ_a, Λ_b 및 Λ_c는 식 (8.3)에 주어진 것과 같이 계산된다. 그러면 식 (8.27)이 얻어진다.

$$L_a(\vartheta) = \frac{\Lambda_a(\vartheta)}{I_a}$$
$$M_{ba}(\vartheta) = \frac{\Lambda_b(\vartheta)}{I_a}$$
$$M_{ca}(\vartheta) = \frac{\Lambda_c(\vartheta)}{I_a} \tag{8.27}$$

강조한 바와 같이, 자기 및 상호 인덕턴스는 각 위치(角 位置) ϑ에 종속된다. 가장 흥미있는 값은 위치 $\vartheta = 0$(d-축이 a-상 축에 대응되는)과 $\vartheta = -\pi / 2$(q-축이 a-상 축에 대응되는)이다. a-상 쇄교 자속 Λ_a는 $\vartheta = 0$ 때 최대 값, 그리고 $\vartheta = \pm\pi / 2$ 때 최소 값으로 나타난다. $M_{ba} \approx M_{ca} \approx M \approx -L_a / 2$가 증명될 수 있다. 그러면 식 (8.28)이 성립한다.

$$\text{at } \vartheta = 0 \quad \Lambda_a(0)\text{maximum} \qquad L_q \approx L_a(0) - M(0) \approx 3/2\,L_{a,max}$$
$$\text{at } \vartheta = \pm\pi/2 \quad \Lambda_a(\pi/2)\text{minimum} \qquad L_q \approx L_a(\pi/2) - M(\pi/2) \approx 3/2\,L_{a,min} \tag{8.28}$$

8.6 Saturation Effect

위에서 계산된 인덕턴스는 회전자와 고정자의 자성체의 비선형성에 영향을 받는다. 그것들은 해석에서 주어지는 전류의 값에 종속된다. 덧붙여, 식 (8.14)와 (8.21)은 0 또는 0이 아닌 자화 전류를 사용한 계산이 같은 결과를 낳지 않는다.

위에서 설명된 것과 같이 계산된 인덕턴스는 겉보기 인덕턴스(apparent inductance)의 의미를 나타낸다. 미분(微分) 인덕턴스(differential inductance)는, 5장에서 설명된 바와 같이, 두 개의 장 해로부터, 쇄교 자속 변화와 대응되는 전류 변화 사이의 비(比)로써 계산될 수 있다.

8.7 Computation of L_d and L_q with Any Current

지금까지는 쇄교 자속과 d- 및 q-축 인덕턴스의 해석이, d-축 또는 q-축과 일치하는 최대치(最大値)를 갖는 기자력 분포를 얻도록 권선에 전류를 흘려, 따로따로 수행되었다. 하지만, 특정한 회전자 위치(回轉子 位置) ϑ와 무관한 전류로 해석을 수행하는 것이 가능하다.

이 경우에는, 그림 8.10에 보여준 바와 같은 주기 경계 조건을 부여하여, 그림 8.2 (a), (b), 또는 (c)의 각 단면이 사용될 수 있다. 그림 8.10 (a)는 우(偶) 주기 경계 조건(even periodic boundary condition)이며, 그림 8.10 (b)와 (c)는 기(奇) 주기 경계 조건(odd periodic boundary condition)이다.

이에 반하여, 그림 8.2 (d)의 단면으로 검토를 축약하는 것은, 주기 경계 조건이 이 단면에는 부여될 수 없기 때문에, 가능하지 않다.

d-축 및 q-축 쇄교 자속은 3상 쇄교 자속 또는 공극 자속밀도 분포로부터 얻어질 수 있다.

식 (8.3)으로 주어진 바와 같이 계산된 3상 쇄교 자속 Λ_a, Λ_b 및 Λ_c로부터 출발하여, d-축 및 q-축 쇄교 자속 Λ_d와 Λ_q는 변환 $T_{abc/dq}$(이 장의 부록(附錄)을 보라)에 의해 식 (8.29)와 같이 얻어진다:

$$\Lambda_d = \frac{2}{3}\left[\Lambda_a \cos\vartheta + \Lambda_b \cos\left(\vartheta - \frac{2\pi}{3}\right) + \Lambda_c \cos\left(\vartheta - \frac{4\pi}{3}\right)\right]$$

$$\Lambda_q = -\frac{2}{3}\left[\Lambda_a \sin\vartheta + \Lambda_b \sin\left(\vartheta - \frac{2\pi}{3}\right) + \Lambda_c \sin\left(\vartheta - \frac{4\pi}{3}\right)\right] \tag{8.29}$$

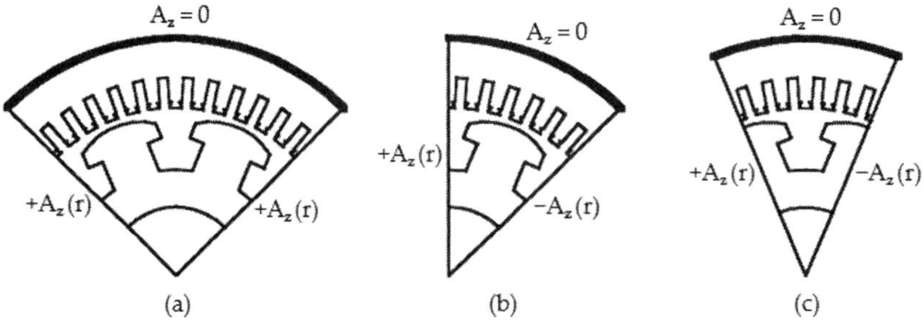

Figure 8.10
Periodic boundary conditions.

그 대신으로, 공극 자속밀도 분포의 반경 방향 성분 $B_{gn}(\vartheta)$로부터 출발하여, 두 (2) 축(軸) 기본파 성분이 식 (8.16)과 (8.24)로부터 얻어진다. d-축과 q-축의 쇄교자속 Λ_{1d}와 Λ_{1q}는 그러면 식 (8.18)과 (8.25)로부터 얻어진다. 이 때, d-축 및 q-축 전류는 항상 변환(變換) $T_{abc/dq}$(이 장의 부록(附錄)을 보라)에 의해 3상 전류 I_a, I_b, I_c로부터 식 (8.30)과 같이 계산된다.

$$
\begin{aligned}
I_d &= \frac{2}{3}\left[I_a\cos\vartheta + I_b\cos\left(\vartheta - \frac{2\pi}{3}\right) + I_c\cos\left(\vartheta - \frac{4\pi}{3}\right)\right] \\
I_q &= -\frac{2}{3}\left[I_a\sin\vartheta + I_b\sin\left(\vartheta - \frac{2\pi}{3}\right) + I_c\sin\left(\vartheta - \frac{4\pi}{3}\right)\right]
\end{aligned}
\tag{8.30}
$$

마지막으로, d-축과 q-축 사이의 교차 결합(交叉 結合, cross coupling)(10장에서 논의될)을 무시하면, d-축 및 q-축 인덕턴스는 식 (8.31)과 같이 구해진다.

$$
\begin{aligned}
L_d &= \frac{\Lambda_d}{I_d} \\
L_q &= \frac{\Lambda_q}{I_q}
\end{aligned}
\tag{8.31}
$$

8.8 Computation of the Machine Characteristics

유한요소법은 동기발전기의 정상(定常) 상태 동작을 시뮬레이션하는데 사용될 수 있다. 정상 상태 동안에, 3상 전류와 전압은 시간에 따라 정현적(正弦的)으로 변화한다; 따라서 복소 기호 표기(複素 記號 表記)가 사용될 수 있다. 그림 8.11의 페이서 도에 따라, 시뮬레이션은 다음과 같이 수행된다:

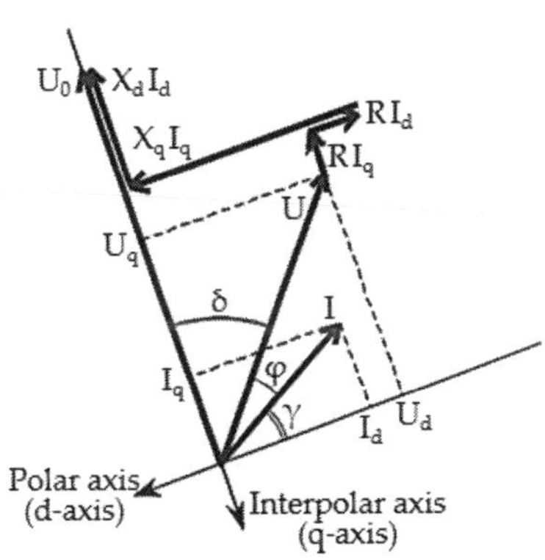

Figure 8.11
Phasor diagram of the synchronous generator.

입력 양(入力 量):

- 발전기의 동기 속도를 고려하여, 그 동작의 특정한 순간으로 고정하여(이것은 회전자 기준 좌표계(rotor reference frame)에서 기계를 해석하는 것에 대응된다) 일정한 동기속도 ω_m이 고려된다; 그러면 동작 주파수는 $\omega = p\,\omega_m$이다.
- 회전자의 위치 ϑ는 고정된다.
- 자화 전류 I_e는 고정된다.
- 고정자 전류의 최대치 I_M과 위상 각 ωt가 전기자 전류에 대하여 선택된다. 이 값으로부터 3상 전류 I_a, I_b 및 I_c가 얻어진다.

계산되는 양(量):

- 장 해(場 解)로부터, 3상 쇄교 자속 Λ_a, Λ_b 및 Λ_c가 계산된다.
- 변환 $T_{abc/dq}$에 의해, 전류와 쇄교 자속의 d-축 및 q-축 성분, 즉 I_d 및 I_q와 Λ_d 및 Λ_q가 계산된다.
- d-축 및 q-축 전압은 식 (8.32)이다.

$$\begin{aligned} U_d &= -RI_d + \omega\Lambda_q \\ U_q &= -RI_q - \omega\Lambda_d \end{aligned} \tag{8.32}$$

- 부호(符號)는 전기기계의 발전(發電) 모드(generating mode)에 관련된다. 즉, 양(陽)의 전류 방향이 전압과 같은 방향이다. 그림 8.11에서 페이서 U_0는 자극 축(d-축)보다 $\pi/2$ rad 뒤진다.
- 전기 각은 式 (8.33)과 같다.

$$\begin{aligned} \delta &= \tan\frac{U_d}{U_q} && \text{load angle} \\ \gamma &= \tan\frac{I_q}{I_d} && \text{current angle} \\ \varphi &= \frac{\pi}{2} - \gamma - \delta && \text{angle between voltage and current} \end{aligned} \tag{8.33}$$

기계 특성(機械 特性)을 얻기 위해, 하나 또는 그보다 많은 입력 양(量)을 바꿔가며, 여러 가지 시뮬레이션이 수행되어야 할 것이다.

8.9 Example

다음 예제의 목표는 무부하와 전부하 동작 동안의 동기발전기의 자속 선도와 공극 자속밀도 분포를 보는 것이다. d-축 전류만, q-축 전류만, 그리고 둘 다 흐르는 기계에서의 전기자 반작용(電機子 反作用, armature reaction)의 효과가 강조된다.

동기발전기의 실제 형태를 해석하는 대신, 그림 8.12에 그려진 이상적인 구조를 참조하자. 이것은 계자 권선이 감긴 돌극(철극, salient pole)을 가진 회전자와, 슬롯이 없는 고정자의 형태로 된 2극기이다. 고정자의 내 표면에서는, 선형 전류밀도 분포가 흐르는 극소의(매우 얇은) 도체 판(infinitesimal conducting sheet)이 있다. 그 분포는 정현적으로 고려되고, 이는 권선의 이상적인 정현 분포에 대응된다.

그림 8.12에서, 발전기의 치수는 mm로 주어졌다. 일정한 비투자율 μ_r = 5000을 가진 선형 자성체가 사용되었다.

첫 번째 시뮬레이션은 고정자 전류는 없으며 자화 전류가 회전자 권선을 흐르는 무부하 동작을 다룬다. 자화 권선과 등가인 도전 봉에는 $N_e I_e$ = 13500 A의 총 전류가 설정된다. 그림 8.13은 대응되는 자속 선도와 공극 자속밀도 분포를 보인다. 극제철(極蹄鐵, pole shoe)의 형태가 아니기 때문에 – 그러면 자극 아래가 일정한 공극임 – 자속밀도 분포는 준 구형(準 矩形, quasi-square) 분포이다. 그 최대 자속밀도는, 공극 길이 10 mm에서, Ampere의 법칙에 의해 예측되는 값 $B_0 = \mu_0 N_e I_e / (2g)$이다.

다음의 두 시뮬레이션에서는, 각각 기계에는 d-축 전류만, 그리고 q-축 전류만 흘린다. 고정자 도체 판에는 선형 전류밀도가 적당한 분포로 부여된다. d-축을 따라 정확하게 최대치가 되는 정현 기자력 분포를 갖도록 하기 위하여, 다음과 같은 선형 전류밀도가 부여되어야 한다:

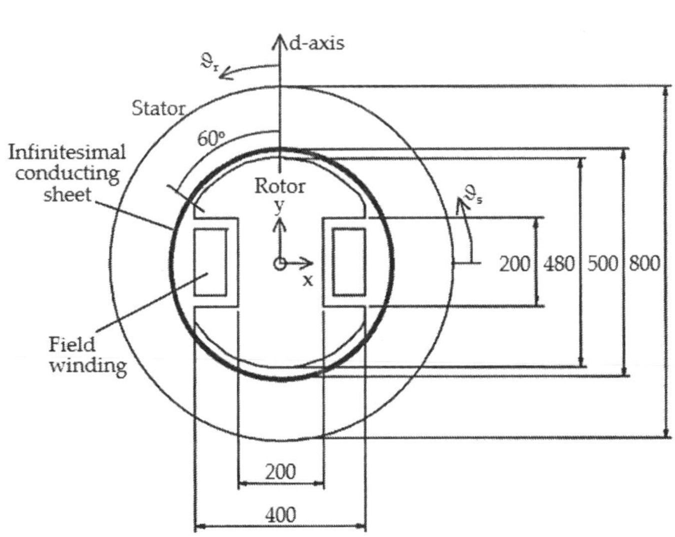

Figure 8.12
Ideal synchronous machine.

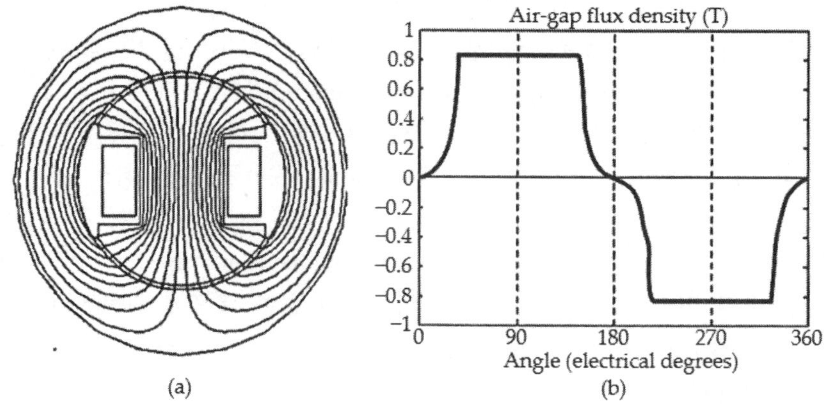

Figure 8.13
No-load flux plot (a) and the air-gap flux density distribution (b).

$$J_{sd}(\vartheta_r) = J_{dM}\sin(\vartheta_r) \tag{8.34}$$

여기서, ϑ_r은 회전자 좌표이며 정(양)의 부호는 전류의 방향이 z-축 방향과 같음을 의미한다.

비슷하게, 정확히 q-축이 중심인 최대치를 갖는 정현 기자력 분포가 되도록 하기 위하여, 다음과 같은 선형 전류밀도가 부여되어야 한다:

$$J_{sq}(\vartheta_r) = -J_{qM}\cos(\vartheta_r) \tag{8.35}$$

그림 8.14는 d-축 전류밀도 분포에 의한 시뮬레이션을 보인다. 고정자 좌표 $\vartheta_s = \vartheta_m + \vartheta_r$을 고려하는 것이 유용하다(그림 8.12를 보라). 회전자 위치가 $\vartheta_m = \pi/2$이기 때문에(그림 8.12를 보라), 선형 전류밀도 $J_{sd}(\vartheta_s) = J_{dM}\cos(\vartheta_s)$가 부여되어야 한다.

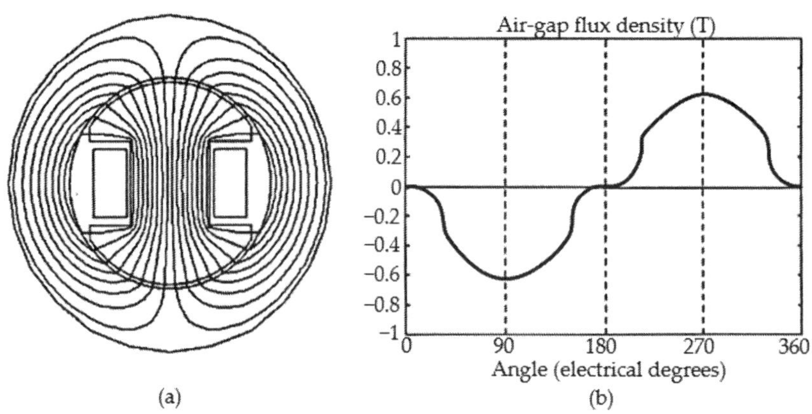

Figure 8.14
Flux plot (a) and the air-gap flux density distribution (b) with d-axis current only.

감자(減磁) 전류(demagnetizing current)인 부(음)의 전류 값이 J_{dM} = −20000 A/m로 고정된다. 그림 8.14는 대응되는 자속 선도와 공극 자속밀도 분포를 보인다. 자속밀도 분포는 자극 면에 대응되는 부분에서는 정현 분포처럼 보이는 한편, 다른 부분에서는 자기 경로의 퍼미언스(permeance)의 감소에 기인하여 감소한다.

비슷하게, 그림 8.15는 기계에 q-축 전류가 흐를 때의 자속 선도와 공극 자속밀도 분포를 보인다. 선형 전류밀도 $J_{sq}(\vartheta_s) = -J_{qM} \sin(\vartheta_s)$가 J_{qM} = 20000 A/m(정)으로 부여되었다. 다시 한번, 자속밀도 분포가 자극 면에 대응되는 부분에서는 정현 분포처럼 보이는 한편, 다른 부분에서는 감소한다. 그림 8.14와 8.15의 자속밀도 분포를 비교하면, 대칭 축에 대응되는 자속밀도의 감소는 거의 10배이다.

그림 8.16은 회전자에 자화 전류와 고정자에 d-축 전류가 흐를 때의 자속 선도와 자속밀도 분포를 보인다. 부(負)의 d-축 전류 때문에 고정자 전류의 감자 효과(減磁 效果)가 분명하다.

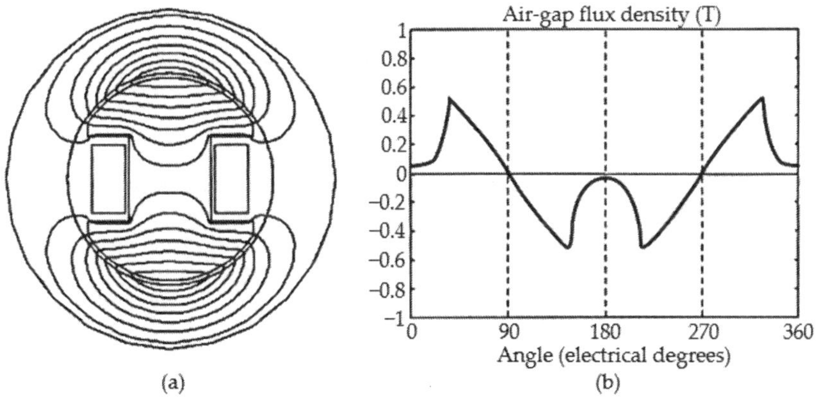

Figure 8.15
Flux plot (a) and the air-gap flux density distribution (b) with q-axis current only.

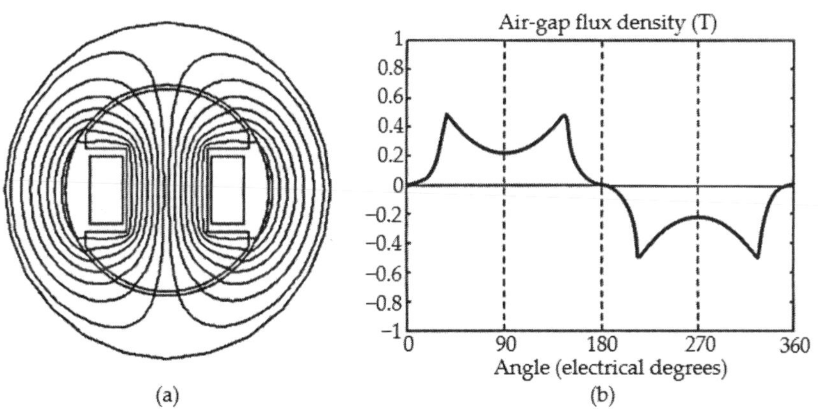

Figure 8.16
Flux plot (a) and the air-gap flux density distribution (b) with magnetizing and d-axis currents.

그림 8.17은 회전자에 자화 전류와 고정자에 q-축 전류가 흐를 때의 자속 선도와 자속밀도 분포를 보인다. 이 경우, 고정자 전류의 왜형(歪形) 효과가 분명하다. 자성체가 일정한 μ_r을 갖기 때문에, 포화는 일어나지 않는다.

마지막으로, 그림 8.18은 회전자 권선에는 자화 전류가 흐르며, 고정자 권선에는 d-축 전류와 q-축 전류가 모두 흐를 때의 자속 선도와 자속밀도 분포를 보인다. 그림 8.18과 8.13을 비교하면, 전기자 반작용(電機子 反作用)의 효과가 명백하다.

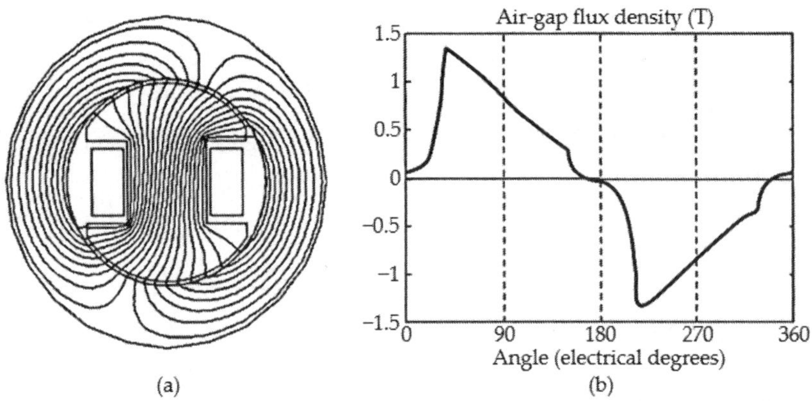

Figure 8.17
Flux plot (a) and the air-gap flux density distribution (b) with magnetizing and q-axis currents.

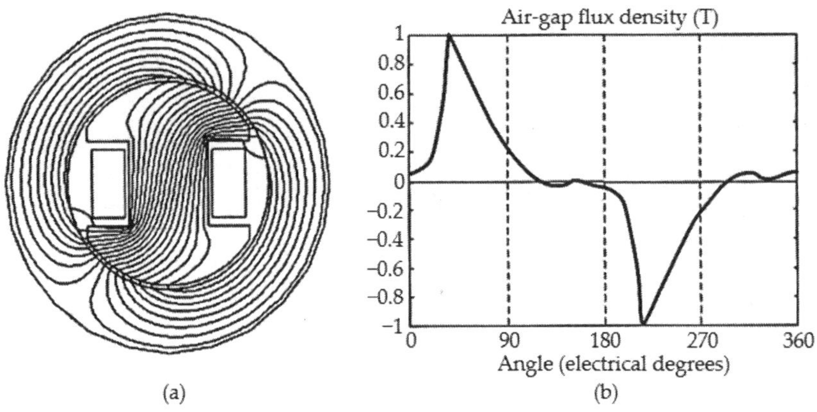

Figure 8.18
Flux plot (a) and the air-gap flux density distribution (b) with magnetizing, d- and q-axis currents.

8.10 Appendix: The Transformation abc-dq

3상 기계의 해석은 전류, 전압 및 쇄교 자속과 같은 전기 양(量) 변수의 변화를 사용하여 단순화된다.

그 과정의 물리적 의미는 고정자에 고정되고 서로 $2\pi / 3$ elec. rad만큼 이격(離隔)된 3상 권선(그림 8.1을 보라)을 회전자와 같은 속도로 회전하는 2개의 권선으로 대체하는 것이다. 그림 8.19에 보여준 바와 같이 그것들은 서로 $\pi / 2$ elec. rad 만큼 떨어져 있으며, 그 축은 각각 d-축과 q-축에 대응된다. 이 두 권선은 d-축과 q-축의 선을 따라 회전하는 브러시(brush)를 가진 집전기(集電器, collector)에 연결된 2개의 고정자 권선과 등가이다. 새로운 기준 좌표계 (d, q)는 동기 회전 기준 좌표계(同期 回轉 基準 座標系, synchronous rotating reference frame)라 불리는 한편, 원래의 기준 좌표계 (a, b, c)는 정지 기준 좌표계(靜止 基準 座標系, stationary reference frame)라 불린다.

변환이 기계의 공극에 있어서의 자기 양(量), 즉 기자력(起磁力)과 자속밀도 분포를 수정(修正)해서는 안된다. 달리 말하면, 회전자에 위치한 관측자(觀測者, observer)는 고정자가 3개의 정지 권선(靜止 捲線) a, b 및 c에 의해 공급되는지 또는 2개의 회전 권선(回轉 捲線) d와 q에 의해 공급되는지를 알아챌 수 없을 것이다. 3상 권선을 흐르는 세 전류, 즉 i_a, i_b 및 i_c는 각각 상 a, b 및 c의 축을 따라 최대 값으로 공극에 분포되는 세 기자력 f_a, f_b 및 f_c를 산출한다(그림 8.1을 보라). 결과적인 기자력 분포는 각각 d-축과 q-축을 따라 최대 값이 되는 두 기자력 분포 f_d와 f_q로 편리하게 분리될 수 있다(그림 8.18을 보라).

ϑ를 a-상 축에 대하여 d-축의 위치를 구별하는 전기 각, 즉 $\vartheta = p\,\vartheta_m$이라 하면, 기자력 f_a, f_b, f_c로부터 기자력 f_d, f_q를 얻기 위해 요구되는 변환은 식 (8.36)과 같이 주어지거나, 벡터 표기를 사용하여 식 (8.37)과 같이 써질 수 있다.

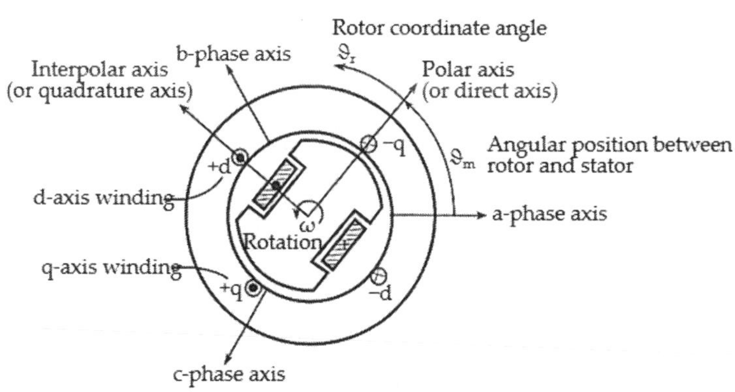

Figure 8.19
Synchronous rotating d- and q-axis windings.

$$\begin{aligned} f_d &= \frac{2}{3}\left[f_a \cos\vartheta + f_b \cos\left(\vartheta - \frac{2\pi}{3}\right) + f_c \cos\left(\vartheta - \frac{4\pi}{3}\right)\right] \\ f_q &= -\frac{2}{3}\left[f_a \sin\vartheta + f_b \sin\left(\vartheta - \frac{2\pi}{3}\right) + f_c \sin\left(\vartheta - \frac{4\pi}{3}\right)\right] \end{aligned} \tag{8.36}$$

$$\begin{bmatrix} f_d \\ f_q \end{bmatrix} = \frac{2}{3}\begin{bmatrix} \cos\vartheta & \cos\left(\vartheta - \frac{2\pi}{3}\right) & \cos\left(\vartheta - \frac{4\pi}{3}\right) \\ -\sin\vartheta & -\sin\left(\vartheta - \frac{2\pi}{3}\right) & -\sin\left(\vartheta - \frac{4\pi}{3}\right) \end{bmatrix} \cdot \begin{bmatrix} f_a \\ f_b \\ f_c \end{bmatrix} \tag{8.37}$$

변환 행렬(變換 行列)은 변환 $T_{abc/dq}$로 나타낸다. 페이서 $f_d + j\,f_q$는 공간 페이서(space phasor)라 불린다. 같은 변환 식 (8.37)이 i_d, i_q와 v_d, v_q를 얻기 위해 i_a, i_b, i_c와 v_a, v_b, v_c에 각각 적용된다. 동기 기준 좌표계에서의 전압 방정식이 식 (8.38)과 같이 주어진다는 것을 증명하는 것이 가능하다.

$$\begin{aligned} v_d &= R i_d + \frac{d\lambda_d}{dt} - \omega\lambda_q \\ v_q &= R i_q + \frac{d\lambda_q}{dt} + \omega\lambda_d \end{aligned} \tag{8.38}$$

여기서, R은 권선 저항, ω는 $\omega = d\vartheta / dt$로 주어지는 전기 각속도이다. 부호는 전동기 표기(電動機 表記)로 나타낸 것이다. 마지막으로, λ_d와 λ_q는 d-축과 q-축 쇄교 자속이다. 선형 조건의 경우에는, 그것들은 식 (8.39)와 같이 표현된다.

$$\begin{aligned} \lambda_d &= L_d i_d + \lambda_{dm} \\ \lambda_q &= L_q i_q \end{aligned} \tag{8.39}$$

L_d는 d-축 동기 인덕턴스, 그리고 L_q는 q-축 동기 인덕턴스이다. L_d, L_q와 3상 자기(自己) 인덕턴스 사이의 관계는 식 (8.28)에 주어졌다. 그러면, λ_{dm}은 자화 전류 만에 기인한 d-축 권선과 쇄교하는 자속이다. d-축과 q-축이 직교하기 때문에, 자화 전류에 기인한 q-축 쇄교 자속은 없다(그림 8.15를 보라).

마지막으로, 2p-극 동기발전기에 의해 생성되는 전자(電磁) 토크는 식 (8.40)과 같이 표현될 수 있다.

$$T = \frac{3}{2} p\left(\lambda_d i_q - \lambda_q i_d\right) \tag{8.40}$$

변환 식 (8.36)–(8.37)의 몇 가지 이점은 아래와 같다.

1. d-축과 q-축이 회전자와 함께 회전하며, 고정자의 자기저항의 변화는 무시할

수 있기 때문에(고정자 슬롯에 기인한 거의 무시할 수 있는 자기저항의 변화는 별개로 하고), 3상 a, b, c 권선에 대해서는 자기 인덕턴스가 회전자 위치 ϑ_m의 함수인 것과는 달리, 두 d-축과 q-축 권선의 자기 인덕턴스는 일정하다.

2. d-축과 q-축이 $\pi / 2$ elec. rad만큼 떨어져 있으며 두 대칭 기계 축으로 작용하기 때문에, 식 (8.39)에서 명확히 알 수 있는 것처럼 상호 결합되지 않는다. 거꾸로, a-, b- 및 c-상 권선들은 상호 결합되며, 이 결합 또한 회전자 위치 ϑ_m의 함수이다. 실제로는, 높은 포화의 경우, d-축과 q-축 권선은 상호 결합(교차 결합(交叉 結合, cross coupling)이라 불리는)을 보일 수 있다. 이 현상은 10장에서 해석될 것이다.
3. 정상 상태 운전 동안에, 정지 기준 좌표계 (a, b, c)에서의 전기적인 양(量)들은 시간에 대해 정현적인 반면, 회전 기준 좌표계 (d, q)에서의 전기적인 양들은 일정하다. 예를 들어, 식 (8.32)에 보여준 d-축과 q-축을 따른 전압의 성분을 주목하라.
4. 이점 1과 2의 결과로서, 동기 기준 좌표계에서의 기계의 동적 해석(dynamic analysis)이 매우 단순해진다.

마지막으로, 식 (8.36)과 (8.37)에서의 인자(因子)가, 문헌들에서 이와 같은 선택이 가장 많이 사용되기는 하지만, 반드시 2/3이어야만 하는 것은 아님을 지적하자. 이와 같은 선택에는 다음의 사항이 성립한다.

1. 회전 d-축과 q-축 권선은 (3/2) N과 같은 직렬 도체 수로 특성지어 진다. 여기서, N은 각 a-, b-, 또는 c-상 권선의 직렬 도체 수이다.
2. 두 기준 좌표계 (a, b, c)와 (d, q)에서의 전기적인 양들(전압, 전류 및 쇄교 자속)의 최대치는 같다. 특히, 정상 상태(定常 狀態) 운전 동안에, 공간 페이서 $I_d + j\,I_q$의 크기는 정현 파형 i_a, i_b, i_c의 최대치(最大値)에 대응된다.
3. 토크 식 (8.40)에 있는 인자(因子) 3/2의 존재로부터 관측될 수 있는 바와 같이, 변환은 보존적(保存的)이 아니다.

References

1. R. H. Park, "Two Reaction Theory of Synchronous Machines, Part I," in *Trans. of American Institute of Electrical Engineers,* vol. 48, p.716, 1929.
2. R. H. Park, "Two Reaction Theory of Synchronous Machines, Part II," in *Trans. of American Institute of Electrical Engineers,* vol. 52, p.352, 1933.
3. M. Liwschitz-Garik and C. C. Whipple, *Electric Machinery,* Vol. 1–II, D:

Van Nostrand Co., New York, 1947.

4. C. Concordia, *Synchronous Machines,* John Wiley & Sons, New York, 1951.
5. G. Kron, *Equivalent Circuits of Electric Machinery,* John Wiley & Sons, New York, 1951.
6. W. V. Lyon, *Transient Analysis of Alternating Current Machinery,* John Wiley & Sons, New York, 1954.
7. A. S. Langsdorf, *Theory of Alternating Current Machinery,* McGraw-Hill, New York, 1955.
8. B. J. Chalmers, *Electric Motor Handbook,* Butterworth, London, 1988.
9. A. E. Fitzgerald, C. Kingsley, Jr., and S. D. Umans, *Electric Machinery,* McGraw-Hill, New York, 1983.
10. S. A. Nasar (editor), *Handbook of Electric Machines,* McGraw-Hill, New York, 1987.

9

Surface-Mounted Permanent Magnet Motors

이 장에서는 3상 표면 장착 영구자석 전동기(表面 裝着 永久磁石 電動機, surface-mounted permanent magnet motor, SMPMM)의 검토를 다룬다. 구형파(矩形波, squarewave)와 정현파(正弦波, sinewave) 전류가 흐르는 전동기 모두가 고려된다. 특히, 회전자 위치(位置)의 함수로서 토크 맥동(脈動)(torque ripple)이 조사된다.

9.1 Introduction

SMPMM은 자화 권선(磁化 捲線)이 영구자석으로 대체(代替)된 동기기로서 고려될 수 있다. 최근의 영구자석 물질의 실제 성능을 생각하면, 그러한 전동기는 높은 효율(效率)과 높은 체적 대(對) 토크 비(比)(torque-to-volume ratio)를 보인다.

덧붙여, 영구자석 전동기는 서로 다른 형태로 설계될 수 있다. 그것들은, 예를 들어, 공작 기계(工作 機械)와 같이 높은 속도와 낮은 관성(慣性, inertia)이 요구될 때 높은 직경(直徑) 대 길이 비(比)(length-to-diameter ratio)로, 또는 예를 들어, 직접 구동(直接 驅動, direct drive)과 전동기-바퀴 추진(motor-wheel-in-traction) 응용을 위한 낮은 속도와 높은 토크가 요구될 때 낮은 직경 대 길이 비(比)로 만들어질 수 있다. 근년에는, 영구자석 발전기와 전동기가 모두 개발되었다; 하지만, 앞으로의 해석에서는 영구자석 전동기를 다룬다.

4극 SMPMM의 두 가지 구성의 자기 구조가 그림 9.1에 보여졌다. 첫 번째 구성은 내부 회전자와 외부 고정자를 가진 종래의 형태를 나타낸다(내전형, 內轉形); 두 번째 구성은 외부 회전자와 내부 고정자를 갖고 있다(외전형, 外轉形). 두 구성 모두에서, 영구자석은 반경 방향 또는 평행(平行, parallel)으로 자화되어 있으며, 거의 사각 파형(四角波形, rectangular waveform)의 공극 자속밀도를 생성한다. d-축은 회전자 자극의 중간에 있는 자극 축에 대응된다. q-축은 d-축보다 $\pi / 2$ elec. rad 앞선다.

여러 가지 형태로 설계되는 전동기의 다채로움을 강조하기 위하여, 그림 9.2는 축 방향 자속(軸 方向 磁束, axial-flux) SMPMM의 구성을 보인다. 이것은 축 방향으로 자화된 영구자석이 얹혀 있는 두 개의 납작한 원통(圓筒)으로 구성되어 있다. 두 영구자석 원통 사이에는, 3상 전기자 권선이 있는 고정자 원통이 삽입되어 있다. 그림 9.2 (b)는 회전자 원통의 세부(細部)를 보인다.

SMPMM은 전기적인 구동의 형태에 따라 다음과 같이 분류된다: (1) 구형파 전류 구동 전동기(矩形波 電流 驅動 電動機, squarewave current-fed motors)(사다리꼴 브러시리스(trapezoidal brushless) 또는 직류 브러시리스(dc brushless) 전동기로도 불림)와, (2) 정현파 전류 구동 전동기(正弦波 電流 驅動 電動機, sinewave current-fed motors)(정현 브러시리스(sinusoidal brushless) 또는 교류 브러시리스(ac brushless) 전동기로도 불림).

그것들은 서로 다른 유도 기전력(induced EMF) 파형을 얻을 수 있는 방식으로 된 서로 다른 권선 분포에 의해 특성지어 진다. 구형파 전류 구동 전동기에서는, EMF 파형이 이상적(理想的)으로는 사다리꼴이 되어야 할 것이며 권선에는 EMF와 동기화된 구형파 전류가 공급된다. 3상 EMF의 이상적인 파형과 대응되는 강제 전류가 그림 9.3에 보여졌다. 정현파 전류 구동 전동기에서는, 유도 EMF 파형이 이상적으로는 정현파가 되어야 할 것이며 권선에는 EMF와 동기화된 정현파 전류가

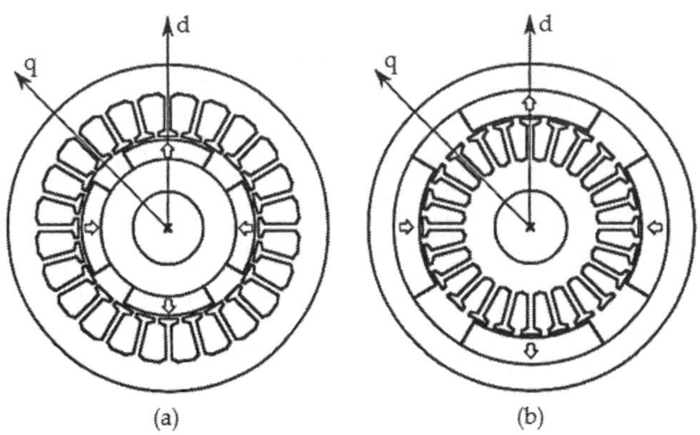

Figure 9.1
Surface-mounted permanent magnet motor configurations: (a) with inner rotor and (b) outer rotor.

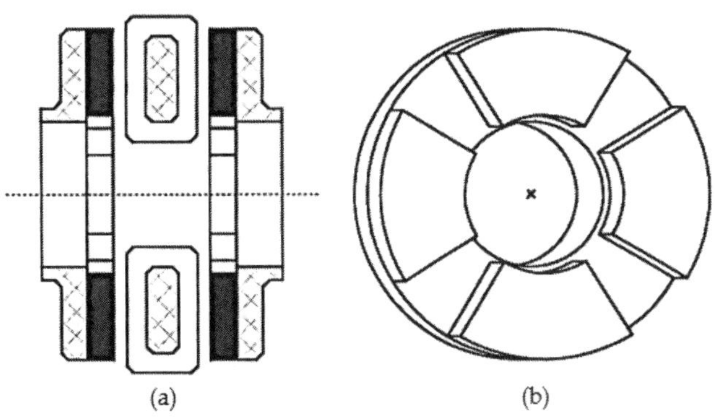

Figure 9.2
Axial flux surface-mounted permanent magnet motor configuration.

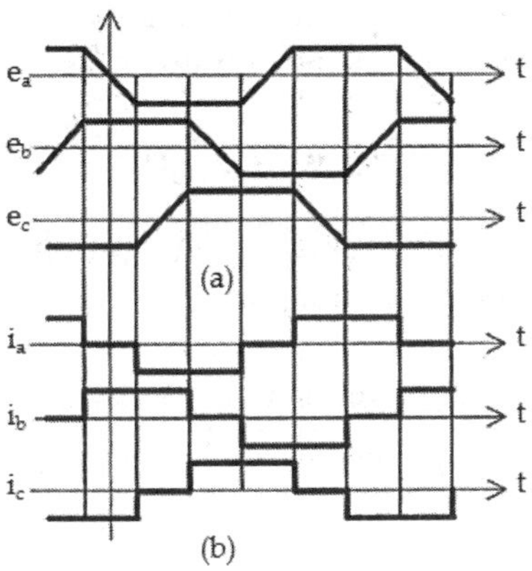

Figure 9.3
Ideal EMF (a) and current (b) wave forms in a trapezoidal brushless motor.

공급된다. 두 경우 모두에서, 순시(瞬時) 전동기 토크는 이상적으로는 일정하다.

단부 효과(端部 效果, edge effect)를 무시하고 전체 기계 길이를 따른 자계의 같은 거동을 가정하면, 2차원 해석이 (x, y) 평면에서 수행된다. 동기발전기의 경우처럼(8장을 보라), 기계 길이는 순(純) 철의 길이 L_{Fe}이다. 자기 벡터 포텐셜과 전류밀도는 $\mathbf{A}$ = (0, 0, A_z)와 $\mathbf{J}$ = (0, 0, J_z)와 같이 z-축 성분만을 가진다; 그러면 자속밀도와 자계의 세기 벡터는 $\mathbf{B}$ = (B_x, B_y, 0)와 $\mathbf{H}$ = (H_x, H_y, 0)와 같이 평면 (x, y)에서의 성분만을 가진다.

자화 방향을 따라, 영구자석은 그림 9.4에 보여준 것과 같은 B-H 곡선에 의해 특성지어 진다. 이것은 잔류 자속밀도 B_{res}, 항자력(보자력) H_c 및 무릎 부(knee) 자계의 세기 H_{knee}를 보인다. 일반적인 동작 점은 값의 쌍 (H_0, B_0)에 의해 표현된다. 비가역 감자(非可逆 減磁, irreversible demagnetization)를 피하기 위하여, 자계의 세기는 H_{knee}의 아래로 내려갈 수 없다. 영구자석 물질이 특성의 선형 부분에서 동작하기 때문에, 그림 9.4에 역시 보여준 것처럼 직선으로 근사화된다. 그러면, 영구자석에 대해서는 일정한 미분(微分) 비투자율 μ_r이 가정된다. 영구자석에서의 자속

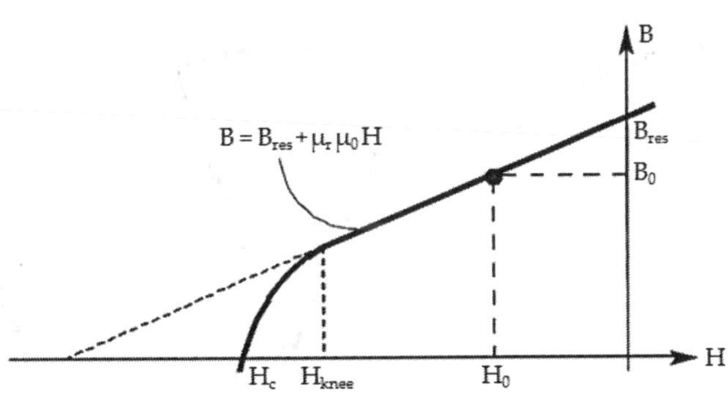

Figure 9.4
B-H curve of the permanent magnet and straight-line approximation.

밀도 벡터는 그러면 식 (9.1)과 같이 주어진다.

$$\mathbf{B} = \mathbf{B}_{res} + \mu_r \mu_0 \mathbf{H} \tag{9.1}$$

여기서, $\mathbf{B}_{res}$ = ($B_{res,x}$, $B_{res,y}$, 0)이다. 그러면 2차원 정자장 문제는 식 (9.2)와 같은 미분 방정식으로 표현된다.

$$\frac{\partial}{\partial x}\left(\frac{1}{\mu_r}\frac{\partial A_z}{\partial x}\right)+\frac{\partial}{\partial y}\left(\frac{1}{\mu_r}\frac{\partial A_z}{\partial y}\right) = -\mu_r J_z - \frac{\partial}{\partial x}\left(\frac{B_{res,\,y}}{\mu_r}\right)+\frac{\partial}{\partial y}\left(\frac{B_{res,\,x}}{\mu_r}\right) \tag{9.2}$$

자극 쌍 사이의 대칭성과 대응되는 주기 조건은 동기발전기의 경우와 같다; 8장을 보라.

9.2 Computation of the No-Load Characteristic

영구자석 회전자는 고정자 권선과 쇄교하는 공극 자속을 생성한다. 회전자가 움직일 때, 쇄교 자속의 시간 변화율에 대응하는 EMF가 고정자 권선에 유도된다.

무부하 쇄교 자속의 계산을 위하여, 영구자석은 자화된(그림 9.4의 B-H 곡선이 사용된다) 한편, 고정자 권선은 개방 회로로서 0의 도전율로 고려된다. 고정자와 회전자 적층(積層, lamination)은 사용된 자성체의 B-H 곡선에 의해 정의된다.

경계 조건과 관련해서는, 0의 값인 자기 벡터 포텐셜이 고정자 외부 원주와 d-축을 따라 고정되는(Dirichlet 조건) 한편, 0의 값인 자기 벡터 포텐셜의 법선 방향 미분이 q-축을 따라 부여된다(Neumann 조건). 이러한 경계 조건이 그림 9.5에 표현되어 있다.

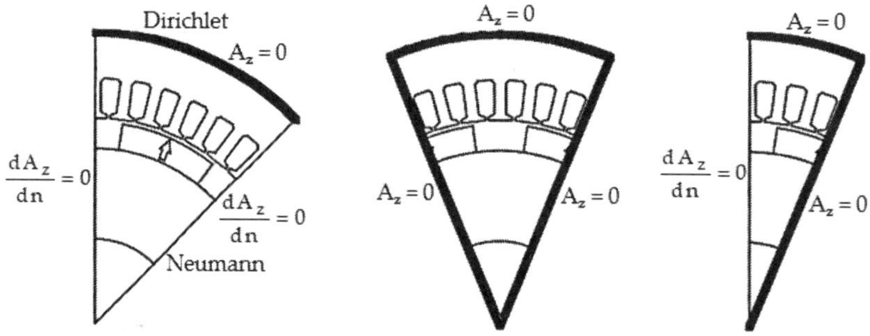

Figure 9.5
Boundary conditions in the no-load simulation.

3상 권선은 고정자 슬롯 내에 위치해 있으며, 단층, 전절권이거나, 2층, 단절권일 수 있다. 첫 번째 해석에서는 주로, 사다리꼴 파형의 EMF를 얻기 위한, 구형파 전류 구동 전동기가 채택된다. 두 번째 해석에서는, 정현파 EMF를 얻기 위한, 정현파 전류 구동 전동기가 채택된다. 그러한 권선의 몇 가지 예가 8장의 그림 8.4와 8.5에 보여졌다.

9.2.1 Computation on the Solved Structure

9.2.1.1 Flux Linkage

일단 장 해가 얻어지면, 자기 벡터 포텐셜 $A_z(x, y)$가 영역 내의 각 점에서 알려진다. j-번째 상 권선과 쇄교하는 영구자석에 기인한 자속은 식 (9.3)과 같다.

$$\Lambda_{j,pm} = 2p\,L_{Fe}\,\frac{n_q}{n_{pp}}\sum_{q=1}^{Q/2p} k_{jq}\int_{S_q} A_z\,dS \quad j = a, b, c \tag{9.3}$$

여기서, n_q는 슬롯 내의 도체 수, n_{pp}는 권선의 병렬 경로의 수, $Q/2p$는 극당 슬롯 수, 그리고 k_{jq}는 코일의 방향과 q-번째 슬롯에 있는 코일이 j-번째 상에 속하는지 어떤지에 따라 0, ±1, 또는 ±0.5로 취한다(8장, 8.2.1.1절을 보라).

9.2.1.2 Induced EMF

정현파 전류 구동 전동기의 경우에는, EMF 파형이 정현파로 가정될 수 있다. 따라서, EMF는 다음과 같이 쉽게 추정(推定)될 수 있다. 편의상, a-상이 최대 자속이 쇄교하는 상으로 선택되었다(a-상 축이 d-축에 대응됨). $\Lambda_{a,pm}$을 최대 쇄교 자속이라 하자. 그러면, 일정한 회전자 속도 $\omega_m = \omega / p$에서, a-상 EMF의 실효치(實效値)는 식 (9.4)와 같다.

$$E_a = \frac{1}{\sqrt{2}}\,\omega\Lambda_{a,pm} \tag{9.4}$$

같은 장 해로부터, 한 개의 슬롯만큼 회전한 것으로 가정하면, 8장, 8.2.1.2절에서 설명된 것과 같이 EMF 파형의 몇 개의 점을 찾는 것이 가능하다.

구형파 전류 구동 전동기의 경우에는, 다음과 같은 과정이 요구된다.

9.2.2 Computation for Various Rotor Positions

9.2.2.1 Flux Linkage and Induced EMF

쇄교 자속의 빠른 추정을 위해서는, 한 개의 장 해(場 解)면 충분하다. 회전자는 고정자에 대해, 보통은 앞 절에서 보여준 바와 같이, 한 개의 권선이 최대 자속과 쇄교하는, 편리한 위치에 고정된다.

반대로, 좀 더 정확한 해석은 여러 가지 회전자 위치에 대한 해석을 준비해야 할 것이다. 이렇게 하여, 기계 각 ϑ_m의 함수로, 즉 $\lambda_{pm}(\vartheta_m)$으로 각 상 권선에 대한 쇄교 자속을 구하는 것이 가능하다. 그러므로, 쇄교 자속의 기본파와 고조파 성분은 Foutier 급수 전개에 의해 얻어질 수 있다. 그것은 식 (9.5)를 생기게 한다.

$$\lambda_{pm}(\vartheta_m) = \sum_{k=1}^{N_k} \Lambda_{pm,k} \cos(k\vartheta_m) \tag{9.5}$$

여기서, 급수의 최고 차수(最高 次數)는 N_k이다. 급수 전개에서는, 기준 각(基準角, reference angle)의 적절한 선택 $\vartheta_m = 0$를 생각하여, 여현(餘弦, cosinusoidal) 파형만이 채택되었다. 실제로는, 이 가정은 N극과 S극 사이에 대칭성(對稱性)이 없는 분수(分數) 슬롯(fractional-slot) 권선의 경우에는 타당하지 않다.

무부하 EMF는 쇄교 자속을 시간에 대해 미분함으로써 얻어진다. 일정한 회전자 속도를 가정하면, 쇄교 자속을 기계 각 ϑ_m에 대하여 미분하고, 기계 각속도 ω_m을 곱하여 식 (9.6)과 같이 구하는 것이 실용적이다.

$$e(\vartheta_m) = \frac{d\lambda_{pm}(\vartheta_m)}{dt} = \frac{d\lambda_{pm}(\vartheta_m)}{d\vartheta_m}\frac{d\vartheta_m(\vartheta_m)}{dt} = \frac{d\lambda_{pm}(\vartheta_m)}{d\vartheta_m}\omega_m \tag{9.6}$$

식 (9.6)에서 쇄교 자속이 수치적으로 미분되기 때문에, 이 연산(演算)은 오차를 발생시킬 수 있다. 쇄교 자속을 Fourier 급수 전개를 이용하여 표현하고, 식 (9.7)과 같이 각 쇄교 자속 고조파의 미분의 급수로서 EMF를 계산하는 것이 편리하다.

$$e(\vartheta_m) = \omega_m \sum_{k=1}^{N_k} \left[-k\Lambda_{pm,k} \sin(k\vartheta_m)\right] \tag{9.7}$$

물론, EMF는, $\vartheta_m = \vartheta / p$로 대체하여 전기 각 ϑ의 함수로, 또는 $\vartheta_m = \omega_m t$로 대체하여 시간의 함수로 표현될 수 있다.

9.2.2.2 Cogging Torque

회전자의 여러 위치에서, 코깅 토크(cogging torque) 또한 계산하는 것이 가능하다. 이것은 영구자석과 고정자 슬롯 사이의 상호 작용에 기인한다. 그러한 토크는 Maxwell 응력 텐서나 위치에 대한 자기 에너지의 미분에 의해 계산될 수 있다.

첫 번째 경우에는, 토크는 회전자를 내포하는 면을 따른 Maxwell 응력 텐서의 적분에 의해 얻어진다. 2차원 문제이기 때문에, 이것은 Maxwell 응력 텐서를 공극의 중간에 있는 선 l_g를 따라 적분한 다음, 회전자의 실제 길이 L_{Fe}를 곱하는 것에 대응된다. 2p-극기(極機)를 가정하면, 그것은 식 (9.8)과 같다.

$$T_{cog} = \frac{D-g}{2}\frac{L_{Fe}}{\mu_0} p \int_{l_g} B_r B_\vartheta dl \tag{9.8}$$

여기서, B_r은 자속밀도의 반경 방향(선 l_g에 수직인) 성분, B_ϑ는 자속밀도의 방위각 방향(선 l_g에 접하는) 성분, D는 고정자 내(內) 직경, 그리고 g는 공극 길이이다. 자극 쌍 수 p는 시뮬레이션이 기계의 두 극 부분 만에 대해 수행되었음을 나타내기 위해 사용되었다. 다른 시뮬레이션에서는 다른 인자가 사용되어야 한다(예를 들어, 한 극 부분 만이 시뮬레이션될 때에는 p 대신 2p가 사용되어야 할 것이다).

유한요소법의 수치적 성질 때문에, 결과는 적분 선의 위치와 수치 적분을 위해 선택된 점의 수에 종속된다. 식 (9.8) 대신에, 전체 공극 면적 S_g에 걸친 토크의 평균치(平均値)를 계산하는 것이 더 좋다. 그러면 토크는 식 (9.9)가 된다.

$$T_{cog} = \frac{L_{Fe}}{g\mu_0} p \int_{S_g} r B_r B_\vartheta dS \tag{9.9}$$

여기서, r은 가상 반경(假想 半徑, dummy radius)이다.

두 번째 경우에는, 코깅 토크는 회전자 각 위치 ϑ_m의 변화에 대한 자기 에너지 W_m의 변화로부터 계산될 수 있다. 개방 회로에서는 고정자 전류가 0이므로, 전동기와 외부 전원 사이의 에너지 교환이 없다. 미소 회전 $d\vartheta_m$에 대하여, 계통에 저장된 자기 에너지의 변화와 자계에 의해 한 일의 합은 0이다: $d W_m + T_{cog}\, d\vartheta_m = 0$. 그러면, 코깅 토크는 회전 각 ϑ_m에 대한 자기 에너지의 미분의 부(음)의 값과 같다.

공기와 철에서의 자기 에너지의 계산은 고전적인 방법으로 수행된다. 영구자석에서의 에너지의 계산은 이 장의 뒷부분에서 논의된다. 그림 9.6 (a)에 나타낸 바와 같이, 자화(磁化)가 하는 일(비가역(非可逆) 과정인)은 생략하고 B-H 곡선의 점 (0, B_{res})에서의 자기 에너지 밀도를 참조(參照)하는 것이 편리하다. 토크가 에너지의 차이(差異)에 종속되기 때문에, 이것은 어떠한 오차도 발생시키지 않는 유용한 가정이다. 그 결과, 영구자석 내의 에너지는 식 (9.10)과 같이 정의된다.

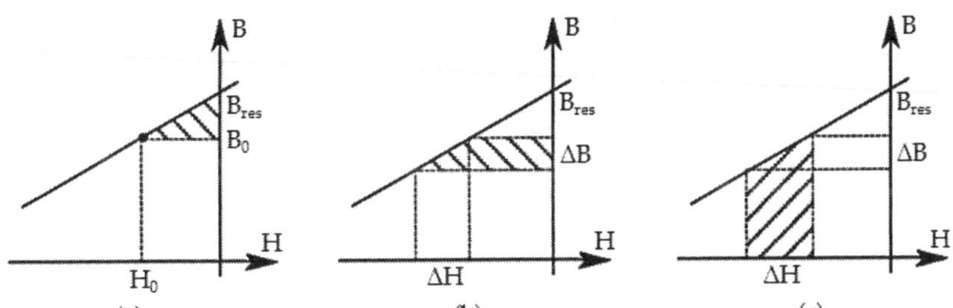

Figure 9.6
Magnetic energy and coenergy density in permanent magnets.

$$
\begin{aligned}
W_{m(pm)} &= \int_{\tau_{pm}} \int_0^B \mathbf{H}\cdot d\mathbf{B}\, d\tau \\
&= L_{Fe} \int_{S_{pm}} \int_0^B \mathbf{H}\cdot d\mathbf{B}\, dS
\end{aligned}
\tag{9.10}
$$

식 (9.1)로 주어진 B-H 곡선의 선형 근사(線形 近似, linear approximation)를 상기하고, $\mathbf{H}$가 $\mathbf{B}_{res}$와 평행하다고 가정하면, 식 (9.10)은 식 (9.11)과 같이 된다.

$$
\begin{aligned}
W_{m(pm)} &= \frac{1}{2\mu_r\mu_0} L_{Fe} \int_{S_{pm}} \left(B^2 - B_{res}\, B\right) dS \\
&= \frac{\mu_r\mu_0}{2} L_{Fe} \int_{S_{pm}} H^2 dS
\end{aligned}
\tag{9.11}
$$

상사적(相似的)인 방법으로, 자기 수반 에너지는 식 (9.12)와 같이 정의된다.

$$
\begin{aligned}
W'_{m(pm)} &= \int_{\tau_{pm}} \int_0^H \mathbf{B}\cdot d\mathbf{H}\, d\tau \\
&= \frac{1}{2\mu_r\mu_0} L_{Fe} \int_{S_{pm}} B^2 dS \\
&= \frac{\mu_r\mu_0}{2} L_{Fe} \int_{S_{pm}} \left(H + \frac{B_{res}}{\mu_r\mu_0}\right)^2 dS
\end{aligned}
\tag{9.12}
$$

회전자의 임의의 회전에 대응하는 자기 에너지 밀도의 변화가 그림 9.6 (b)에 보여졌다. 영구자석 내의 자기 수반 에너지의 변화는 그림 9.6 (c)에 보여졌다.

마지막으로, 전체 계통의 자기 에너지 W_m으로부터, 코깅 토크는 식 (9.13)과 같이 주어진다.

$$
T_{cog} = -\frac{dW_m}{d\vartheta_m}
\tag{9.13}
$$

여러 가지 회전자 위치에서의 토크의 계산에서, 요소 망의 변화에 기인한 수치 오차(數値 誤差)는 피해져야 할 것이다. 이러한 오차는, 특히 낮은 토크(코깅 토크와 같이)가 검토될 때 해(解)가 크게 바뀔 정도로 클 수 있다.

이러한 오차를 피하거나 줄이기 위하여, 두 가지 책략(策略, tricks)이 제안된다.

첫 번째는 그림 9.7 (a)에 보여준 바와 같이 영구자석을 여러 조각으로 분할하는 것이다. 각 조각의 길이는 정해진 최소 회전 각(最小 回轉 角)에 대응되어야 할 것이다. 회전자 위치에 따라, 공기 또는 영구자석의 B-H 곡선이 각 조각에 부여된다. 이 방법에서는, 물질의 한계에 미치는 영향은 제외하고 전동기의 도면에는 영향을 미치지 않는 가상 회전(假想 回轉, fictitious rotation)이 얻어진다. 그 결과, 영역의 요소 망은 항상 같게 남는다.

두 번째 책략은 그림 9.7 (b)에 나타낸 것처럼, 공극을 두 부분으로 나누는 것이다. 그러면, 그림 9.7 (c)에 보여준 바와 같이, 회전자와 그에 대응되는 공극 부분은 회전되고, 다른 공극 부분은 고정자와 함께 고정된 상태로 있게 된다. 정해진 구조에서, 가동부와 고정부 모두의 요소 망은 같게 유지된다. 물론, 각 위치에서, 경계 조건은 전체 영역의 윤곽선(輪郭線)에 대해 부여되어야 한다. 고정자 요소 망이 각 회전자 위치에서의 회전자 요소 망에 정확하게 맞춰지도록 두 공극 부분 사이의 경계선이 적절하게 나누어져야 함에 유의하는 것이 중요하다.

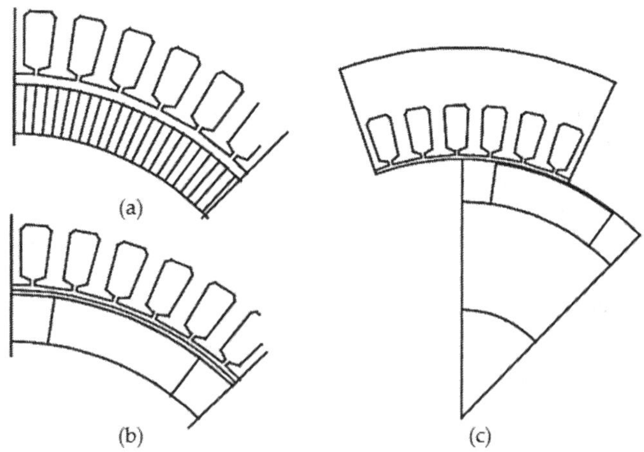

Figure 9.7
Tricks to rotate the structure without mesh change, so as to avoid numerical errors.

9.3 Computation of the Inductances

인덕턴스의 계산은 정자계 시뮬레이션을 요구한다. 기하학적 및 전기적 대칭성에 의해, 기계의 1개 자극 부분만이 보통 고려된다.

선형 운전 조건의 가정(표면 장착 영구자석 전동기에서는 종종 입증되는)의 경우, 영구자석은 감자되는 것으로, 즉 잔류 자속밀도 B_{res}가 0이 되는 것으로 가정된다. 따라서, 고정자 권선은 자속 선이 영역의 경계에 대해 수직이거나 접선 방향이 되도록 전류가 흐르며, Neumann 또는 Dirichlet 경계 조건 만이 부여되는 것을 허용한다.

인덕턴스는, 8장, 8.3과 8.4절에서 설명된 것과 같은 과정으로, 자기 에너지, 쇄교자속, 또는 공극 자속밀도 분포로부터 계산될 수 있다.

9.4 Computation of the Torque

전동기 토크는 영구자석과 고정자 전류 사이의 상호 작용에 의해 생긴다. 일반화(一般化)를 위하여, 고정자 전류는 회전자 위치 ϑ에는 무관한 것으로 고려된다. 해석은 기계의 일부분, 보통 고정자의 기하 구조에 따라 한 극 또는 두 극으로 축약된다. 물론, 적절한 경계 조건이 부여된다.

토크의 계산은 몇 가지 다른 방법으로 수행된다:

1. Maxwell 응력 텐서에 의한 방법
2. 두 가지 다른 회전자 위치에서의 자기 에너지의 변화를 계산하는, 가상(假想) 일의 원리(virtual work principle)에 의한 방법
3. 동기 회전 기준 좌표계에서 쇄교 자속과 전류 성분 사이의 상호 작용에 의한 방법

전동기 토크를 계산하는 세 가지 방법을 다음에 설명한다.

9.4.1 Computation by Means of Maxwell's Stress Tensor

앞 장에서 설명된 바와 같이, Maxwell 응력 텐서는 공극의 중간에 있는 호(弧, arc)를 따라 적분되며, 그 결과에는 반경(半徑)과 전동기 적층 길이 L_{Fe}가 곱해진다. 하지만, 식 (9.9)에서와 같이, 수치 오차를 줄이기 위하여, 토크는 식 (9.14)와 같이 전체 공극 면적 S_g에 대한 평균치(平均値)로써 計算된다.

$$T = \frac{L_{Fe}}{g\mu_0} p \int_{S_g} r B_r B_\vartheta \, dS \tag{9.14}$$

다시 시뮬레이션이 기계의 두 극 부분에 대하여 수행된다는 가정에 따라, 자극쌍 수 p가 식 (9.14)에서 사용되었다.

9.4.2 Computation by Means of the Virtual Work Principle

이 방법은 회전자의 미소 회전(微小 回轉)에 대응하는 에너지 변화의 평형(平衡)에 기초를 둔다. 서로 다른 에너지 항은 영역의 여러 성분에서의 체적 자기 에너지 밀도의 적분에 의해 계산된다.

비선형 조건에서는, 자기 수반 에너지가 채택되어야 한다(5장을 보라). 토크는 식 (9.15)와 같이 계산된다.

$$T = + \left. \frac{dW'_m}{d\vartheta_m} \right|_{i=const} \tag{9.15}$$

여기서, 영구자석 물질 내에서의 자기 수반 에너지는 식 (9.12)에 나타낸 것과 같

이 계산된다.

앞에서 강조한 바와 같이, 이 방법은 회전자의 적어도 서로 다른 두 위치에 대한 두 개의 장 해를 요구한다.

9.4.3 Computation by Means of Flux Linkage and Currents

마지막으로, 전동기 토크는 쇄교 자속과 전류 사이의 상호 작용으로부터 계산될 수 있다. 이 양(量)들을, 변환(變換) $T_{abc/dq}$(8장의 부록(附錄)을 보라)에 의해, 동기 회전 기준 좌표계에서 고려하는 것이 유리하다. 토크는 식 (9.16)이다.

$$T = \frac{3}{2}p\left(\Lambda_d I_q - \Lambda_q I_d\right) \tag{9.16}$$

여기서, d-축과 q-축 전류는 식 (8.30)에 의해 주어지며, d-축과 q-축 쇄교 자속은 식 (8.29)에 의해 주어진다.

각도 ϑ는 기준 a-상 축과 d-축 사이의 전기 각이다. j-번째 상(j = a, b, c)과 쇄교하는 자속은 슬롯 면적 S_{Cu}에서의 자기 벡터 포텐셜의 평균치로부터 얻어진다.

식 (9.16)에 의해 계산된 토크는 전동기 권선의 단자에서의 에너지 평형에 의해 얻어짐을 마음에 새기는 것이 중요하다. 그러한 평형은 정현적으로 분포하는 권선의 가정을 기초로 한다. 결과로서, 평균 토크는 옳지만, 토크 리플(torque ripple)은 더 적어진다. 그것은 기자력 고조파가 식 (9.16)에 부분적으로만 포함됨으로부터 입증될 수 있다. 덧붙여, 이러한 계산법은 영구자석과 고정자 슬롯의 상호 작용에 기인한 코깅 토크는 고려하지 않는다. 사실, 고정자 전류가 0일 때(즉, $I_d = I_q = 0$) 식 (9.16)으로부터 계산된 토크는 항상 0이다.

9.4.4 Dynamic Computation

지금까지, 토크 계산이 고정된 이상적인 값과 같은 고정자 전류를 기준으로 하여 수행되었다. 권선 인덕턴스와 유도 EMF 때문에, 전원 전압의 제한된 값과 함께, 전기적인 구동 장치는 전동기에 이상적(理想的)인 전류를 항상 흘릴 수 있는 것은 아니다. 도리어, 전류는 종종 기준에 뒤져서 따라간다.

이 지연(遲延)은, 그림 9.3 (a)에서 보여준 전류에서 요구되는 것과 같은 빠른 변화를 나타낼 수 없기 때문에, 주로 구형파 전류 구동 전동기에서 나타난다. 전류는 속도가 높아짐에 따라 일그러진다. 결과적으로, 일정 토크가 얻어지지 않고, 전류 효과(轉流 效果, commutation effect)라 불리는 토크 맥동(脈動)(torque ripple)이 생긴다. 그림 9.8 (a)는 전원 주파수 f = 100 Hz에서 동적 시뮬레이션(dynamic simulation)에 의해 얻어진 전형적인 3상 전류 파형을 보인다. 그림에서, 전류의 상승(上昇)과 하강(下降) 시간이 명백하다. 그림 9.8 (b)에 같이 보여준 토크 맥동을 일으키는, 기준에 대한 상 전류의 지연(遲延)이 그림 9.8 (b)에서 강조되었다.

순시(瞬時) 토크의 계산을 위하여, 단순한 과정이 채택되었다. 모든 전동기 정수, 즉 저항 R, 자기(自己) 및 상호 인덕턴스 L 및 M, 그리고 유도 EMF 파형 e (ϑ_m)은 알려졌다. 고정된 전동기 속도에서, 마지막의 것은, $\vartheta_m = \omega_m t$로서, 시간의 함수로 표현될 수 있다. 2-레벨 인버터(two-level inverter)를 사용하여, 전동기 단자에 인가(印加)되는 전압은 2가지 값 $v = -V_{dc}$ 또는 $v = +V_{dc}$로 가정할 수 있다(3-레벨 인버터를 사용하는 경우 $v = 0$). 여기서, V_{dc}는 직류 모선 전압(直流 母線 電壓, dc bus voltage)이다. 전압 수준은 전류 기준(電流 基準, current reference)(이상(理想) 전류)을 유효 전류와 비교하는 제어에 의해 선택된다.

동적 해석은 각 j번째 상 권선(j = a, b, c)에 대한 식 (9.17)의 미분 방정식의 단계(段階)적 적분(step integration)으로 수행된다.

$$v_j(t) = R i_j(t) + (L - M)\frac{di_j(t)}{dt} + e_j(t) + v_N(t) \tag{9.17}$$

식 (9.17)에서, $v_N(t)$는 인가 단자 전압으로부터 각 단계에서 계산되는 성형(星形)-중성점 간(間) 전위(star-center potential, 상 전압(phase voltage))이다.

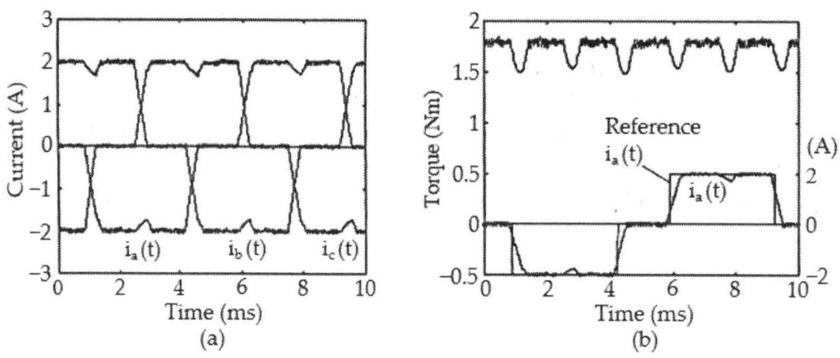

Figure 9.8
Currents and torque waveforms.

9.5 Example

이 절에서는 표면 장착 영구자석 전동기의 몇 가지 유한 요소 해석 결과를 논의한다. 전동기에 관한 자료가 표 9.1에 보여졌다; 자기 구조와 권선이 그림 9.9에 그려져 있다. 이것은 극당 슬롯 수가 적으며 短節捲(chorded winding)인 구형파 전류 구동 브러시리스 전동기이다. 이러한 형태는, 더 높은 토크 맥동에도 불구하고, 최소(最小)의 단부 권선(end-winding) 길이를 가지며 더 높은 전동기 효율을 겨냥한

Table 9.1
Brushless motor data

Stator Data		
$D_e = 125$	(mm)	stator external diameter
$D = 61$	(mm)	stator inner diameter
$L_{Fe} = 38$	(mm)	stack length
$2p = 6$		number of poles
$Q = 9$		number of slots
$N = 1458$		number of series conductors per phase
Stator Slot Data		
$w_{so} = 3.55$	(mm)	width of slot opening
$w_t = 7.5$	(mm)	width of stator tooth
$h_{so} = 4$	(mm)	height of slot opening
$h_s = 22$	(mm)	total height of slot
Rotor Data		
$D_r = 44.7$	(mm)	rotor external diameter
$D_{sh} = 18$	(mm)	shaft diameter
Permanent Magnet Data		
$l_m = 7.5$	(mm)	permanent magnet thickness
$2\alpha_{pm} = 55$	(deg)	mechanical permanent magnet angle
$B_{res} = 0.4$	(T)	residual flux density (Ferrite)
$\mu_r = 1.05$	(-)	differential relative permeability

저전력(低電力) 응용에서 채용된다.

이러한 전동기 구조의 경우, 두 경계에 주기 조건을 적용하여 기계의 2극 부분이 시뮬레이션된다. 서로 다른 회전자 위치가, 그림 9.7 (a)에 보여준 바와 같이 영

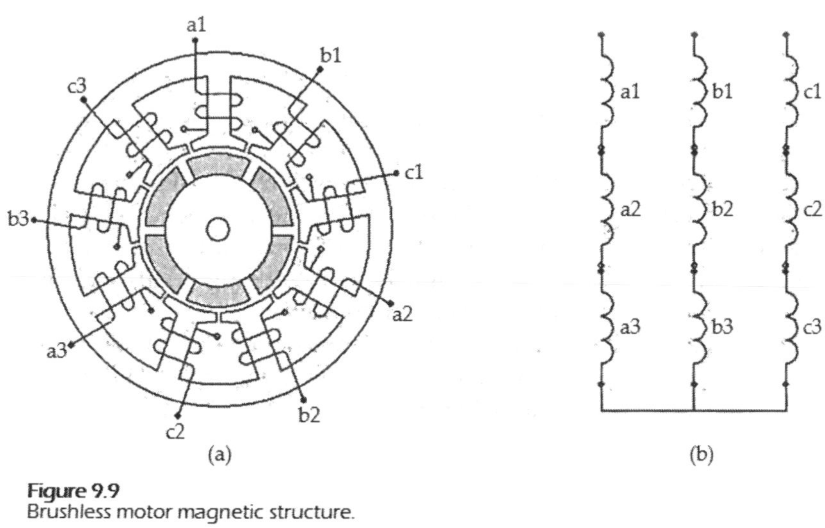

Figure 9.9
Brushless motor magnetic structure.

구자석을 작은 조각으로 분리하여, 시뮬레이션된다.

기계 각(機械 角) 30°의 회전(回轉)이면 충분할 것이지만, 기계 각 40°(전기 각 120°)의 회전이 고려된다.

9.5.1 No-Load Simulation

그림 9.10은 회전자가 ϑ_m = 10°(기계 각)의 위치에 있을 때의 무부하 시 자속 선을 보인다.

3상 쇄교 자속은 그림 9.11 (a)에 보여졌다. 그것들은 기계 각 40°(전기 각 120°)의 부분에서 근사적으로 평평(平平)하다. 이에 따라, 일정한 속도에서, 사다리꼴 브러시리스 구동에서 요구되는 바와 같이, 역기전력(逆起電力, back EMF)이 대응되는 시간 주기(時間 週期, period of time)(전기 주기의 3분의 1) 동안 일정한 값을 나타낸다; 그림 9.3 (a)를 보라.

EMF 파형은 단절권 때문에 완전한 사다리꼴이 아니다. 따라서, 그림 9.3 (b)의 이상적인 구형파 전류가 고정자 권선에 공급되더라도 일정한 토크가 얻어지지 않는다.

자기 에너지는 그림 9.11 (b)에 보여졌다. 회전 동안의 에너지 변동은 영구자석과 고정자 슬롯의 상호 작용에 기인한 코깅 토크가 있음을 가리킨다.

코깅 토크의 거동은 그림 9.12 (a)에 보여졌다. 이것은 몇 가지 다른 방법으로 계산되었다; 가는 선으로 그려진, 식 (9.9)를 사용한 Maxwell 응력 텐서 법; 굵은 선으로 그려진(앞의 것과 거의 구별할 수 없는), 식 (9.13)을 사용한 자기 에너지의 미분에 의한 방법; 그리고 점으로 그려진, 0의 전류로 식 (9.15)를 사용한 자기 수반 에너지의 미분에 의한 방법. 이 세 가지 방법 사이에 좋은 일치가 나타남에 유의하는 것이 중요하다.

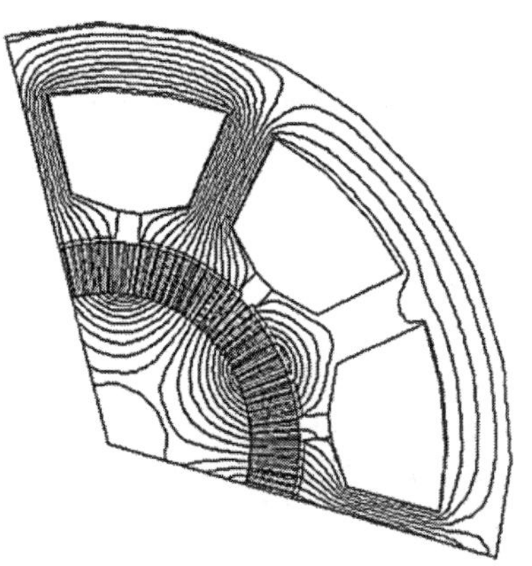

Figure 9.10
Flux lines at no-load operation; a rotation of ϑ = 10 mechanical degrees is considered.

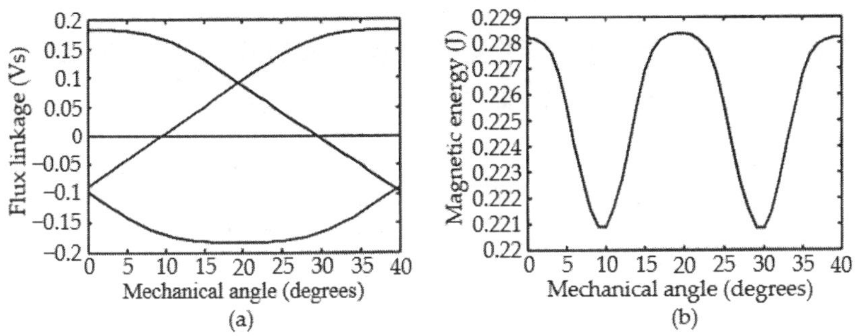

Figure 9.11
Flux linkages and magnetic energy during the no-load operation.

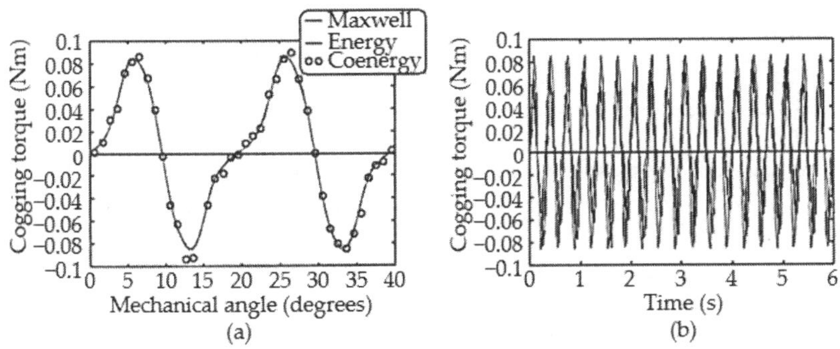

Figure 9.12
Cogging torque: simulated (a) and measured (b) values.

마지막으로, 그림 9.12 (b)는 시뮬레이션과 측정된 코깅 토크 사이의 비교를 보인다. 측정 계통(測定 系統)은 6초(秒)에 완전한 1회전(回轉)이 되도록 조정되었다. 그림은 시뮬레이션 결과와 측정치(測定値) 사이의 만족스러운 부합(附合)을 보인다. 작은 차이는 회전자 자극의 불완전한 대칭성과 시뮬레이션에서 사용한 것보다 약간 더 낮은 반경 방향 자속밀도에 기인될 수 있다.

9.5.2 Simulations of Operations Under Load

전동기는 그림 9.3에 묘사한 바와 같은 이상적인 구형파 전류에 의해 구동된다. 그것들은 대응되는 EMF의 일정한 값에 중심을 두며 그 최대치는 2 A이다.

전기-기계적 토크의 거동이 그림 9.13에 보여졌다. 이것은 위에서 설명한 방법에 의해 계산되었다. 가는 선은 식 (9.14)에 주어진 바와 같은 Maxwell 응력 텐서의 적분에 대응된다. 원(圓)은 식 (9.15)에서와 같은 일정 전류에서의 자기 수반 에너지의 미분에 의해 계산된 토크에 대응된다. 구형파 전류의 경우, 고정자 전류는 기계 각 20° 동안 일정하며, 따라서 이 방법이 쉽게 적용된다.

마지막으로, 굵은 선은 식 (9.16)에서와 같은 동기 기준 좌표계에서의 쇄교 자속과 전류로부터 계산된 토크에 대응된다. 앞에서 지적한 바와 같이, 마지막 방법으로 계산된 토크는 같은 평균치이지만 더 낮은 맥동을 보임을 관찰할 수 있다. 비교를 위하여, 같은 그림 9.13에 앞에서 계산된 코깅 토크를 보인다.

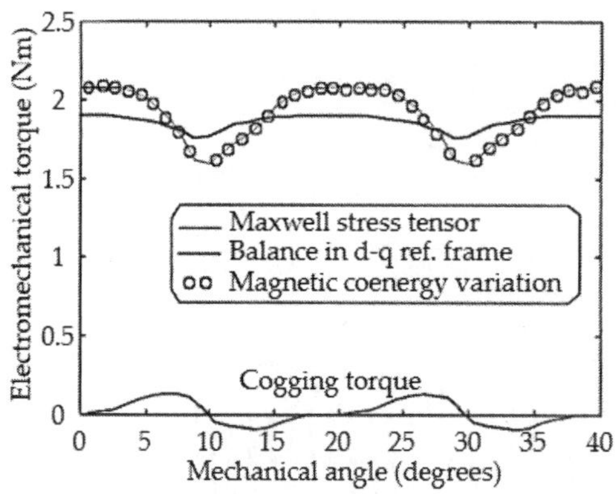

Figure 9.13
Electromechanical torque with ideal squarewave currents, I = 2 A.

References

1. N. Demerdash, et al., "Comparison between Features and Performance Characteristics of Fifteen-hp Samarium-Cobalt and Ferrite- Based Brushless D.C. Motors," in *IEEE Trans. on PAS*, vol. 102, pp. 104–112, 1983.
2. H. Weh, H. Mosebach and H. May, "Design Concepts and Force Generation in Inverter-Fed Synchronous Machines with Permanent Magnet Excitation," in *IEEE Trans. on Magnetics*, vol. MAG-20, no. 5, pp. 1756–1761, 1984.
3. B. J. Chalmers, S. A. Hamed and G. D. Baines, "Parameters and Performances of a High-Field Permanent-Magnet Synchronous Motor for Variable-Frequency Operation," in *IEE Proc. Pt. B*, vol. 132, no. 3, 1985.
4. N Boules, "Prediction of No-Load Flux Density Distribution in Permanent Magnet Machines," in *IEEE Trans. on Ind. Appl.*, vol. IA-21, no. 4, pp. 633 –643, 1985.
5. K. Kobayashi and M. Goto, "A Brushless DC Motor of a New Structure with Reduced Torque Fluctuations," in *Elec. Eng. Jpn.*, vol. 105, no. 3, pp. 104–112, 1985.
6. T. Kenjo, and S. Nagamori, *Permanent-Magnet and Brushless DC Motors,*

Oxford University Press, Oxford, 1985.

7. T. Nehl, N. Demerdash and F. Fouad, "Impact of Winding Inductances and Other Parameters on the Design and Performance od Brushless D.C. Motors," in *IEEE Trans. on PAS*, vol. 104, pp. 2206–2213, 1985.
8. T. Li and G. Slemon, "Reduction of Cogging Torque in Permanent Magnet Motors," in *IEEE Trans. on Magnetics*, vol. MAG-24, no. 6, pp. 2901–2903, 1988.
9. B. J. Chalmers, "Influence of Saturation in Brushless Permanent-Magnet Motor Drives," in *IEEE Proc. Pt. B*, vol. 139, no. 1, pp. 51–52, January, 1992.
10. Z. Q. Zhu, D. Howe, E. Bolte and B. Ackermann, "Instantaneous Magnetic Field Distribution in Brushless Permanent Magnet DC Motors, Part I: Open-Circuit Field," in *IEEE Trans. on Magnetics*, vol MAG-29, no. 1, pp. 124–135, 1993.
11. N. Bianchi and S. Bolognani, "A Procedure for the Electromagnetic and Thermal Integrated Design of PM Brushless Motors," in *SPEEDAM*, Taormina, 8–10, June 1994, pp. 13–18.
12. N. Bianchi and S. Bolognani, "Optimal Design of a PM Brushless Motor," in *Proc. of International Conference on Electrical Machine, ICEM '94*, Parigi, 5 –8, September 1994, pp. 204–209.
13. N. Bianchi and S. Bolognani, "Analysis and Design of a PM Synchronous Magnetic Drive," in *Proc. of International Conference on Electrical Machine, ICEM '94*, Parigi, 5–8, September 1994, pp. 341–346.
14. D. C. Hanselmann, *Brushless Permanent Magnet Motor Design*, McGraw-Hill, Inc., New York, 1994.
15. J. M. D. Coey (editor), *Rare-Earth Iron Permanent Magnet, Monographs on the Physics and Chemistry of Materials*, Oxford Science Publications, Clarendon Press, Oxford, 1996.
16. R. P. Deodhar, D. A. Staton, T. M. Jahns and T. J. E. Miller, "Prediction of Cogging Torque Using Flux-MMF Diagram Technique," in *IEEE Trans. on Ind. Appl.*, vol. IA-32, no. 3, pp. 569–575, 1996.
17. N. Bianchi and A. Lorenzoni, "Permanent Magnet Generators of Wind Power Industry: An Overall Comparison with Traditional Generators," in *Proceeding of IEEE International Conference on Opportunities and Advance in Electric Power Generation*, Durham, UK, 1996, pp. 49–54.
18. N. Bianchi and S. Bolognani, "Design Techniques for Reducing the

Cogging Torque in Surface-Mounted PM Motors," Acceptance for Presentation and Publication on Proc. of International Conference *IEEE IAS Annual Meeting*, Rome, Italy, 8–12, October, 2000.
19. R. Krishnan, *Electric Motor Drives*, Prectice-Hall, Englewood Cliffs, NJ, 2001.

Further References on AC Drives

1. W. Schuisky, *Berechnung Elektrischer Machinen*, Springer Verlag, Wien, 1960.
2. G. R. Slemom and A Straughen, *Electric Machines*, Addison-Wesley, New York, 1980.
3. P. Sen, *Thyristor DC Drives*, John Wiley & Sons, New York, 1981.
4. E. Levi, *Polyphase Motors*, John Wiley & Sons, New York, 1984.
5. W. Leonard, *Control of Electrical Drives*, Springer-Verlag, Berlin, 1985 (first edition), 1996 (second edition).
6. P. Vas, *Vector Control of AC Machines*, Oxford Science Publications, Clarendon Press, Oxford, 1980.
7. I Boldea and S. A. Nasar, *Vector Control of AC Drives*, CRC Press, Boca Raton, FL, 1992.
8. D. W. Novotny and T. A. Lipo, *Vector Control and Dynamics of AC Drives*, Oxford Science Publications, Clarendon Press, Oxford, 1996.
9. J. F. Gieras and M. Wing, *Permanent Magnet Motors Technology: Design and Applications*, Marcel Dekker, Inc., New York, 1996.
10. I. Boldea and S. A. Nasar, *Electric Drives*, CRC Press, Boca Raton, 1999.

10

Interior Permanent Magnet and Reluctance Synchronous Motors

이 장에서는 내부 (內部, 내장(內藏), 매립(埋立), 매입(埋込)) 영구자석 전동기(永久磁石 電動機)(interior permanent magnet motor, IPMM)의 유한 요소 해석을 다룬다. 내부 영구자석 전동기는 견인(牽引) 응용이나 높은 동적 성능이 요구될 때 사용된다. 이 전동기는 전기 구동을 매개로 하여 정현파 전류로 구동되는 동기전동기이다; 그러므로 이러한 전동기의 해석은 직축과 횡축 이론에 의하여 수행된다. 전동기의 두 가지 자기 모델이 보여지며, 그것을 얻는 과정이 설명된다. 유한 요소 해석으로부터 얻어지는 자료를 처리하는 자동 앨고리즘도 설명된다. 동기 릴럭턴스 전동기(synchronous reluctance motor)는, 내부 영구자석 전동기의 특별한 경우로 고려하여 장의 끝에서 논의된다.

10.1 Introduction

내부 영구자석 전동기의 핵심(核心) 특성은 영구자석이 회전자의 표면에 있지 않고 회전자 적층 내에 묻힌다는 것이다. 영구자석을 붙들고 고정자 전류에 기인한 d-축 자속을 차단(遮斷)하기 위하여 적절한 구멍(hole)이 회전자 적층 내에 찍혀 뚫어진다. 이런 이유로, 그것들은 자속 장벽(磁束 障壁, flux barrier)이라고도 불린다.

영구자석의 미분 비투자율이 공기의 투자율보다 단지 약간만 더 높기 때문에, 회전자는 서로 다른 자기 퍼미언스(magnetic permeance)를 갖는 자기 경로를 나타낸다. d-축이 자극 축(磁極 軸, polar-axis)(즉, 영구자석 축)에 대응한다고 하자. 그러면 d-축 퍼미언스는 q-축 퍼미언스보다 더 크며, 인덕턴스는 $L_d < L_q$이다. 이것은 권선형 회전자(捲線形 回轉子, wound rotor)를 가진 돌극(突極) 동기기의 보통 상황과 반대(反對)이다(8장과 비교하는 것이 유용하다).

회전자 이방성(異方性, anisotropy)의 결과로, 전동기는 릴럭턴스 토크와 영구자석 토크의 장점을 취하여, 유리한 체적 대 토크 비(比)를 보인다. 덧붙여, 내부 영구자석 전동기는 높은 운전 속도까지 높은 出力을 유지하기 때문에, 일정 출력 토크-속도 특성이 요구될 때, 약 계자 운전(弱 界磁 運轉, flux-weakening operation)에 적합하다.

고정자는 유도전동기의 그것과 비슷하지만, 회전자는 영구자석의 위치에 따라 다른 위상(位相, 토폴로지, topology)을 나타낼 수 있다. 이러한 형태는 두 가지 군(群, 그룹, group)으로 나누어질 수 있다: 접선(또는 방위각) 방향으로 자화(磁化)된 영구자석과 반경 방향으로 자화된 영구자석을 가진 회전자. 그것들이 각각 그림 10.1 (a)와 (b)에서 6극 전동기에 대하여 보여졌다.

첫 번째의 경우에는, 각 극의 자속은 두 영구자석의 자속의 합으로 주어진다. 이 같은 배치의 형태는 낮은 잔류 자속밀도의 영구자석과 많은 수의 극을 갖는 기계에 적합하다. 더 높은 공극 자속밀도를 얻기 위하여, 두 영구자석 표면의 합이 공극 자극 면적보다 더 크게 선택된다. 덧붙여, 회전자 축(軸)은 자속 경로를 피하기 위하여 비자성(非磁性)으로 되어야 한다.

두 번째 경우에는, 영구자석 표면이 자극 면적보다 더 작기 때문에, 공극 자속밀도가 영구자석 자속밀도보다 더 낮다. 더욱이, 이러한 형태는 높은 q-축 퍼미언스와 낮은 d-축 퍼미언스로, 높은 회전자 이방성을 보인다.

그림 10.1의 형태 모두에서, 원심력(遠心力)에 대비하여 자기 구조를 지지(支持)하기 위해 중요한 자기 가교(磁氣 架橋, magnetic bridge)가 있다. 하지만, 두께는 영구자석 자속의 자기 단락 회로(磁氣 短絡 回路, magnetic short-circuit)가 있기 때문에, 기계적 고려가 허용되는 한도에서 가능한 한 얇아야 할 것이다.

접선(방위각) 방향 자화 영구자석 전동기를 참조(參照)한, 몇 가지 자속밀도 파형(波形)을 그림 10.2에 나타낸다.

그림 10.2 (a)는 영구자석 만에 기인한 공극 자속밀도 분포를 보인다. 평균치가 파선(破線)으로 강조되었다. 개구(開溝, slot opening)의 효과가 매우 명백하다. 그림 10.2 (b)와 (c)는 (영구자석은 자화되지 않고) 각각 d-축 전류와 q-축 전류 만을

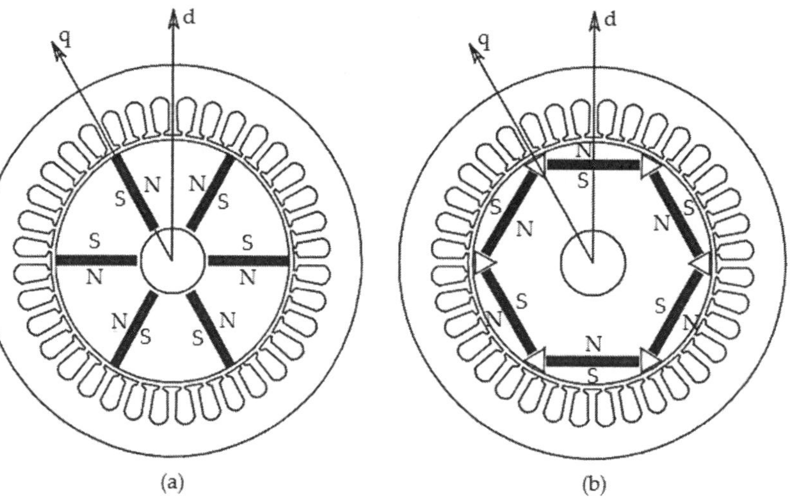

Figure 10.1
Different rotor structures of the interior permanent magnet motors.

갖는 고정자 전류 만에 기인한 공극 자속밀도 분포를 나타낸다(영구자석은 감자(減磁), 즉 B_{res} = 0이다). 분포의 기본파 성분이 파선으로 강조되었다. 자속 장벽으로 인해, d-축 전류가 고정자 권선을 흐를 때, 회전자의 어떤 부분의 자기 포텐셜이 0이 아닌 값으로 된다. 이런 회전자의 부분은 자속 장벽과 공극에 의해 경계지어 지는 철(鐵) "섬"(iron "island")이다. 그 결과, 고정자에 같은 전류가 공급되는데도, 그림 10.2 (c)의 d-축 전류에 기인한 자속밀도의 최대치는 그림 10.2 (b)의 q-축 전류에 기인한 자속밀도의 최대치보다 더 낮다.

마지막으로, 그림 10.2 (d)는 부(음)의 d-축 전류 만에 의한 영구자석 표면에서의 자속밀도 분포를 보인다. 자속밀도는 부(음)(감자)이며 전 표면에 걸쳐 균일하게 분포된다. 이에 대한 검토는 최대 고정자 전류에서 수행되어야 할 것이며, 영구자석이 비가역적(非可逆的)으로 감자되지 않는다는 보장이 필요하다.

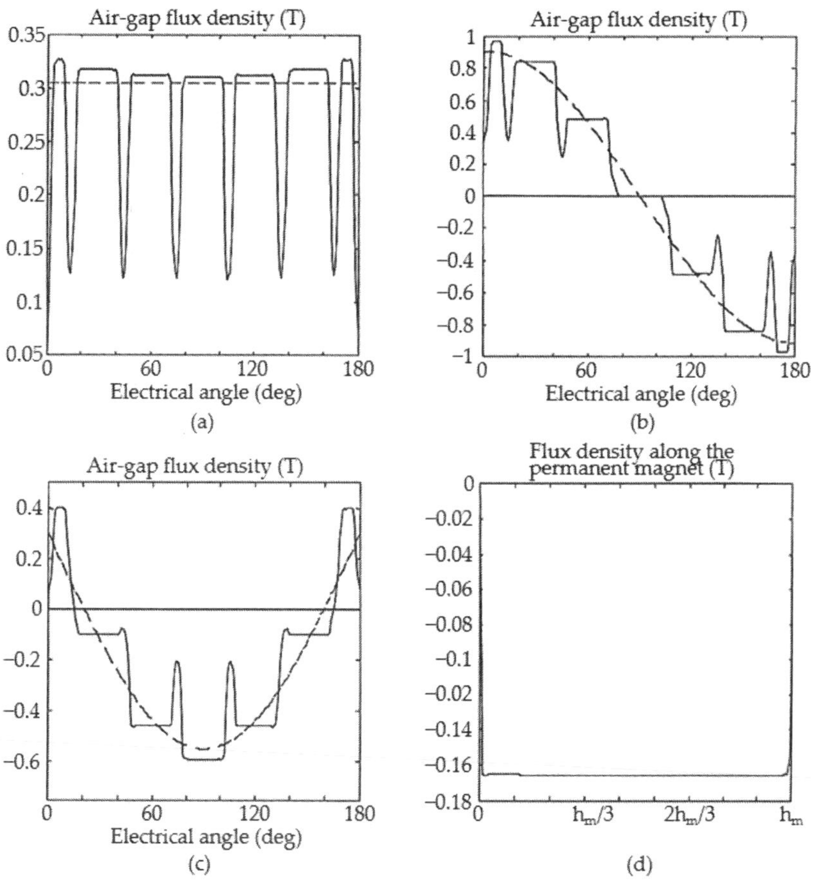

Figure 10.2
Air-gap flux density distributions due to the permanent magnet (a), d-axis current (b), q-axis current (c), and flux density distribution along the permanent magnet with negative d-axis current (d).

10.2 Characteristic Motor Parameters

내부 영구자석 전동기의 정상 상태 해석은 동기 회전 기준 좌표계에서 수행된다. 전동기 토크는 식 (9.16)에 의해 식 (10.1)에 나타낸 바와 같이 표현된다.

$$T = \frac{3}{2}p\left(\Lambda_d I_q - \Lambda_q I_d\right) \tag{10.1}$$

d-축과 q-축 정상 상태(定常 狀態) 전압은 식 (10.2)이다.

$$\begin{aligned} V_d &= RI_d - \omega\Lambda_q \\ V_q &= RI_q + \omega\Lambda_d \end{aligned} \tag{10.2}$$

저항 전압 강하를 무시하면, 전압의 크기는 식 (10.3)이다.

$$V^2 = \omega^2\left(\Lambda_d^2 + \Lambda_q^2\right) \tag{10.3}$$

쇄교 자속 Λ_a와 Λ_b는 항상 영구자석에 기인한 쇄교 자속 Λ_m과 두 축(軸) 인덕턴스 L_d와 L_q를 사용하여 표현된다. 일반적으로, 그것들은, 포화에 기인하여, 고정자 전류에 종속된다. 이러한 정수들은 전동기의 자기(磁氣) 모델을 나타내며 장 해(場 解)로부터 쉽게 얻어진다.

10.2.1 Simplified Magnetic Model

영구자석에 기인한 쇄교 자속은, 식 (9.3)에서 보여준 바와 같이, 무부하 시뮬레이션으로부터 얻어진다. Λ_m을 그 최대치(最大値)라 하자. 그것은 일정하며 고정자 전류에 무관한 것으로 고려된다.

d-축과 q-축 인덕턴스를 계산하기 위해서는, 8장에서 동기발전기에 대해 설명되었던 것과 같은 과정이 채용된다. 그것들은 L_d와 L_q(마지막에는 3차원 효과를 고려하여 수정된, 즉 $L_d = L_\sigma + L_{dm}$과 $L_q = L_\sigma + L_{qm}$인)로 나타내어진다. 앞에서 설명된 바와 같이, 특별한 회전자 구조에 기인하여, $L_d < L_q$이다.

d-축 인덕턴스 L_d는 전류에 대하여 본질적으로 상수이다. 그러면, d-축 쇄교 자속은 식 (10.4)로 된다.

$$\Lambda_d(I_d) = \Lambda_m + L_d I_d \tag{10.4}$$

이에 반하여, 횡축 인덕턴스 L_q는 $L_q(I_q)$와 같이, 고정자 전류, 특히 q-축 전류에 종속된다. q-축 쇄교 자속은 $\Lambda_q = L_q(I_q)\cdot I_q$이다. 편의를 위하여, 이 관계는 부분 직선(部分 直線, piece-wise lines)을 사용하여 근사화된다. I_{qs}를 포화의 시작 점에서의 q-축 전류라 하면, $I_q < I_{qs}$에서의 비포화 인덕턴스 L_{qu}와 $I_q > I_{qs}$에서의 포화 (미분) 인덕턴스 L_{qs}를 정의하는 것이 유용하다. q-축 쇄교 자속은 식 (10.5)가 된다.

$$\begin{aligned} \Lambda_q(I_q) &= L_{qu} I_q & I_q \le I_{qs} \\ &= \Lambda_{qs} + L_{qs} I_q & I_q \ge I_{qs} \end{aligned} \tag{10.5}$$

전류에 대한 쇄교 자속의 종속을 나타내는 자기 특성이 그림 10.3에 보여졌다. 이 자기 모델의 장점은 간단한 방정식이 사용된다는 점이다. 이것은 내부 영구자석 전동기 또는 전류 제어(電流 制御, current control)의 설계 단계(設計 段階)에서 특히 유리하다. 더욱이, 그것은 단지 4개의 장 해로부터 빠르게 얻어진다:

1. 0의 고정자 전류로 하는 첫 번째 시뮬레이션은 영구자석에 기인한 쇄교 자속 Λ_m이 얻어지는 것을 허용한다.
2. 낮은 d-축 및 q-축 전류 값(지표 값으로는 정격 고정자 전류의 10 %와 같은 값의 I_d = I_q가 될 수 있다)으로 하는 두 가지 비포화 인덕턴스가 계산되는 것을 허용한다. Λ_d와 Λ_q를 전류 I_d와 I_q에 대응되는 쇄교 자속이라 하면, 두 개의 축 인덕턴스는 式 (10.6)이다.

$$L_d = \frac{\Lambda_d - \Lambda_m}{I_d} \qquad L_q = \frac{\Lambda_q}{I_q} \tag{10.6}$$

3. 높은 값의(예를 들어, 정격 전류의 80 % 및 100 %와 같은) q-축 전류 만으로 하는 두 가지 더 나아간 시뮬레이션은 미분 포화 인덕턴스가 계산되는 것을 허용한다. Λ_q'와 Λ_q''가 각각 두 가지 q-축 전류 I_q'와 I_q''로 부터 얻어진 q-축

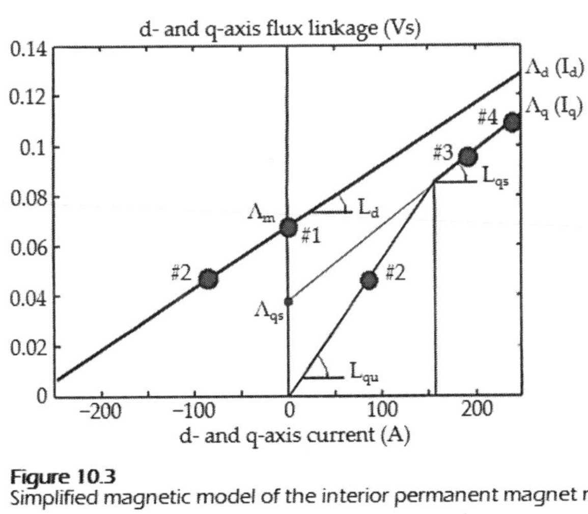

Figure 10.3
Simplified magnetic model of the interior permanent magnet motor.

Table 10.1
Computed values for the interior permanent magnet motor model

	I_d (A)	I_q (A)	Λ_d (mVs)	Λ_q (mVs)	Motor Parameter
#1	0	0	67.5	—	$\Lambda_m = 67.5$ (mVs)
#2	–85	85	46.8	46.2	$L_d = 0.243$ (mH)
					$L_{qu} = 0.543$ (mH)
#3	0	192	—	95.05	
#4	0	240	—	108.9	$L_{qs} = 0.288$ (mH)

쇄교 자속이라 하면, 인덕턴스는 식 (10.7)이 된다.

$$L_{qs} = \frac{\Lambda'_q - \Lambda''_q}{I'_q - I''_q} \tag{10.7}$$

그러면, 그림 10.3을 참조하여, 나머지 정수는 식 (10.8)과 같이 주어진다.

$$\begin{aligned} \Lambda_{qs} &= \Lambda'_q - L_{qs} I'_q \\ I_{qs} &= \frac{\Lambda_{qs}}{L_{qu} - L_{qs}} \end{aligned} \tag{10.8}$$

그림 10.3은, 그 형태가 그림 10.1 (b)에서 보여진, 반경 방향 자화 내부 영구자석 전동기의 시뮬레이션 결과이다. 장 해로부터 얻어진 값은 점으로 강조되었다. 각 점에 가까이 표시된 숫자는 대응되는 시뮬레이션 단계를 가리킨다. 같은 값이 표 10.1에 보여졌다.

10.2.2 Cross-Coupling Effect

교차 결합(交叉 結合, cross-coupling)은 d-축과 q-축 사이의 자기적 상호 작용으로서, 본질적으로 포화에 기인한다. 이 현상은 다음과 같이 설명될 수 있다: d-축 전류에 의해 생성된 자속이 기계의 어떤 부분에서 포화되면, q-축 전류에 의해 생성되는 자속 선이 일그러지며, 그 역(逆)도 마찬가지이다.

d-축과 q-축 쇄교 자속은 식 (10.9)와 같이 두 축 전류 모두의 함수로서 고려된다.

$$\begin{aligned} \Lambda_d &= \Lambda_d(I_d, I_q) \\ \Lambda_q &= \Lambda_q(I_d, I_q) \end{aligned} \tag{10.9}$$

쇄교 자속은 8장에서 설명된 바와 같이, 자기 벡터 포텐셜의 적분 또는 공극 자속밀도 분포의 처리에 의해 계산될 수 있다. 자동 계산 과정이 또한 10.4절에서 보여진다.

선형 자기회로의 경우에는, d-축과 q-축 쇄교 자속 Λ_d와 Λ_q는 식 (10.10)과 같이 d-축과 q축 전류에 따라 선형적으로 변화한다.

$$\Lambda_d(I_d, I_q) = \Lambda_d(I_d) = \Lambda_m + L_d I_d$$
$$\Lambda_q(I_d, I_q) = \Lambda_q(I_q) = L_q I_q \tag{10.10}$$

식 (10.9)로 주어진 쇄교 자속의 전류에 대한 종속성이 그림 10.4에 보여졌다. 이 것들은 줄곧 그림 10.1 (b)의 전동기에 대한 것이다. 두 쇄교 자속이 하나의 곡선으로 나타내어지지는 않았지만, d-축과 q-축 전류 모두의 효과를 감지(感知)하는 것이 중요하다. 이 결과를 그림 10.3의 결과(같은 전동기에 대한 것이다)와 비교하는 것이 흥미롭다. 전류에 대한 쇄교 자속의 올바른 종속성에 대한 이해가 매우 정확한 위치 제어와 매우 높은 동적 성능을 갖는 전기 구동의 설계를 위해 특히 유용하다.

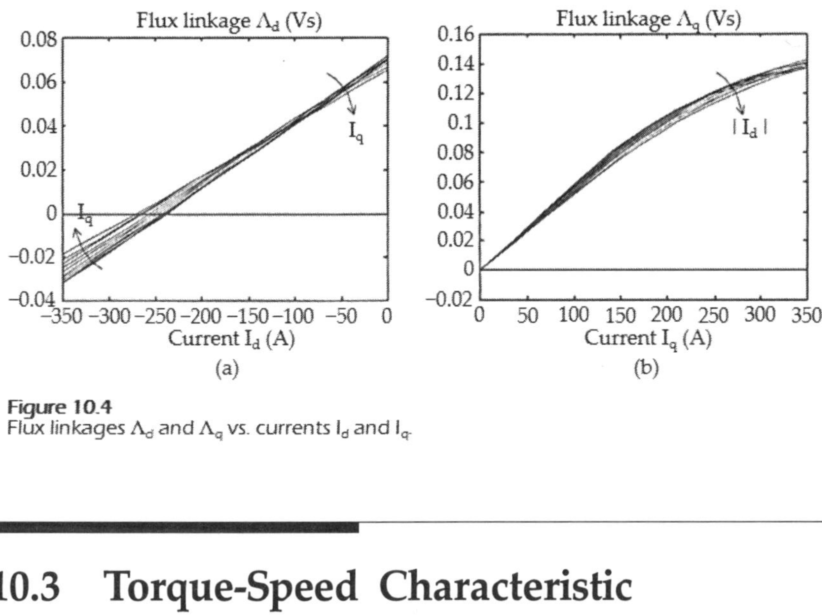

(a) (b)

Figure 10.4
Flux linkages Λ_d and Λ_q vs. currents I_d and I_q.

10.3 Torque-Speed Characteristic

이방성 구조를 생각하면, 내부 영구자석 전동기는 약 계자 운전이 요구되는, 즉 저속도에서 일정 토크 영역을 가지며, 고속에서 일정 출력 영역을 가지는 응용에 잘 어울린다. 정상 상태 운전 동안, 한계 운전 영역은 두 영역으로 분할될 수 있다:

일정 토크 영역(constant torque region) — 저속에서, I_d와 I_q 성분이 최대 토크를 얻도록 선택된, I_n이라 부르는 정격 전류에서 운전된다. 그 토크는 기저(基底) 토크(base torque) T_b이다. 이 운전 점은 0의 속도로부터 단자 전압이 정격치(定格値) V_n에 도달하는 n_b라 부르는 기저 속도까지 유지될 수 있다.

일정 출력 영역(constant power region) — 전동기가 감자(즉, 부(負)의) d-축 전류로 n_b 보다 높은 속도에서 운전되어, 그러한 전류는 식 (10.3)이 가리키는 바와 같이 공칭 전압(nominal voltage)을 초과함이 없이 전동기 속도를 증가시키는 것이 가능하다. 여기서, $\omega = (2\pi/60)\, n\, p$이다. 한편, I_d와 I_q 전류가 최대 토크의 운전 점으로부터 옮겨지기 때문에, 토크의 감소가 얻어진다. 운전 영역은 속도에 따른 토크의 감소를 나타내며 이 거동이 비록 근사적이기는 하지만 "일정 출력(constant power)" 영역이라 불린다. 운전 한계를 참조하면, 전류 페이서 $I_d + j\, I_q$는 일정한 크기를 유지하며 원형 궤적(圓形 軌跡, circular trajectory)을 그려, 항상 d-축 전류의 부(負)의 값이 증가한다. 내부 영구자석 전동기가 $\Lambda_m \approx L_d\, I_n$을 나타낸다면, 넓은 운전 영역이 얻어진다.

유한 요소 해석에 의해 운전 영역을 구별하기 위하여, 다음의 과정이 제시된다:

1. 정격 전류 I_n의 값은 고정된다. 어떤 시뮬레이션은 전류 페이서 $I_d + j\, I_q$에 의해 정의되는 기저 운전 점의 서로 다른 조합으로 수행된다. 장 해로부터 쇄교 자속 Λ_d와 Λ_q가 계산되고, 그러면 토크가 식 (10.1)로부터 계산된다. 최대 토크 T_b와 대응되는 운전 점이 찾아진다. $L_d < L_q$이기 때문에, 그러면 $I_d < 0$이 주어져야 한다. 덧붙여, 최대 토크는 $I_q > |I_d|$에서 찾아짐이 입증될 수 있다.
2. 일단 최대 토크 운전 점이 찾아졌으면, 식 (10.3)에 공칭 전압 $V = V_n$을 인가하여, 기저 속도가 $n_b = (60/2\pi)\, \omega / p$로 계산된다. 여기서, ω는 식 (10.11)이다.

$$\omega = \frac{V_n}{\sqrt{\Lambda_d^2 + \Lambda_q^2}} \tag{10.11}$$

   일정 토크 영역은 그러면 T_b와 n_b에 의해 완전히 정의된다.
3. d-축과 q-축 전류 성분 I_d와 I_q는 I_d의 부(負)의 값은 증가하고 I_q의 값은 감소하지만 I_n은 항상 일정한 크기를 유지하도록 수정된다. 대응되는 장 해로부터, 쇄교 자속 Λ_d와 Λ_q가 계산되고, 따라서 $n = (60/2\pi)\, \omega / p$이다. 토크 T와 속도 n의 값은 토크가 감소하는 영역에서의 기계적인 특성 점에 대응한다.
4. 단계 3에서 설명된 과정이 요구되는 최대 속도에 도달될 때까지, 또는 그 대신으로, 0의 토크에 도달될 때 까지 반복된다.

10.3.1 Example

내부 영구자석 전동기가 기저 토크 T_b = 10 Nm와 기저 속도 n_b = 2000 rpm을 갖는 일정 토크 영역과, 토크가 T_{fw} = 3.33 Nm가 되어야 할 최대 속도 n_{fw} = 6000 rpm 까지 일정 출력 영역을 요구하는 응용을 위하여 설계된다.

전동기 구조와 주 데이터가 그림 10.5에 보여졌다. 단층, 전절권이 사용되었다. 회전자는, 이와 같은 종류의 회전자 구성의 높은 이방성을 확인하면, 4와 거의 같은 값인 이방성 비(異方性 比)(anisotropy ratio)(돌극 비(突極 比, saliency ratio)라고도 불리는) $\xi = L_q / L_d$를 나타낸다.

그림 10.6은 전동기의 한 극 부분의 자속 선을 보인다. 그림 10.6 (a)는 무부하 운전의 경우이다. 회전자 자기 가교(磁氣 架橋)를 통과하는 누설 자속이 명백하다. 대응되는 공극 자속밀도 분포가 그림 10.7 (a1)에 보여졌다. 그림 10.7 (a2)와 (a3)는 그 감자 효과를 강조하여 각각 −30 A와 −70 A와 같은 값의 d-축 전류에 대응하는 공극 자속밀도 분포를 보인다.

그림 10.6 (b)는 q-축 전류 만에 의한(영구자석은 감자된 것으로, 즉 $B_{res} = 0$으로 가정되었다) 자속 선을 보인다. 자속 선은 자극 간(間) 축을 따라 집중되어 회전자로 들어가며 자속 장벽(磁束 障壁)의 변(邊)을 따라 흐른다. q-축 전류 $I_q = 30$ A 만에 의한 공극 자속밀도 분포가 그림 10.7 (b1)에 보여졌다. 그림 10.7 (b2)는 영구자석과 $I_q = 30$ A 둘 다에 기인한 공극 자속밀도 분포를 보인다. 마지막으로, 그림 10.7 (b3)은 q-축 전류가 $I_q = 70$ A로 증가되었을 때의 자속밀도 분포를 보인다.

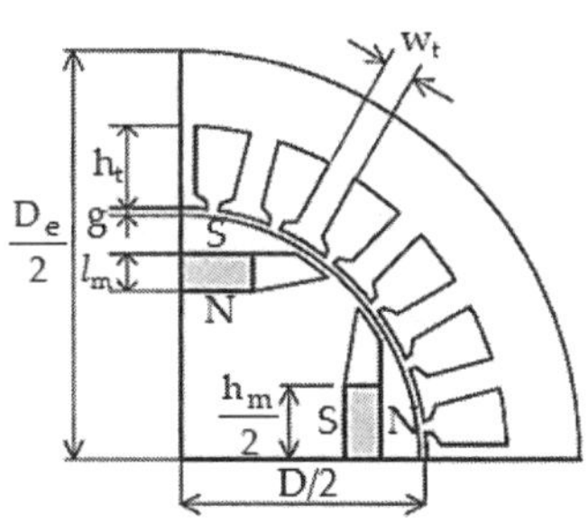

Figure 10.5
Motor structure and main data.

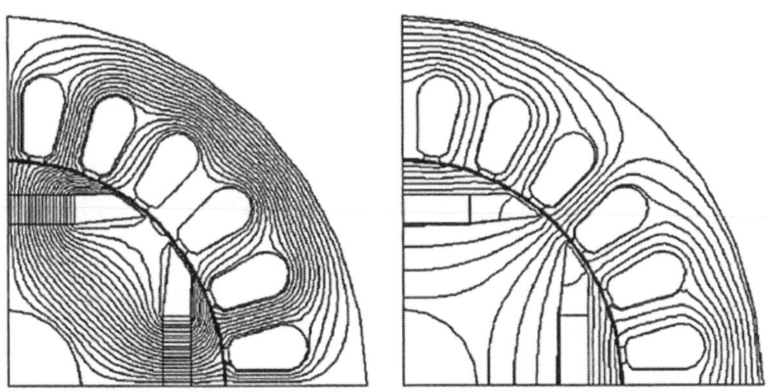

(a) (b)

Figure 10.6
Flux lines with only permanent magnet (a) and only q-axis current (b).

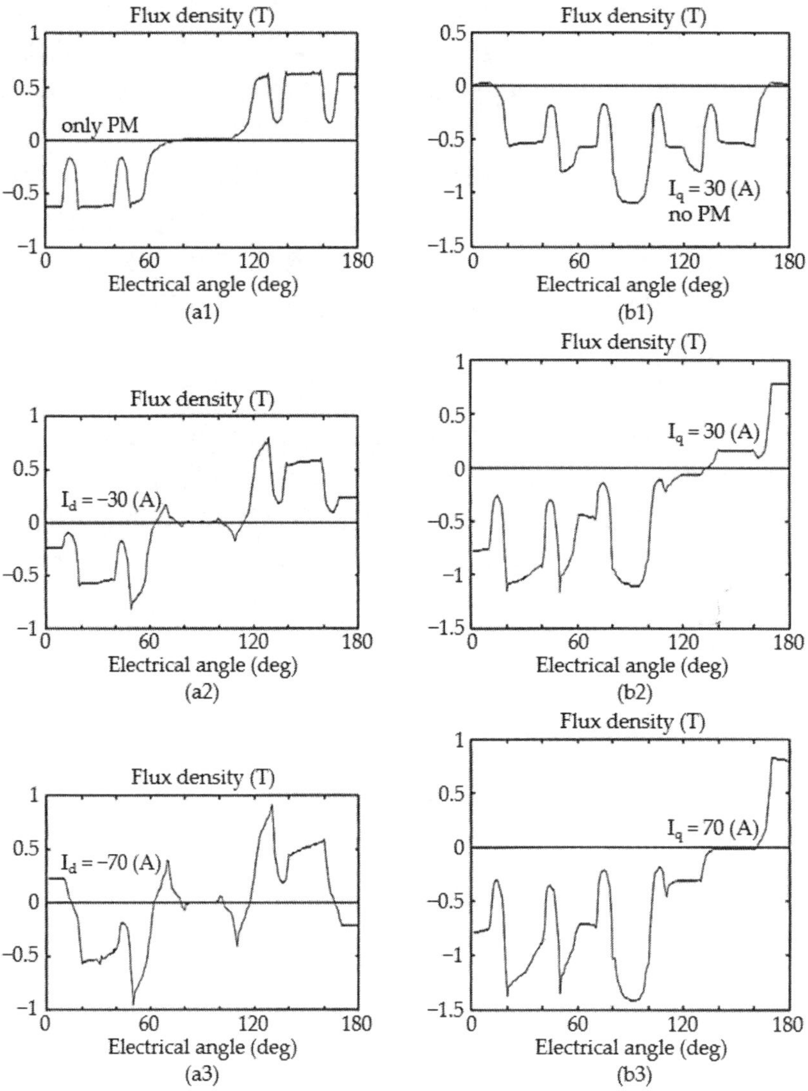

Figure 10.7
Effect of different currents on the air-gap flux density distribution.

서로 다른 전류에서의 장 해로부터 계산된 전동기 토크가 그림 10.8에 보여졌다. 같은 그림 안에 원형(原形, prototype) 전동기에 대한 실험 데이터가 나타나 있는데, 시뮬레이션과 시험치(試驗値, tested values) 사이의 좋은 일치가 확인된다.

정격 직류 전압이 48 V이기 때문에, 전압 강하를 고려하기 위하여 42 V로 낮추면, 전압 한계(限界)는 V_n = 24.2 V이다(정현 파형의 최대치). 위에서 설명된 과정에 따라, 서로 다른 전류 I_n과 주어진 전압 V_n에 대해 그림 10.9의 기계적 특성이 얻어진다.

그림 10.9에서 파선(破線)은 최대치 70 A의 정격 전류에서 요구가 만족됨을 확인

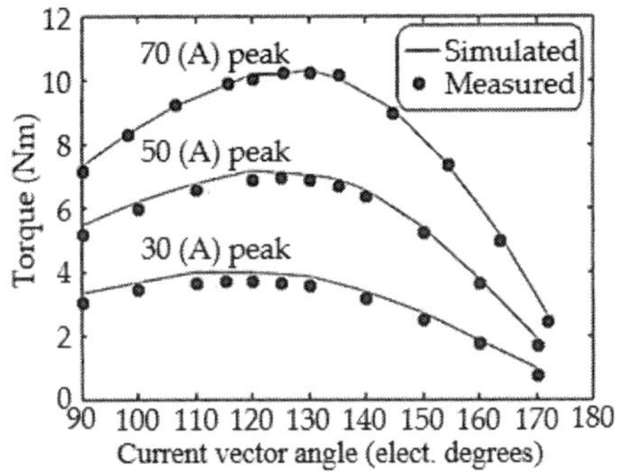

Figure 10.8
Motor torque versus the angle of the current vector (I_d, I_q).

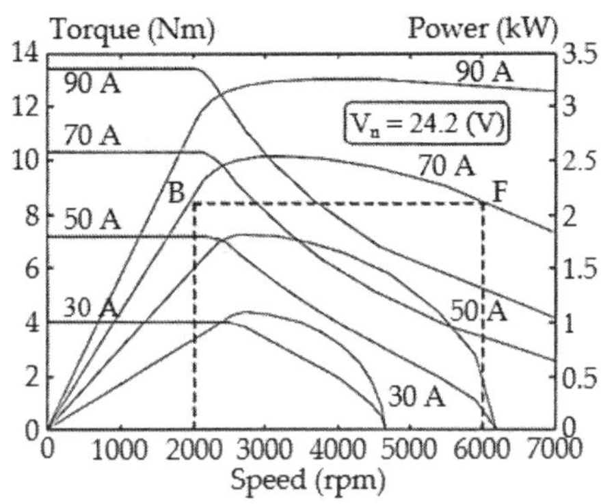

Figure 10.9
Torque and power versus speed, at different stator current values.

한다.

내부 영구자석 전동기는 1:3의 속도 범위에서 일정 출력 영역을 나타낸다.

10.4 Algorithm for an Automatic Computation

위에서 설명한 과정은 전동기 특성의 자동 계산을 위한 코드(code)를 작성하기에 매우 적합하다. 시뮬레이션의 각 단계에 따라 이 과정이 유한 요소 앨고리즘과 상호 작용한다.

첫째로, 코드는 일반적인 전류 값에 대응하는 d-축과 q-축 쇄교 자속의 자동 계산에 대한 것이다.

예에서는, 그림 10.10의 전동기 구조가 고려되었다. 2층, 1 슬롯 단절권(one-slot chorded winding)이 채용되었다. 시뮬레이션에 사용된 부분은 8장에서 그림 8.5 (b)에 보여졌다.

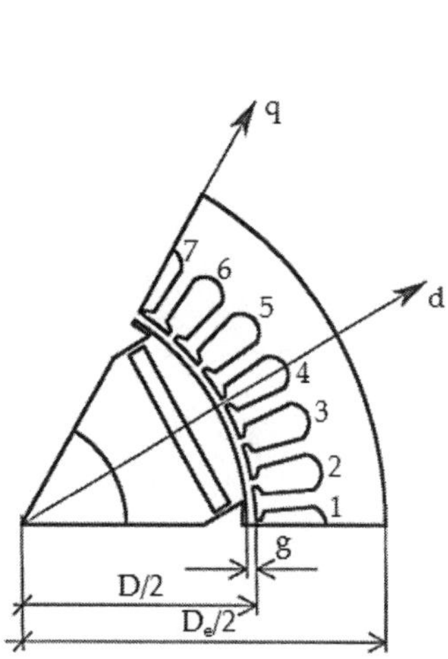

Figure 10.10
Structure of the interior permanent magnet motor and references.

몇 가지 예비 변수(豫備 變數)가 먼저 정의(定義)된다:

```
' Preliminary definitions
  DIM Bn1(180), Bn2(180), Bn3(180)
  pi = 3.1415926536
  dtheta = pi / 180
'----------------------------------------
' Current values in the simulation
  Id = -113
  Iq = 185
```

몇 가지 FUNCTION들이 전류, 물질 특성, 그리고 경계 조건을 지정하기 위해 채용되었다. 그러면 장 문제가 풀려진다. 장 해(場 解)로부터 자기 양(磁氣 量)들이 처리된다. 공극 자속밀도 분포(空隙 磁束密度 分布)가 파일(file) `FileInduz$`에 저장되며, 고정자 슬롯 내에서의 평균(平均) 자기 벡터 포텐셜이 각 슬롯에 대해 한 개의 값으로 파일 `FilePotential$`에 저장된다고 하자.

```
' Name of the file for flux density distribution
    FileInduz$ = "bgload"
' Name of the file for average magnetic vector potential
    FilePotential$ = "MagnVectPot"
' Assignment of the currents
    CALL AssignCurrent (Id, Iq)
' Assignment of the iron permeability
    CALL AssignMu
' Assignment of the permanent magnet parameters
    CALL AssignPm (mu, Br, ang)
' The field problem is solved
    CALL Solution
' the flux density distribution is stored in the file
    CALL Induction (FileInduz$)
' the flux linkage is computed by integration Az
    CALL GlobalFlux
```

고정자 슬롯 내에서의 전류를 지정하는데 사용되는 FUNCTION이 다음에 기록된다. 이 FUNCTION은 그림 8.5 (b)에 보여준 것과 같은 코일의 분포에 기초를 둔다. 전류 성분 I_d와 I_q를 주기 위하여, 자극 축이 a-상 축에 대응되도록 고정되었기 때문에, ϑ = 0이어서, 3상 전류는 식 (10.12)와 같이 주어진다.

$$I_a = I_d \qquad I_a = -\frac{1}{2}\left(I_d + \sqrt{3}I_q\right) \qquad I_c = -\frac{1}{2}\left(I_d + \sqrt{3}I_q\right) \tag{10.12}$$

지금, 슬롯 내의 전류는 식 (10.13)과 같이 주어질 수 있다.

$$\begin{aligned} I_1 &= \frac{n_{qs}}{4}\left(-I_a - I_a\right) \qquad I_2 = \frac{n_{qs}}{2}\left(-I_a + I_c\right) \qquad I_3 = \frac{n_{qs}}{2}\left(I_c + I_c\right) \\ I_4 &= \frac{n_{qs}}{2}\left(I_c - I_b\right) \qquad I_5 = \frac{n_{qs}}{2}\left(-I_b - I_b\right) \qquad I_6 = \frac{n_{qs}}{2}\left(-I_b + I_a\right) \\ I_7 &= \frac{n_{qs}}{4}\left(I_a + I_a\right) \end{aligned} \tag{10.13}$$

여기서, n_{qs}는 n_{pp}가 병렬 경로(竝列 徑路)의 수일 때, n_q / n_{pp}로 주어지는 슬롯당 직렬 도체의 수이다(8장을 보라). 전류 I_1과 I_7은, 슬롯의 절반(折半)만이 시뮬레이션되기 때문에, 4로 나누어진다. N을 상(相)당 직렬 도체의 수, 2p를 자극 수, 그리고 q_s를 극당 상당 슬롯 수라 하자. 그러면 n_{qs}는 식 (10.14)가 된다.

$$n_{qs} = \frac{N}{2pq_s} = \frac{3N}{Q} \tag{10.14}$$

```
SUB AssignCurrent (Id, Iq)
Ia = Id
Ib = -0.5 * (Id - SQR(3) * Iq)
Ic = -0.5 * (Id + SQR(3) * Iq)
Icava1 = (nqs / 4) * (-Ia - Ia)
Icava2 = (nqs / 2) * (-Ia + Ic)
Icava3 = (nqs / 2) * (Ic + Ic)
Icava4 = (nqs / 2) * (Ic - Ib)
Icava5 = (nqs / 2) * (-Ib - Ib)
Icava6 = (nqs / 2) * (-Ib + Ia)
Icava7 = (nqs / 4) * (Ia + Ia)
```

장 해가 얻어진 후에는, 결과를 파일에 저장하는 과정이 처리된다. 먼저 공극 자속밀도 분포가 다루어진다. 공극 자속밀도 분포는 180개의 값으로 주어진다; 그것은 파일 `FileInduz$`로부터 읽어진다. 이 180개의 값은 변수(變數) `Bn1(nnn)`에 저장된다. 식 (8.16)과 (8.24)에 표현된 바와 같은 직축($\cos\vartheta_r$)과 횡축($\sin\vartheta_r$)에 대응되는 두 기본파 성분이 계산된다. d-축과 q-축 쇄교 자속 Λ_a와 Λ_b는 식 (8.18)과 (8.25)에 표현된 바와 같이 얻어진다.

```
' Processing of the obtained results
'
' 1: Method of the airgap flux density
' Reading the file
    OPEN FileInduz$ FOR INPUT ACCESS READ AS #1
    FOR nnn = 1 TO 180
        INPUT #1, a, b, c
' The flux density value is in the third column
            Bn1(nnn) = c
    NEXT nnn
    CLOSE #1
' The two-axis fundamental components are computed
```

```
Bid = 0
Biq = 0
For nnn = 1 TO 180
    theta = dtheta * nnn
    Bid = Bid + Bn1(nnn) * SIN(theta) * dtheta
    Biq = Biq - Bn1(nnn) * COS(theta) * dtheta
NEXT nnn
B1d = Bid * 2 / pi
B1q = Biq * 2 / pi
F1d = (B1d * D * L / p) * (kw * n / 2)
F1q = (B1q * D * L / p) * (kw * n / 2)
```

두 번째 방법은 각 코일 부분에서의 자기 벡터 포텐셜 A_z의 처리에 기초를 둔다. 식 (8.2)에서와 같이, 각 q-번째 슬롯에서의 평균 자기 벡터 포텐셜은 식 (10.15)와 같이 계산되며 그것은 각 슬롯에 대해 한 개의 값으로 파일 `FilePotential$`에 저장된다.

$$A_{slot\,(q)} = \frac{1}{S_q}\int_{S_q} A_z\,dS \tag{10.15}$$

그러면 이 값들은 영역의 각 슬롯(지금의 예에서는 7)에 대하여 파일로부터 읽어지고 변수 `fslot(nnn)`에 주어진다.

슬롯 내에서의 코일 단면의 분포와 대칭 조건으로부터, 3상 쇄교 자속 Λ_a, Λ_b 및 Λ_c가 계산된다. 여기서의 특정한 예에서는 그것이 식 (10.16)과 같이 주어진다.

$$\begin{aligned}
\Lambda_a &= 2p\frac{n_{qs}}{2}\left[-\left(\Lambda_1+\Lambda_2\right)+\left(\Lambda_6+\Lambda_7\right)\right]\\
\Lambda_b &= 2p\frac{n_{qs}}{2}\left[-\left(\Lambda_4+2\Lambda_5+\Lambda_6\right)\right]\\
\Lambda_c &= 2p\frac{n_{qs}}{2}\left[\left(\Lambda_2+2\Lambda_3+\Lambda_4\right)\right]
\end{aligned} \tag{10.16}$$

그러면 2-축 쇄교 자속 Λ_d와 Λ_q가 변환(變換) $T_{abc/dq}$(8장의 부록(附錄)을 보라)를 사용하여 계산된다. ϑ = 0이기 때문에, d-축과 q-축 쇄교 자속 성분은 식 (10.17)과 같이 주어진다.

$$\Lambda_d = \frac{2}{3}\left(\Lambda_a - \frac{\Lambda_b+\Lambda_c}{2}\right) \qquad \Lambda_q = \frac{1}{\sqrt{3}}\left(\Lambda_b-\Lambda_c\right) \tag{10.17}$$

그러면 결과는 다음과 같다:

```
' Processing of the obtained results
'
' 2: Method of the flux linkages
'  Reading the files corresponding to the 7 slots
    FOR nnn = 1 To 7
        Files = FilePotential$ +
                + LTRIM$(STR$(nnn)) + ".dat"
        OPEN FILE$ FOR INPUT ACCESS READ AS #5
```

```
            INPUT #5, fcava(nnn)
            fcava(nnn) = fcava(nnn)
          CLOSE #5
     NEXT nnn
 ' The three-phase flux linkages are computed
     Fa0 = (fcava(1) + fcava(2))+(fcava(6) + fcava)7))
     Fb0 = -(fcava(4)+ 2 * fcava(5) + (fcava(6))
     Fc0 = (fcava(2)+ 2 * fcava(3) + (fcava(4))
     Fa = 2 * p * nqs / 2 * L * Fa0
     Fb = 2 * p * nqs / 2 * L * Fb0
     Fc = 2 * p * nqs / 2 * L * Fc0
' The two-axis flux linkages are computed
     Fd = 2 / 3 * (Fa - (Fb + Fc) / 2)
     Fq = 1 / SQR(3) * (Fb - Fc)
```

기계의 한 자극에 대응되는 자속 선이 그림 10.11에 무부하와 전 부하 운전에 대하여 각각 보여졌다. 제시된 두 가지 방법의 적용에 의해 얻어진 몇 가지 결과가 그림 10.12에 나타나 있다. 그림 10.12는 두 가지 계산 방법이 잘 일치함을 보인다. 덧붙여, 결과는 산업(産業) 주파수(industry frequency, 상용(常用) 주파수) 50 Hz와 서로 다른 부하에서 전동기를 구동하여 얻어진 실험 결과와 비교되었다.

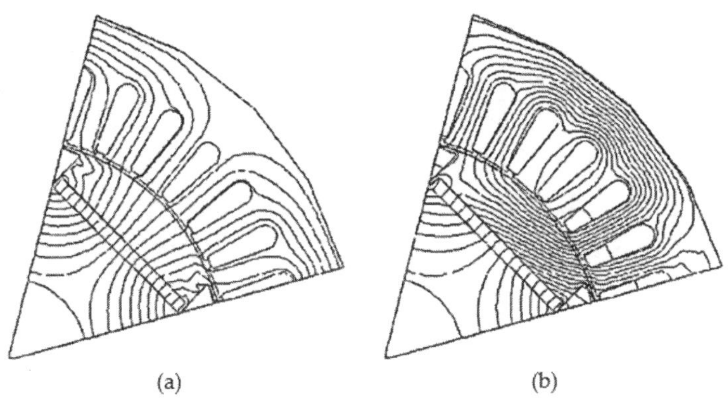

Figure 10.11
Flux lines during no-load (a) and the full-load (b) operations.

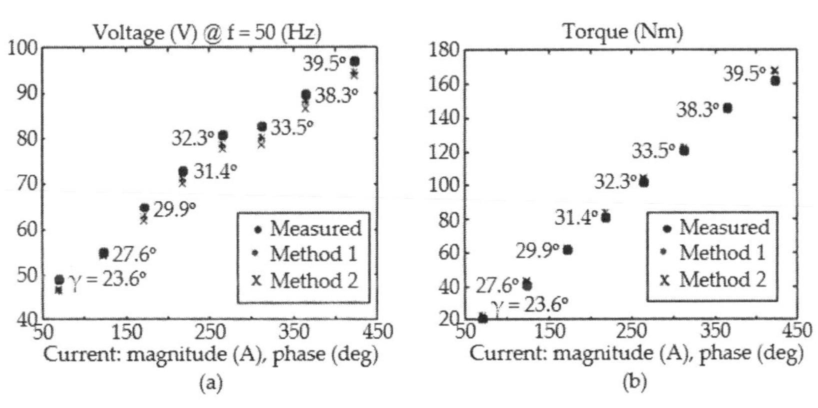

Figure 10.12
Comparison between simulated and measured results.

10.5 Synchronous Reluctance Motors

동기 릴럭턴스 전동기(synchronous reluctance motor, SRM)는, 영구자석을 회전자로부터 제거(除去)하여 얻어진, 내부 영구자석 전동기의 특별한 경우로서 고려될 수 있다. 동기 릴럭턴스 회전자는 내부 영구자석 회전자와 비슷하지만, 일반적으로 그것은 극당 몇 개의 장벽(障壁)을 갖도록 설계된다. 이것은 전동기 토크가 회전자 이방성(異方性) 만에 기인하기 때문으로, 돌극 비(突極 比)는 가능한 한 높게 해야 한다.

두 가지 릴럭턴스 전동기 구성이 그림 10.13에 보여졌다. 첫 번째의 것은 횡 방향(橫方向)으로(transversally) 적층된 회전자이며, 두 번째의 것은 축 방향으로 적층된 회전자이다. 동기 릴럭턴스 전동기의 d-축과 q-축에 대해 통상적(通常的)으로 사용되는 표시가 그림 10.13에 채택되었다. 즉, d-축이 더 높은 퍼미언스 경로를 따라 배치된다. 이 표시는 위에서 내부 영구자석 전동기에 대해 채택되었던 표시와 반대이다. 릴럭턴스 전동기에서는, $L_d > L_q$가 얻어지고 돌극 비는 $\xi = L_d / L_q$로 정의된다.

그림 10.13(a)에 보여진 횡 방향 적층 릴럭턴스 전동기의 경우에는, 회전자는 틀로 찍어낸 박판(stamped laminations)을 쌓아 올린 형태이다. 자속 장벽은 찍어내는 과정 동안 직접 형성된다. 이 경우 극당 장벽의 수는 2와 5 사이의 범위이다. 회전자 구조는, 두께가 기계적 고려에 의해 설계된, 얇은 자기 가교에 의해 지탱된다. 이러한 자기 가교는 q-축 자속에 의해 포화된다. 이 회전자 구조는 10 까지의 돌극 비(突極 比)를 보인다.

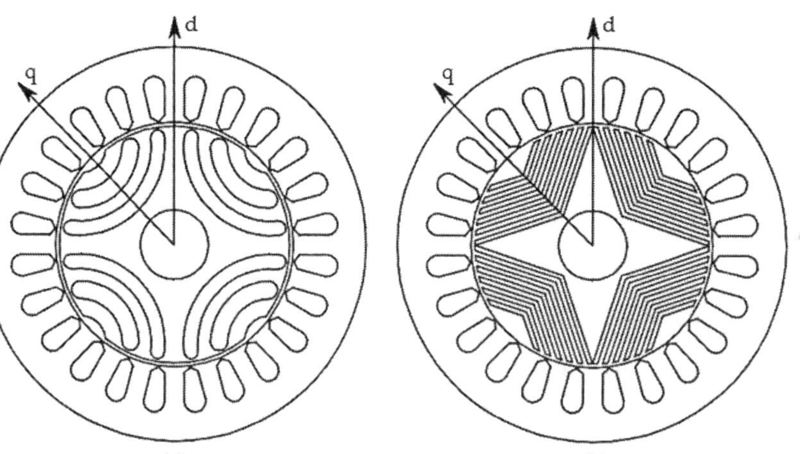

Figure 10.13
Synchronous reluctance motor configurations.

그림 10.13(b)에 보여진 축 방향 적층 릴럭턴스 회전자는, 구부러지고 축 방향을 따라 배치된 박판과 비자성(非磁性) 절연 층이 쌓아 올려진 형태이다. 구조는 비자성 간격 기구(間隔 器具)(nonmagnetic spacings)에 의해 지탱된다. 축도 마찬가지로 비자성이다. 이 회전자 구조는, 선형 조건에서, 20 보다 더 큰 돌극 비를 보인다. 하지만, 회전자 조립(組立)이 어려우며 고정자 슬롯에 기인한 회전자에서의 자속 동요(磁束 動搖, flux fluctuation)로 인하여 회전자 철 손실이 나타난다.

때때로, 일정 출력 영역에서의 역률 또는 성능을 높이기 위하여, 영구자석이 자속 장벽 내에 삽입(挿入)된다. 그것들은 형상이 쉽게 만들어지는 합성수지 접합 저에너지 영구자석(plastic bonded low-energy permanent magnets)이다.

10.5.1 The Transversally Laminated Reluctance Motor

릴럭턴스 전동기의 시뮬레이션에 있어서는, 회전자에 특별한 주의를 기울여야 한다. 영역의 요소 망은 주로 회전자와 공극에서 세분(細分)되어야 할 것이다. 덧붙여, 극도(極度)로 포화되어 동작하는 자속 장벽에도 주의해야 할 것이다.

전동기에는 d-축 또는 q-축 전류 성분만이 공급될 수 있어, 해석이 한 극의 절반(折半) 부분 만으로 줄여질 수 있다. 그렇지 않으면, 전동기에는 전류 성분 I_d와 I_q의 어떤 짝이든 공급될 수 있고, 해석은 전동기의 한 극에 대하여 이루어진다. 뒤의 해석은 전동기의 성능에 크게 영향을 미치는 교차 결합 효과를 고려한 더 정밀(精密)한 자기 모델이 얻어질 수 있다.

예로서, 그림 10.14는 전류 I_d와 I_q의 서로 다른 조합에 따른 동기 릴럭턴스 전동기의 한 극의 자속 선을 보인다. a-상 축이 직축에 대응하도록 선택되었다.

그림 10.14 (a)는 전동기에, 3상 전류 I_a = 10 A, I_b = − 5 A, I_c = − 8.66 A가 부과되어, d-축 전류 만이 (I_d = 10 A, I_q = 0 A) 공급되었을 때의 자속 선을 보인다.

그림 10.14 (b)에서는, 전동기에는 3상 전류 I_a = 0 A, I_b = 8.66 A, I_c = − 5 A가 부과되어, q-축 전류 만이 (I_d = 0 A, I_q = 10 A) 공급된다.

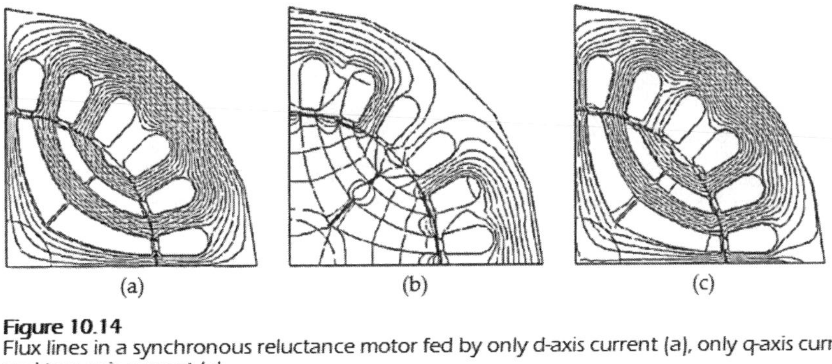

(a) (b) (c)

Figure 10.14
Flux lines in a synchronous reluctance motor fed by only d-axis current (a), only q-axis current (b), and two-axis current (c).

마지막으로, 그림 10.14 (c)는 I_a = 7.07 A, I_b = 2.59 A, I_c = − 9.66 A로 전기 각 45°인 전류 페이서($I_d = I_q = 5\sqrt{2}$ A)가 공급되는 전동기에 해당한다.

10.5.2 The Axially Laminated Reluctance Motor

얇으며 하나가 여러 개로 나누어진 몇 개의 박판 때문에, 유한 요소 시뮬레이션은 요소의 수가 매우 많은 요소 망을 요구한다. 이런 이유로, 기계의 어떠한 대칭성이든 사용하여 가능한 한 해석 영역을 줄이는 것이 필요하다. 아래에서는, 고정자에 d-축 전류만 또는 q-축 전류만을 공급하여, 극의 4분의 1만이 해석된다. 그 결과, 쇄교 자속 Λ_d와 Λ_q는 따로 계산된다.

d-축 전류만인 경우에는, 자기 벡터 포텐셜 A_z는 직축을 따라 0이다. 제차 Dirichlet 경계 조건이 d-축을 따라 부여되고, 제차 Neumann 경계 조건이 q-축을 따라 부여되며, 자속밀도 벡터는 법선 성분만을 갖는다.

같은 방식으로, q-축 전류만인 경우에는, Dirichlet와 Neumann 경계 조건이 q-축과 d-축을 따라 각각 부여된다.

예가 그림 10.15에 보여졌다. 단층, 전절권을 가진 3상, 4극, 36 슬롯 전동기가 고려되었다. 회전자는 두께 t_i = 0.194 mm인 절연 판(絶緣 板, insulating sheet)으로 띄어진 두께 t_l = 0.328 mm인 58장의 자기 박판으로 구성되었다.

이러한 기계의 과중한 시뮬레이션으로 인해, 해석은 회전자만으로 제한되어도 된다. 고정자는 내 직경 D의 둘레를 따라 배치된 무한히 얇은 도체 판(infinitesimal conducting sheet)으로 치환(置換)된다. 이 판 내에 면 전류 밀도가 강제된다. d-축 면 전류 밀도는 식 (10.18) 또는 q-축 면 전류 밀도는 식 (10.19)와 같이 될 수 있는데, 여기서 m은 상(相) 수, N은 직렬 도체의 수, 그리고 ϑ_r은 회전자 d-축에 대한 전기 각이다(그림 8.19에 보여준 바와 같이).

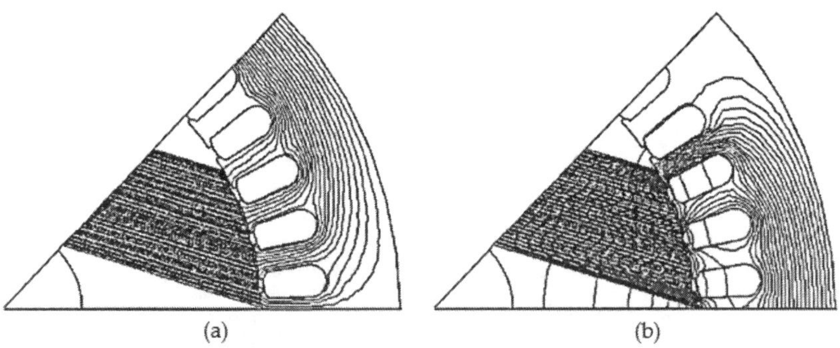

Figure 10.15
Flux plots with d-axis current only (a) and q-axis current only (b).

$$J_{sd}(\vartheta_r) = \frac{mN\hat{I}}{\pi D}\sin(\vartheta_r) \tag{10.18}$$

$$J_{sq}(\vartheta_r) = -\frac{mN\hat{I}}{\pi D}\cos(\vartheta_r) \tag{10.19}$$

그림 10.16은 각각 d-축과 q-축 전류 분포에 대한 자속 선을 보인다. 첫 번째 경우에는 자속 선이 박판에 평행인 한편, 두 번째 경우에는 그것들이 박판에 수직(垂直)이다. 대응되는 공극 자속밀도 분포가 그림 10.17에 보여졌다.

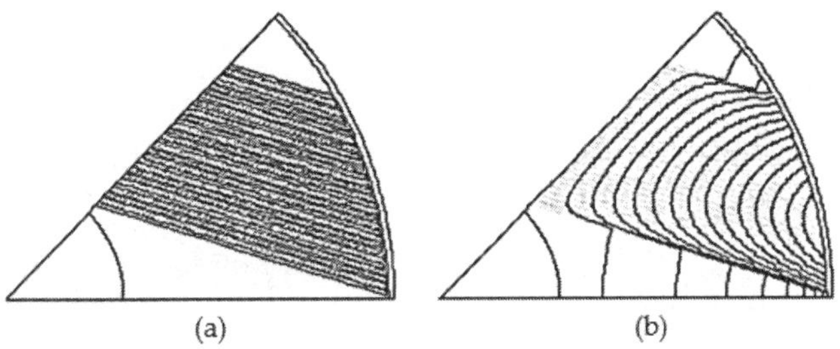

Figure 10.16
Flux lines with (a) d-axis and (b) q-axis surface current density distribution.

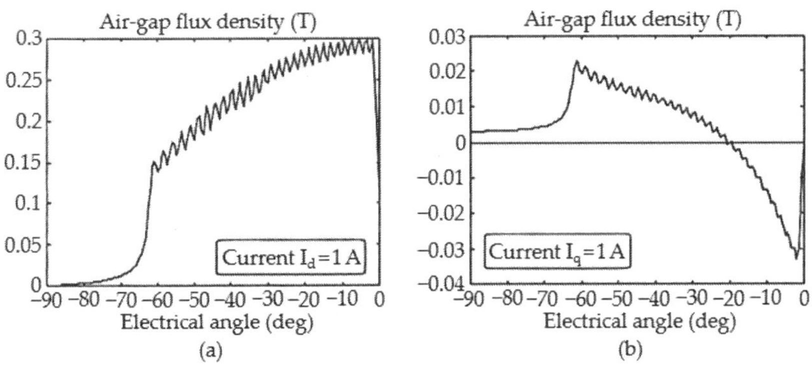

Figure 10.17
Air-gap flux density distributions in simulations of rotor only.

References

1. V. B. Honsinger, "The Field and Parameters of Interior Type AC Permanent Magnet Machines," in *IEEE Trans. on PAS*, vol. 101, 1981, pp. 867–876.

2. B. Sneyers, D. W. Novotny, T. A. Lipo, "Field Weakening in Buried Permanent Magnet AC Motor Drives," in *IEEE Trans. on Ind. Appl.*, vol. IA-21, no. 2, March/April 1985, pp. 398–407.
3. T. M. Jahns, G. B. Kliman, T. W. Neumann, "Interior Permanent-Magnet Synchronous Motors for Adjustable-Speed Drives," in *IEEE Trans. on Ind. Appl.*, vol. IA-22, no. 4, July/August 1986, pp. 738–747.
4. R. F. Schiferl, T. A. Lipo, "Power Capability of Salient Pole Permanent Magnet Synchronous Motors in Variable Speed Drive Applications," in *IEEE Trans. on Ind. Appl.*, vol. IA-26, no. 1, January/February 1990, pp. 115–123.
5. S. Morimoto, Y. Takeda, T. Hirasa, K. Taniguchi, "Expansion of Operating Limits for Permanent Magnet Motor by Current Vector Control Considering Inverter Capability," in *IEEE Trans. on Ind. Appl.*, vol. IA-26, no. 5, September/October 1990, pp. 866–871.
6. A. Fratta, A. Vagati, F. Villata, "Design Criteria of an IPM Machine Suitable for Field-Weakened Operation," in *Proc. of International Conference on Electrical Machines*, 1990, pp. 1059–1065.
7. A. K. Adnanes, T. M. Undeland, "Optimum Torque Performance in PMSM Drives above Rated Speed," in *IEEE Ind. Appl. Society Annual Meeting Conference Records*, 1991, pp. 169–175.
8. W. L. Soong, T. J. E. Miller, "Theoretical Limitations to the Field-Weakening Performance of the Five Classes of Brushless Synchronous AC Motor Drive," in *Proc. of Electrical Machines and Drives Conference*, Oxford, UK, 1993, pp. 127–132.
9. B. J. Chalmers, L. Musaba, D. F. Gosden, "Variable Frequency Synchronous Motor Drives for Electric Vehicles," in *IEEE Trans. on Ind. Appl.*, vol. IA-32, no. 4, 1996, pp. 896–903.
10. E. Chiricozzi, F. Parasiliti, M. Villani, T. Higuchi, J. Oyama, E. Yamada, "Buried PM Synchronous Motor Design Optimization," in *2nd EPE Chapter Symposium on Electric Drive Design and Applications*, Nancy, France, June 1996, pp. 41–45.
11. N. Bianchi, S. Bolognani, "Parameters and Volt-Ampere Ratings of a Synchronous Motor Drive for Flux-Weakening Applications," in *IEEE Trans. on Power Electronics*, vol. 12, no. 5, September 1997, pp. 895–903.
12. N. Bianchi, S. Bolognani, B. J. Chalmers, "Comparison of Different Synchronous Motor Drives for Flux-Weakening Applications," in *Proc. of*

International Conference on Electrical Machine, ICEM '98, Istanbul, Turkey, 2–4 September 1998, pp. 946–951.

13. N. Bianchi, S. Bolognani, "Magnetic Models of Saturated Interior Permanent Magnet Motors based on Finite Element Analysis," in *IEEE Industrial Applications Conference Records, IAS '98,* St. Louis, Missouri, 12–15 October 1998, vol. 1, pp. 27–34.
14. B. J. Chalmers, R. Akmese, L. Musaba, "Design and Field-Weakening Performance of Permanent-Magnet / Reluctance Motor with Two-Part Rotor," in *IEE Proc. Pt. B,* vol. 145, no. 2, 1998, pp. 133–139.
15. D. M. Ionel, J. F. Eastham, T. J. E. Miller, E. Demeter, "Design Considerations for Permanent Magnet Synchronous Motors for Flux-Weakening Applications," in *IEE Proc. Pt. B,* vol. 145, no. 5, 1998, pp. 435–440.
16. N. Bianchi, S. Bolognani, F. Parasiliti, M. Villani, "Prediction of Overload and Flux-Weakening Performance of an IPM Motor Drive: Analytical versus Finite Element Approach," in *Proc. of 8th Europian Conference on Power Electronics and Applications, EPE '99,* Lausanne, Swiss, 7–9 September 1999, DS 1.6, topic 5, pp. 27–34.
17. N. Bianchi, S. Bolognani, B. J. Chalmers, "Design Considerations for a PM Synchronous Motor with Rotor Saliency for High Speed Drives," in *IEEE Industrial Applications Conference Records, IAS '99,* Phoenix, Arizona, 3–7 October 1999, vol. 1, pp. 117–124.
18. N. Bianchi, S. Bolognani, M. Zigliotto, "Design and Development of a PM Synchronous Motor Drive for an Electrical Scooter," in *Proc. of International Conference on Electrical Machine, ICEM 2000,* Helsinki, Finland, 28–30 August 2000.
19. N. Bianchi, S. Bolognani, M. Zigliotto, "High Performance PM Synchronous Motor Drive for an Electrical Scooter," in *IEEE Ind. Appl. Society Annual Meeting Conference Records,* Italy, 8–12 October 2000.
20. A. Fratta and A. Vagati, "A Reluctance Motor Drive for High Dynamic Performance Applications," in *IEEE Ind. Appl. Society Annual Meeting Conference Records,* Atlanta, Georgia, 1987, pp. 295–302.
21. R. E. Betz, "Control of Synchronous Reluctance Machines," in *IEEE Ind. Appl. Society Annual Meeting Conference Records,* 1991, pp. 456–462.
22. R. E. Betz, M. Javanovic, R. Lagerquist, T. J. E. Miller, "Aspects of the Control of Synchronous Reluctance Machines Including Saturation and

Iron Losses," in *IEEE Ind. Appl. Society Annual Meeting Conference Records,* 1992, pp. 456–463.

23. A. Vagati, G. Franceschini, I. Marongiu, G. P. Troglia, "Design Criteria of High Performance Synchronous Reluctance Motors," in *IEEE Ind. Appl. Society Annual Meeting Conference Records,* 1992, vol. 1, pp. 66–73.
24. N. Bianchi, S. Bolognani, "Synchronous Reluctance Motor Drives: Overload and Flux-Weakening Performance Taking into Account Iron Saturation," in *Proc. of International Conference on Electrical Machine, ICEM '96,* Vigo, Spain, 10–12 September 1996, vol. 1, pp. 360–365.
25. N. Bianchi, S. Bolognani, "Parameters and Volt-Ampere Ratings of a Synchronous Reluctance Motors Drives for Flux-Weakening Applications Taking into Account Iron Saturation," in *Proc. of Conference on Power Electronics and Applications, EPE '97,* Trondheim, Norway, 8–10 September 1997, vol. 3, pp. 631–636.
26. B. J. Chalmers, L. Musaba, "Design and Field-Weakening Performance of a Synchronous Reluctance Motor with Axially-Laminated Rotor," in *IEEE Ind. Appl. Society Annual Meeting Conference Records,* 1997, pp. 271–278.
27. N. Bianchi, B. J. Chalmers, "Effect of the Distribution of the Laminations in an Axially Laminated Reluctance Motor," in *Proc. of IEEE 9th International Conference of Electrical Machines and Drives, EMD '99,* Canterbury, UK, 1–3 September 1999, pp. 376–380.
28. N. Bianchi and T. M. Jahns, Eds., "Design, Analysis and Control of Interior PM Synchronous Machines," in *Tutorial Course Notes, IEEE IAS Meeting,* Seattle (Washington), 3 October 2004, CLEUP, Padova.

11

Self-Starting Single-Phase Synchronous Motors

이 장에서는 자기동(自起動)(자기 기동(自己 起動)) 단상 동기전동기(self-starting single-phase synchronous motor)의 해석을 다룬다. 처음에는, 회전자 위치와 전류의 함수로서 전동기 정수를 얻기 위해 유한 요소 정자장 해석이 수행된다. 그다음에는, 이 정수가 전동기의 동적(動的) 성능의 해석에 사용된다.

특별한 경우로서, 단상 영구자석 마이크로 전동기(single-phase permanent magnet micro-motor)가 해석된다. 그것은 기동 토크를 발생하기 위해 필요한 이방성 고정자로 특성지어 진다. 그것의 정지(靜止, stationary) 및 동적 운전이 해석된다. 동적 성능의 예측을 위한 앨고리즘도 보고된다.

11.1 Introduction

매우 작은 크기의 전동기는, 특히 민수(民需) 응용(civil application)에, 많이 사용된다. 통상적으로 교류 전압이 허용되기 때문에, 전동기는 종종 교류 전동기이다. 그들 중에서, 가장 많이 사용되는 것은 회전자 기동(rotor starting)을 허용하기 위한 보조 권선(補助 捲線) 또는 바림 극(極)(쉐이디드 폴, shaded pole)이 있는 단상 유도전동기이다. 동기 속도가 요구되는 어떤 응용에서는 히스테리시스 전동기(hysteresis motor), 릴럭턴스 전동기, 또는 영구자석 전동기가 채택된다. 게다가, 크기를 줄이는 것이 명백히 요구될 때에는, 영구자석의 사용이 소형화된 전동기가 얻어지는 것을 허용한다.

히스테리시스 전동기는 제외하고, 동기전동기의 주된 문제점은 회전자 기동(起動)이다. 이러한 문제를 없애기 위하여, 비동기 기동(非同期 起動, asynchronous starting)이 이루어지도록, 도전성 농형(농형 도체)이 회전자에 삽입될 수 있다. 또한, 회전자의 정지(停止) 위치(rest position)가 고정자 전류에 따라 달라지도록 이방성 고정자(異方性 固定子)가 설계될 수도 있다. 이러한 전동기의 해석과 설계는 힘들며 주의 깊은 작업을 요구한다.

11.2 Definition of the Motor Model

단상 영구자석 전동기의 몇 가지 구조가 그림 11.1에 보여졌다. 고정자 철심은 자기 박판으로 얻어진다. 고정자 코일은 고정자 철심 주위에 감긴다. 평면 대칭이 인정되고, 2차원 해석이 수행된다.

그림 11.1에서 쉽게 관측되는 바와 같이, 전동기가 어떠한 대칭 축도 보이지 않으면, 영역의 좀 더 그럴듯한 단순화(單純化)는 없다. 그림 11.1 (a)에서는, 회전자 축은 고정자 박판과 정렬(整列)되지 않는 한편, 그림 11.1 (b)와 (c)에서는 회전자와 고정자 극(極) 사이가 비대칭(非對稱)이다.

이러한 비정렬(非整列, misalignment)은 기동 토크를 이루기 위해 요구된다. 전류가 0일 때의 회전자의 정지(停止) 위치는 고정자 전류가 코일에 흐를 때의 정지 위치와는 다르다. 바꾸어 말하면, 고정자 전류에 기인한 자계의 세기가 영구자석을 본래의 정지 위치(natural rest position)로부터 회전하게 하려는 힘을 생성한다.

전동기의 정지(靜止, stationary) 성능의 해석은 정자장 해에 의해 수행된다. 단부 효과(edge effect)를 무시하면, 앞부분(frontal section)은 평면 (x, y)에서 그려진다. 정자장 해의 결과는 그다음에 전동기의 동적 거동을 검토하기 위해 처리된다.

규소 강 박판(silicon-steel lamination)이 고정자 철심에 사용된다. 영구자석의 모델링(modeling)에 특별한 주의를 해야 한다: 회전자의 여러 부채꼴 부분(various rotor sectors)의 특성과 자화 방향이 완전히 정의되어야 한다.

페라이트(ferrite) 영구자석 혼합물이 보통 채용된다. 합성수지 접합 영구자석 물질은 제한하는 기계적 오차(mechanical tolerance)를 지키면서 크기를 줄인다. 덧붙여, 취성(脆性, brittleness)은 소결(燒結, sintered) 영구자석 재료보다 더 낮다.

B-H 曲線은, 그림 9.4에 보여진 바와 같이, 본질적으로 2상한(象限)에서 선형이다. 그것은 잔류 자속밀도 B_{res}와 항자력의 세기 H_c, 또는 그 대신으로 미분 비투자율 μ_r로 특성지어 진다. 회전자 자극은 원통형(圓筒形) 부채꼴(cylindrical sector)을 가진 분리된 물체로 정의된다. 그것들은 동일하지만 자화의 적절한 방향으로 특성지어 진다. 결과적인 회전자는 $\mu_r \approx 1$이기 때문에 등방성(等方性)이다.

경계 조건은 자속 선이 고정된 영역 바깥으로는 나가지 않는다는 가정으로 부여된다. 따라서, 영역의 전 경계를 따라 0의 자기 벡터 포텐셜이 부여될 수 있다.

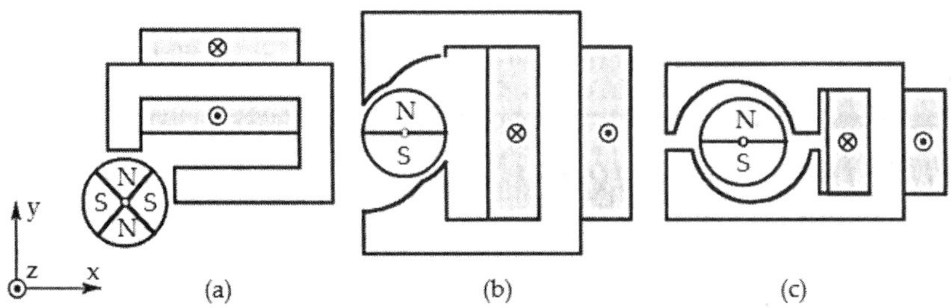

(a) (b) (c)

Figure 11.1
Structure of the single-phase permanent magnet motor.

고정자 코일은 N_t turns로 이루어지며, 등가 도전 직사각 봉으로 모델링된다. 등가 봉 내에서 흐르는 전류는 권선의 유효 전류(有效 電流)의 N_t배이다.

그림 11.1에서 채택된 기준 좌표계에 따라, 전류는 그 방향이 z-축 方向과 일치(지면에서 나오는)할 때 양(陽)이며, 그 방향이 z-축 방향과 반대(지면으로 들어가는)일 때 음(陰)이다.

11.3 Computation of the Electrical Parameters

고정자 쇄교 자속은, 영구자석 때문에, 고정자 전류와 회전자 각 위치의 함수 $\lambda = \lambda(\vartheta_m, i)$이다. 자기회로가 포화되지 않을 정도로 자속밀도가 낮다고 가정하자. 그러면, 회전자가 등방성이기 때문에, 쇄교 자속은 식 (11.1)과 같이 표현될 수 있다.

$$\lambda_d(\vartheta_m, i) = L_a i + \lambda_{pm}(\vartheta_m) \tag{11.1}$$

여기서, L_a는 권선의 자기(自己) 인덕턴스이다. 그것은 위에서 주어진 가정(선형 자기회로와 등방성 회전자)에 따라 일정하다. 그러면, λ_{pm}은 영구자석에 기인한 쇄교 자속이다; 그것은 회전자 각 위치 ϑ_m의 함수이다. 자기 이력(磁氣 履歷, 히스테리시스, hysteresis)이 없는 경우, 식 (11.1)은 λ, i 및 ϑ_m 사이의 한 가지뿐인 대응을 정의한다. 이 양(量)들 중 2개가 계(系)의 상태 변수로 선택된다(5장을 보라).

고정된 회전자 위치에서, 고정된 고정자 전류에 대한 쇄교 자속의 계산은 등가 봉에 대한 자기 벡터 포텐셜의 적분에 의해 수행된다. 자기 벡터 포텐셜이 z-축 성분만을 갖기 때문에, 쇄교 자속은 식 (11.2)로 주어진다.

$$\lambda(\vartheta_m, i) = N_t L_{Fe}\left[\frac{1}{S_{Cu}}\int_{S_{Cu+}} A_z\, dS - \frac{1}{S_{Cu}}\int_{S_{Cu-}} A_z\, dS\right] \tag{11.2}$$

여기서, L_{Fe}는 전동기 순(純, net) 길이, S_{Cu+}는 양(陽)의 전류(z-축에 대응되는 방향의 전류)가 흐르는 등가 도전 봉, 그리고 S_{Cu-}는 음(陰)의 전류(z-축과 반대인 방향의 전류)가 흐르는 등가 도전 봉이다. A_z의 적분과 봉 면적 사이의 비(比)는 자기 벡터 포텐셜의 평균치를 준다.

11.3.1 Flux Linkage due to the Permanent Magnet

영구자석에 기인한 쇄교 자속의 회전자 각도에 대한 의존성 $\lambda_{pm}(\vartheta_m)$은, 식 (11.1)에서 강조한 바와 같이, 서로 다른 회전자 위치 ϑ_m과 0의 고정자 전류에 대한 일련의 시뮬레이션에 의해 해석된다.

영구자석 요소의 자화는, 각각의 회전자 위치에 대해, 때때로(from time to time) 정의되어야 한다. 쇄교 자속은 각도 간격 $2\pi / p$ 내에서 해석되어야 한다. 여기서, p는 자극 쌍 수이다. 규칙적(規則的)인 간격으로, 예를 들면, 고정된 각도 간격 $\Delta\vartheta_m$으로, 각 위치를 선택하는 것이 유용하다.

11.3.2 Self-Inductance Coefficient

고정자 권선의 자기 인덕턴스의 계산에 있어서는, 고정자 전류 만에 기인한 쇄교 자속이 고려된다. 그것은 식 (11.3)이며 2개의 장 해로부터 계산될 수 있다.

$$L_a = \frac{\lambda(\vartheta_m, i) - \lambda_{pm}(\vartheta_m)}{i} \tag{11.3}$$

2개의 장 해는, 같은 회전자 각도 ϑ_m에서, 먼저 0의 전류에서 쇄교 자속 $\lambda_{pm}(\vartheta_m)$을 얻고, 뒤에 고정자 전류 i에서 쇄교 자속 $\lambda(\vartheta_m, i)$을 얻는다.

그 대신으로, 영구자석이 $\lambda_{pm}(\vartheta_m) = 0$과 같이 감자(減磁)된다. 이것은 0의 잔류 자속밀도, 즉 $B_{res} = 0$을 부여하지만, 비투자율 μ_r은 바꾸지 않음으로써 이루어진다. 그 결과는 식 (11.4)이다.

$$L_a = \left.\frac{\lambda(\vartheta_m, i)}{i}\right|_{\lambda_{pm}=0} \tag{11.4}$$

선형 자기회로의 가정에 따라, L_a는 일정하며 그것을 결정하기 위해서는 한 번의 계산이면 충분하다.

11.4 Computation of the Torque

전동기 토크는 회전자 각 위치와 고정자 전류의 상태 함수, 즉 $\tau_m = \tau_m(\vartheta_m, i)$이다.

토크의 완전한 검토는 ϑ_m과 i를 바꾸며 수행되어야 할 것이다. 토크는 간격 $\Delta\vartheta_m$으로 위치하는 2극 전동기에 대응하는 전체 각도 $2\pi / p$에 대한 각 위치의 수 N_ϑ에 대해 구해진다. 비슷하게, 고정된 증분의 전류의 수 N_i가 선택된다. 양(陽)의 전류만을 검토해도 된다. 양(陽)의 전류 i와 각도 ϑ_m에 대한 전동기 토크는 음(陰)의 전류와 π / p 만큼 회전한 위치에서 생성되는 토크와 같다고, 즉 $\tau_m(\vartheta_m + \pi/p, -i) = \tau_m(\vartheta_m, i)$인 것으로 가정될 수 있다. 이러한 관찰 결과는 정자장 해석의 수가 줄어드는 것을 허용한다.

모든 N_ϑ개의 회전자 위치와 모든 N_i개의 고정자 전류에 대해 전동기 토크를 계산하면, 상태 함수 $\tau_m = \tau_m(\vartheta_m, i)$의 수치 값을 포함하는, N_i개의 행과 N_ϑ개의 열을 가진 행렬이 세워진다. 이것은 토크 행렬(torque matrix)이라 불린다.

11.5 Analysis of the Dynamic Performance

동기 영구자석 전동기의 정지(靜止) 시 거동이 장 해에 의해 해석된다. 쇄교 자속과 토크는 전류와 회전자 위치의 함수로 표현된다. 이 결과는 전동기의 동적 성능(動的 性能, dynamic performance)의 해석의 수행을 위해 처리된다.

해석을 위해, 전기적 및 기계적 양의 동적 성능을 설명하는 방정식이 사용된다:

$$v(t) = Ri(t) + L_a \frac{di(t)}{dt} + \frac{d\lambda_{pm}(t)}{dt} \tag{11.5}$$

$$\tau_m(t) = \tau_L + k_B \omega_m(t) + J\frac{d\omega_m(t)}{dt} \tag{11.6}$$

여기서, v (t)는 전원의 인가 전압이며 R은 코일 저항이다. 식 (11.6)에서, τ_m (t)는 전동기에 의해 생성되는 전기(電機, electromechanical) 토크, τ_L은 부하 토크, k_B는 마찰 계수(摩擦 係數, friction coefficient), 그리고 ω_m (t)는 기계적 속도이다.

동적 시뮬레이션은 임의의 회전자 위치와 임의의 고정자 전류에서의 전동기 성능이 알려지는 것을 요구한다. 앞에서의 장 해석 때문에, 쇄교 자속과 토크가 이산(離散)적인 수의 점에서 얻어졌으며, 이 값들은 보간(補間)된다.

쇄교 자속 벡터는 N_ϑ개의 서로 다른 회전자 위치에서 계산되었다. 각 각도 위치에 대응하는 값을 얻기 위해 1차원 보간이 요구된다.

비슷하게, 토크 행렬은 N_ϑ개의 회전자 위치에서 N_i개의 전류 값에 대해 계산된 토크를 포함한다. 임의의 위치와 전류에서의 전동기 토크를 얻기 위해 2D 보간을 필요로 한다.

11.7절에서는, 선형 보간을 위한 간단한 앨고리즘이 표현된다. 11.8절에서는, 전동기의 동적 해석을 위한 앨고리즘이 설명된다.

11.5.1 Simulation at Constant Speed

첫 번째의 동적 해석은 어떠한 속도 변화도 무시될 수 있는 매우 큰 회전자 관성(慣性)을 가정하여, 일정한 회전자 속도 ω_m에서 수행된다. 그러면, 기계 미분 방정식 식 (11.6)에서 미분 항은 생략해도 된다. 문제는 전기 미분 방정식 식 (11.5)의 적분으로 줄어든다.

전압은 크기 V_M과 주파수 f의 정현 파형이 공급되는 한편, 일정한 회전자 속도는 $\omega_m = \omega / p = (2\pi f) / p$라고 가정하자.

전기 미분 방정식 식 (11.5)의 적분을 위한 간단한 과정이 다음에 설명된다. Euler 법(Euler's method)이 수치 적분(數値 積分, numerical integration)을 위해 사용된다. 앨고리즘은 11.8절에 나타나있다. 적분 방법의 단순성 때문에, 좋은 결과를 얻기 위해 짧은 적분 시간이 선택되어야 한다.

ϑ_m에 따른 λ_{pm}의 변화가 정자계 해석에 의해 계산되었기 때문에, 영구자석에 기인한 쇄교 자속의 시간 미분은 식 (11.7)로 주어진다.

$$\frac{d\lambda_{pm}}{dt} = \frac{d\lambda_{pm}}{d\vartheta_m}\frac{d\vartheta_m}{dt} = \frac{d\lambda_{pm}}{d\vartheta_m}\omega_m \tag{11.7}$$

n-번째 순시(瞬時, instant)에서의 전압 v와 미분 $d\lambda_{pm}/dt$이 주어졌다고 가정하면, 전류의 시간 미분은 식 (11.6)으로부터 식 (11.8)과 같이 계산된다.

$$\left(\frac{di}{dt}\right) = \frac{1}{L_a}\left[v - Ri(n-1) - \frac{d\lambda_{pm}}{dt}\right] \tag{11.8}$$

식 (11.8)에서, i (n–1)은 (n–1)-번째 순시에서의 전류이며, 전류의 변화는 n-번째 순시에 대한 것이다. 그러면 n-번째 순시에서의 전류는 식 (11.9)와 같이 주어진다.

$$i(n) = i(n-1) + \left(\frac{di}{dt}\right)dt \tag{11.9}$$

대응하는 토크는 전류의 평균치가 각 간격(各 間隔) dt 내에서 식 (11.10)으로 주어지는 것을 고려하여, 2D 보간(11.7절을 보라)에 의해 얻어진다.

$$i_m(n-1) = \frac{i(n) + i(n-1)}{2} \tag{11.10}$$

기계적 속도 ω_m이 일정하기 때문에, 회전자 위치는 선형(線形)으로 변화한다:

$$\vartheta_m(n) = \vartheta_m(n-1) + \omega dt \tag{11.11}$$

11.5.2 Simulation of the Full Dynamic Performance

전동기의 전체 동적 성능은 전기 및 기계 미분 방정식 식 (11.5) 및 (11.6) 둘 다의 같은 시간에서의 적분(積分)에 의해 얻어진다. 이것은 특히 회전자의 기동 성능을 구하는데 편리하다. 다시 한번 Euler의 적분법이 사용된다. 회전자의 각 가속도는 n-번째 순시(瞬時)에서의 토크와 (n–1)-번째 순시에서의 각속도(角速度)로부터 식

(11.12)와 같이 계산된다.

$$\left(\frac{d\omega_m}{dt}\right) = \frac{1}{J}\left[\tau_m(n) - \tau_L - k_B\omega_m(n-1)\right] \tag{11.12}$$

그러면 n-번째 순시에서의 각속도는 식 (11.13)이다.

$$\omega_m(n) = \omega_m(n-1) + \left(\frac{d\omega_m}{dt}\right)dt \tag{11.13}$$

각(各) 적분 시간의 끝에서의 각 위치는 식 (11.14)이다.

$$\vartheta_m(n) = \vartheta_m(n-1) + \omega_m(n-1)dt + \frac{d\omega_m}{dt}\frac{(dt)^2}{2} \tag{11.14}$$

회전자 기동은 서로 다른 초기(初期) 회전자 각 위치 $\vartheta_m(0)$에 대해, 서로 다른 초기 전압 위상 값 φ를 갖는 크기 V_M과 주파수 f의 정현 전압의 부여에 의해 시뮬레이션된다. 특히, 회전자의 0의 전류에서의 정지(停止) 위치를 $\tau_m(\vartheta_m, 0) = 0$인 위치로 가정하여 회전자 기동이 밝혀져야 한다.

이 검토에 의해 전동기가 고정된 전원 주파수에서 스스로 기동하고 동기화될 수 있음을 밝힐 수 있다. 11.8절은 그러한 적분의 앨고리즘을 다룬다.

11.6 Example

이 예에서 사용되는 전동기는 주 치수가 그림 11.2에 보여진 마이크로 전동기(micro-motor)이다. 회전자는 잔류 자속밀도 B_{res} = 80 mT와 抗磁力 H_c = −60 kA/m로 특성지어 지는 세라믹 바륨-페라이트 자석(ceramic Barium-Ferrite magnet)인 등방성(等方性) 영구자석으로 이루어졌다. 외 직경(外 直徑)은 1 mm이며 내 직경(內 直徑)은 0.15 mm이다. 그다음 영구자석의 두께는 0.425 mm이다.

고정자는 두께 0.4 mm, 적층 길이(stack length) L_{Fe} = 5 mm인 자기 강 박판(magnetic steel laminations)으로 이루어졌다. 코일은 적층의 한 변(邊)에 위치하며 권수 N_t = 1000 turn인 직경 d_c = 25 μm의 구리 도선(導線)으로 이루어졌다.

회전자의 4극은 4개의 서로 다른 물체로 모델링된다; 각 조각의 모양은 원형(圓形) 부채꼴(circular sector)이다. 각각은 적당한 자화 방향으로 특성지어 진다. 영구자석 만에 기인한 자속 선이 그림 11.3에 보여졌다.

기준 초기 위치(基準 初期 位置) ϑ_m = 0은, 그림 11.2에 보여준 바와 같이, N극이 고정자 퍼짐(stator expansion)의 상부 퍼짐 앞에 있을 때로 선택되었다.

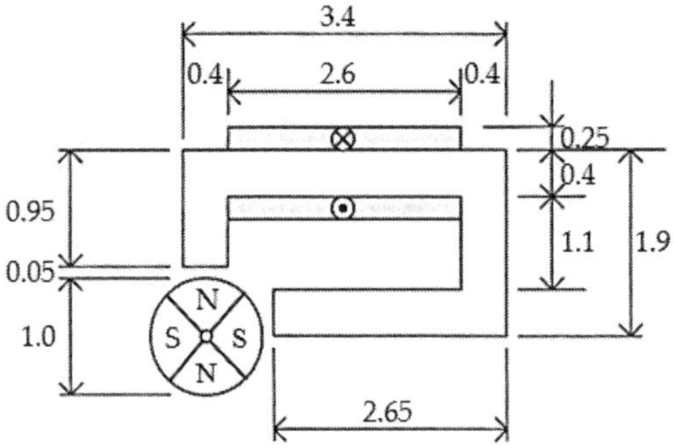

Figure 11.2
Sketch and main dimensions of the motor (measured in mm).

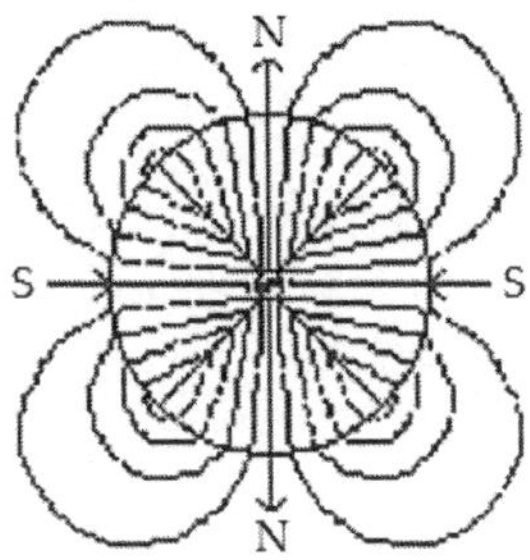

Figure 11.3
Flux Lines due to the permanent magnet only.

그림 11.4와 11.5는 반시계 방향 회전으로, 초기 위치 ϑ_m = 0에서의 기동으로부터 위치 ϑ_m = π/3 까지 회전자 위치 ϑ_m의 변화에 따른 자속 선을 보인다.

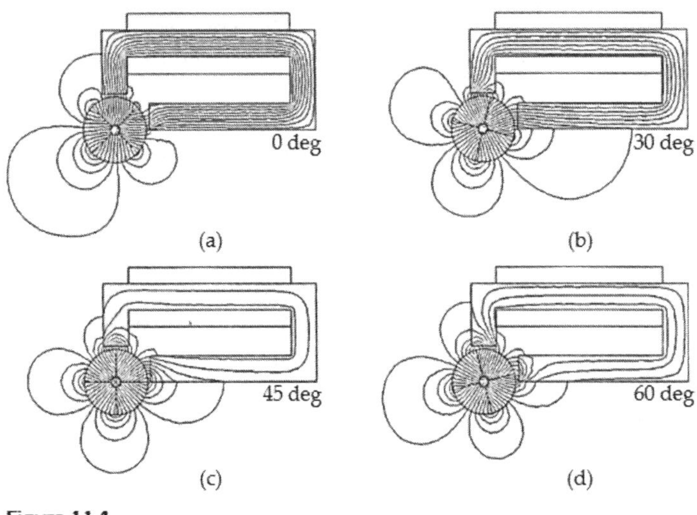

Figure 11.4
Flux lines at different rotor positions ϑ_m (at no-load).

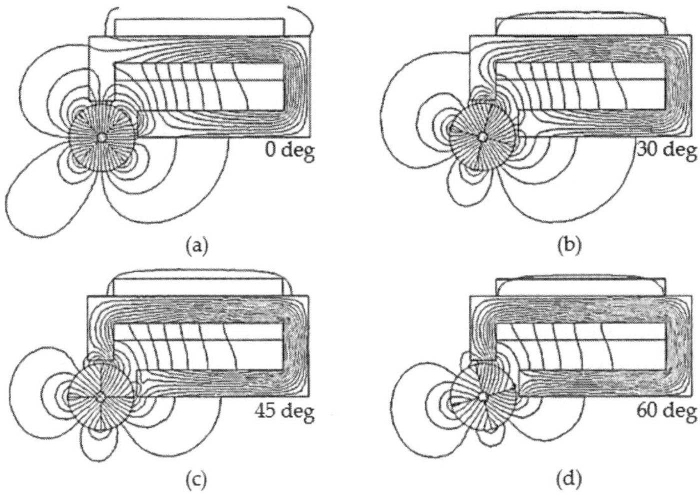

Figure 11.5
Flux lines at different rotor positions ϑ_m (under load).

11.6.1 Computation of the Flux Linkage due to the Permanent Magnet

영구자석에 기인한 쇄교 자속은, 일정한 각도 간격(角度 間隔) $\Delta\vartheta_m = \pi/36$으로, $\vartheta_m = 0$으로부터 $\vartheta_m = \pi$까지 서로 다른 회전자 위치에서 계산된다. λ_{pm}의 값은, $S_{Cu+} = S_{Cu-} = 65 \cdot 10^{-8}\ m^2$으로, 고정자 전류가 0인 경우의 시뮬레이션에 의해 식 (11.2)로부터 얻어진다.

그림 11.6은 쇄교 자속 λ_{pm}을 회전자 위치 ϑ_m의 함수로서 보인다. 거동이 본질적으로 정현적이기 때문에, 식 (11.15)로 주어지는 정현 파형으로 근사화(近似化)하는 것이 가능하다.

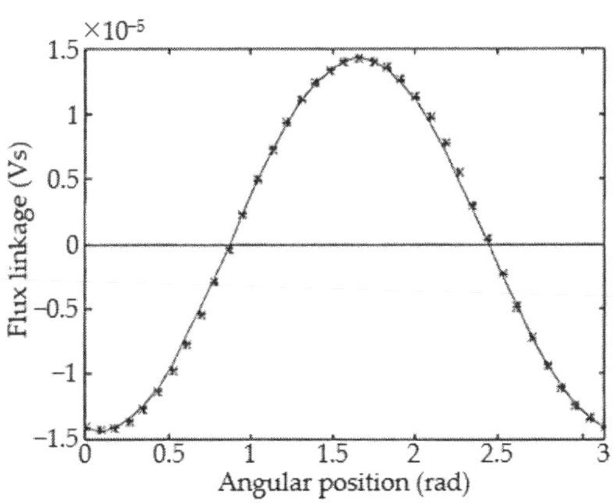

Figure 11.6
Flux linkage due to the permanent magnet only, simulated values, and interpolating function.

$$\lambda_{pm}(\vartheta_m) = 1.431 \cdot \cos\left[2\left(\vartheta_m - \frac{\pi}{36}\right)\right] \tag{11.15}$$

그림 11.6에서, 별 표시(*)는 시뮬레이션된 값을 가리키는 한편, 실선(實線)은 보간 함수를 나타낸다.

11.6.2 Computation of the Inductance

인덕턴스는, 감자(減磁)된 영구자석(B_{res} = 0)과 고정자 전류 20 mA로 구한 장 해석으로부터, 식 (11.4)에 의해 계산된다. 쇄교 자속은 식 (11.2)에 의해 계산된다. 자기 벡터 포텐셜 A_z의 단면적 S_{Cu+}에 대한 적분은 $2.79 \cdot 10^{-11}$ Vsm와 같은 한편, 단면적 S_{Cu-}에 대한 적분은 $-0.0771 \cdot 10^{-11}$ Vsm와 같다. 쇄교 자속은 그러면 λ = $2.2055 \cdot 10^{-5}$ Vs이며, 따라서 인덕턴스는 L_a = 1.6541 mH로 귀결된다.

11.6.3 The Torque Matrix

토크 행렬은 서로 다른 회전자 위치 ϑ_m과 고정자 전류 i에서의 전동기 토크 τ_m = $\tau_m(\vartheta_m, i)$의 값을 포함한다. 각 위치는, 각도 간격 $\Delta\vartheta_m = \pi / 24$로, $\vartheta_m = 0$으로부터 $\vartheta_m = \pi$까지의 범위이다. 전류는, 전류 간격 Δi = 2.5 mA로, i = 0 A로부터 i = 20 mA 까지의 범위이다. 양의 전류 방향은 그림 11.2에 보여준 것과 같다.

토크 행렬은, N_i = 9인 서로 다른 전류와 N_ϑ = 25의 각 위치에 대응되는 토크를 포함하는, $N_i \times N_\vartheta$ = 225개의 요소를 갖는 행렬이다. 그 값이 표 11.1에 보여졌다. 그림 11.7은 서로 다른 고정자 전류에 따른 토크의 거동을 회전자 위치의 함수로 보인다. 전류의 증가는 토크의 증가를 가져오지만, 토크가 0이 되는 각 위치의 변화도 가져옴에 유의하는 것이 중요하다.

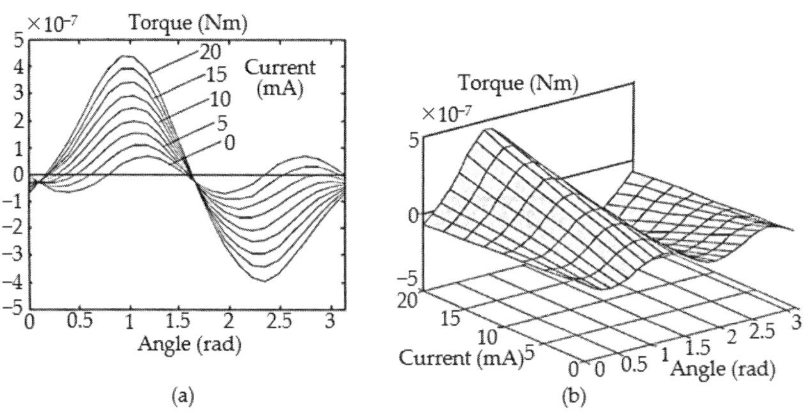

Figure 11.7
Motor torque as a function of the rotor position and the current.

Table 11.1
Torque matrix (torque as a function of the rotor position and current)

Torque · 10 ⁻⁷ (Nm)

ϑ_m (rad)	Current (mA)								
	0	**2.5**	**5**	**7.5**	**10**	**12.5**	**15**	**17.5**	**20**
0	−0.020	−0.118	−0.199	−0.282	−0.354	−0.435	−0.521	−0.602	−0.689
0.131	−0.370	−0.340	−0.313	−0.283	−0.253	−0.218	−0.189	−0.183	−0.164
0.262	−0.595	−0.453	−0.315	−0.172	−0.035	0.113	0.247	0.301	0.425
0.396	−0.659	−0.411	−0.166	0.085	0.335	0.585	0.750	0.978	1.207
0.524	−0.558	−0.217	0.130	0.478	0.826	1.172	1.529	1.764	2.089
0.655	0.354	0.088	0.519	0.952	1.385	1.818	2.235	2.684	3.118
0.785	0.027	0.524	1.020	1.507	2.005	2.498	2.982	3.427	3.907
0.916	0.378	0.884	1.390	1.884	2.390	2.895	3.392	3.899	4.405
1.047	0.589	1.060	1.530	1.997	2.464	2.930	3.401	3.892	4.368
1.178	0.695	1.092	1.489	1.891	2.286	2.676	3.076	3.472	3.864
1.309	0.590	0.890	1.189	1.488	1.789	2.091	2.393	2.701	2.994
1.439	0.323	0.513	0.699	0.891	1.088	1.288	1.480	1.672	1.862
1.571	−0.020	0.060	0.145	0.226	0.311	0.390	0.469	0.543	0.622
1.70	0.365	−0.396	−0.426	−0.464	−0.491	−0.519	−0.546	−0.576	−0.6032
1.836	−0.609	−0.757	−0.897	−1.027	−1.171	−1.310	−1.449	−1.553	−1.705
1.964	−0.669	−0.916	−1.164	−1.411	−1.663	−1.912	−2.158	−2.406	−2.645
2.094	−0.557	−0.909	−1.266	−1.614	−1.962	−2.311	−2.661	−3.006	−3.355
2.225	0.356	−0.781	−1.164	−1.589	−2.082	−2.495	−2.941	−3.372	−3.816
2.356	0.021	−0.472	−0.965	−1.453	−1.952	−2.446	−2.943	−3.439	−3.937
2.487	0.376	−0.131	−0.640	−1.148	−1.657	−2.161	−2.664	−3.171	−3.678
2.618	0.595	0.127	−0.349	−0.820	−1.291	−1.765	−2.198	−2.668	−3.137
2.749	0.679	0.294	−0.101	−0.500	−0.898	−1.297	−1.696	−2.068	−2.462
2.879	0.589	0.292	−0.011	−0.309	−0.609	−0.909	−1.215	−1.513	−1.846
3.010	0.318	0.121	−0.071	−0.264	−0.456	−0.651	−0.851	−1.041	−1.236
3.142	−0.020	−0.118	−0.199	−0.282	−0.354	−0.435	−0.521	−0.602	−0.689

0 토크의 위치가 $\vartheta_m = 0$ 뿐만 아니라 $\vartheta_m = \pi/2$와도 일치하지 않는다. 이것은 회전자 축이 고정자 자극 축에 일치하지 않기 때문이다.

전류 20 mA의 경우, 1.047 rad (60°)와 거의 같은 회전자 위치에서, 최대 토크는 대략 $4.5 \cdot 10^{-7}$ Nm이다. 회전 π 동안에 첫 번째는 거의 0.2 rad(11°)의 회전자 위치에서, 그리고 두 번째는 거의 1.7 rad(97°)의 회전자 위치에서 등 2번 토크가 0으로 된다.

11.6.4 Simulation of the Dynamic Performance

직경 d_c = 25 μm, 그리고 저항율 ρ = 0.0178 $\Omega mm^2/m$인 구리 도선으로 된 평균 길이 l_m = 3 mm를 갖는 N_t = 1000 turns를 고려하면, 운전 온도(運轉 溫度) 20°C에서, 고정자 코일 저항은 R = 110 Ω이다. 계통 관성(慣性)은 회전자 관성과 부하 관성의 합이다. 회전자와 부하를 포함한 총 관성은 $J = 1.211 \cdot 10^{-13}$ kg·m²이다. 마지막으로, 마찰 계수는 $k_B = 1.8 \cdot 10^{-10}$ Nms와 같이 주어졌다.

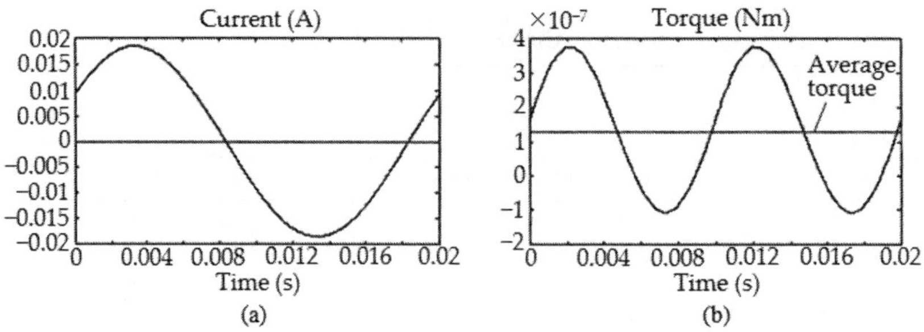

Figure 11.8
Current and the torque waveforms, assuming a constant rotor speed.

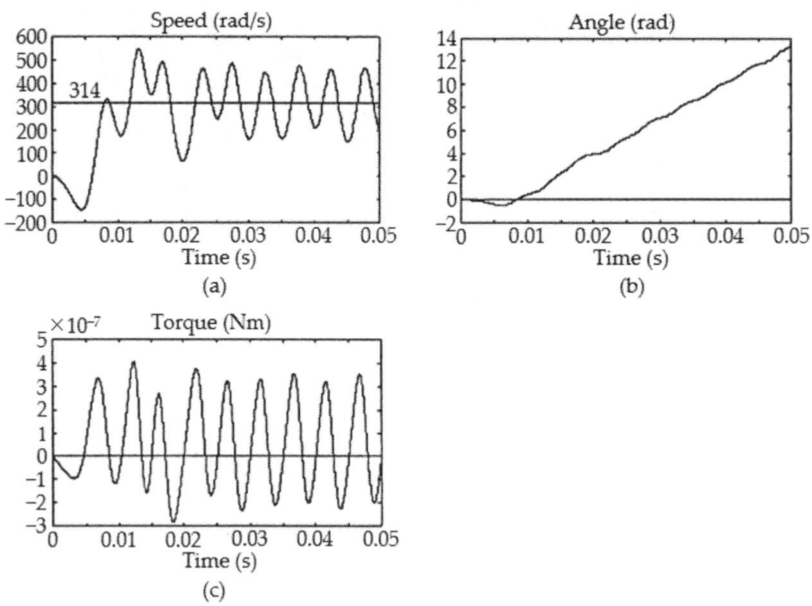

Figure 11.9
Rotor starting at $\varphi = 0$, $\vartheta(0) = 0$, $f = 100$ Hz.

11.6.4.1 Constant Speed Simulation

회전자 속도를 $\omega_m = \omega / p = 314.16$ rad/s, 전기 각속도를 $\omega = 628.32$ rad/s라 하자.

최대치 $V_M = 2$ V, 주파수 100 Hz인 정현 전압이 인가된다. 전류와 토크 파형이 그림 11.8에 보여졌다. 단상 전동기(單相 電動機)에서 기대되는 바와 같이, 토크는 평균치가 0이 아니며, 전원 주파수의 2배의 주파수로 정현적 변화를 하는 교류 파형을 나타낸다.

11.6.4.2 Simulation of the Rotor Starting

회전자 기동은, 서로 다른 초기 전압 위상 φ와 초기 회전자 위치 $\vartheta_m(0)$를 가지고,

V_M = 2 V와 f = 100 Hz인 정현 전압을 인가하여 해석된다.

그림 11.9는 초기(初期) 위상 φ = 0 rad, 초기 회전자 위치 $\vartheta_m(0) = 0$를 사용한 회전자 속도, 위치 및 토크 파형을 보인다. 만족스러운 기동이 얻어진다: 회전자는 0.01 s 이내에 동기 속도 ω_m = 314 rad/s에 도달한다. 또한 정상 상태 속도가 일정(앞의 해석에서 가정된 바와 같이)하지 않고, 동기 속도 주위를 진동(振動)한다. 이것은 단상 전동기에 의해 생성되는 진동 토크가 원인이 된다.

그림 11.10과 11.11은 각각 $\vartheta_m(0) = 0$, f = 100 Hz, 그리고 φ = π/4 rad과 φ = π/2 rad을 사용한 같은 파형을 보인다. 후자의 경우에는, 회전자의 동기화(同期化)가 얻어지지만, 속도의 방향이 앞의 경우와는 반대이다. 이것은 회전 자계(回轉 磁界)를 생성하지 않고 교번 자계(交番 磁界)를 생성하는 단상 전동기의 성질에 기인한다. 그것은 회전의 선택적인 방향이 없다는 결론으로 된다.

마지막으로, 그림 11.12는 전원 주파수가 50 Hz인 경우로서, 회전자의 동기화가 없음을 보인다.

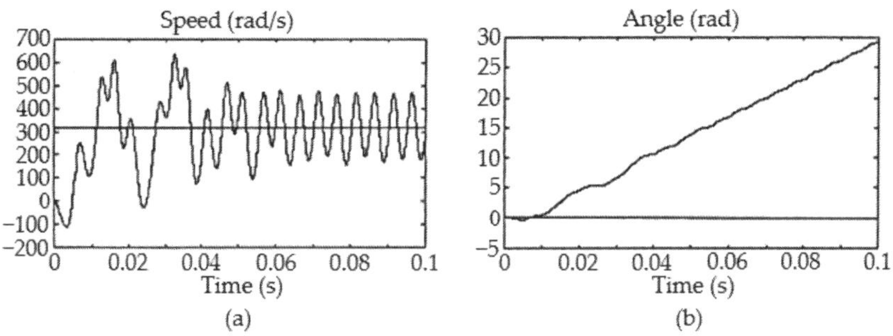

Figure 11.10
Rotor starting at φ = π/4, ϑ(0) = 0, f = 100 Hz.

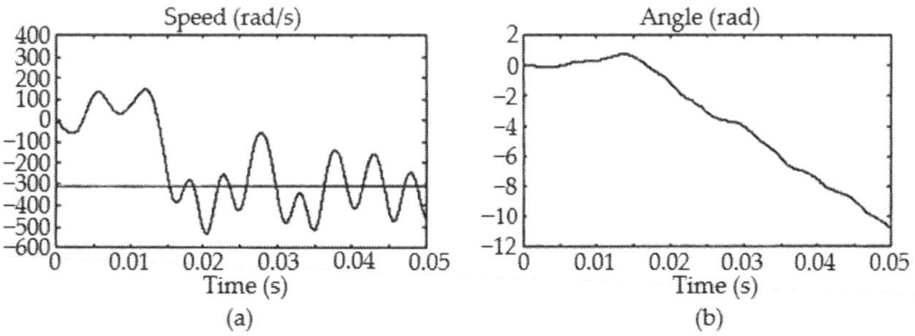

Figure 11.11
Rotor starting at φ = π/2, ϑ(0) = 0, f = 100 Hz.

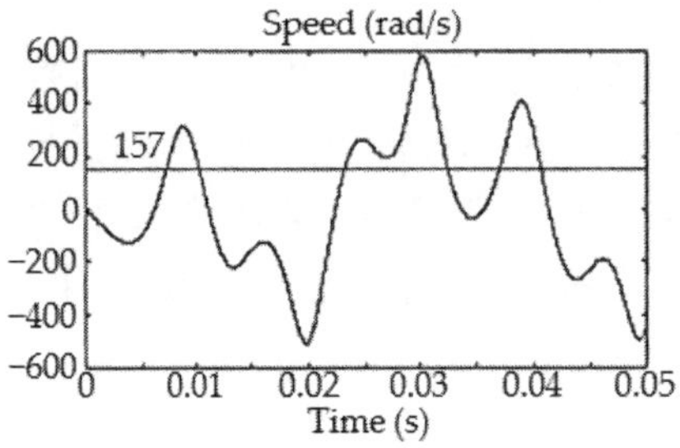

Figure 11.12
Rotor starting at $\varphi = \pi/2$, $\vartheta(0) = 0$, f = 50 Hz.

11.7 Two-Dimensional Linear Interpolation

$y(x_1, x_2)$를 두 변수 x_1과 x_2의 함수라 하자. 함수 $y(x_1, x_2)$은 x_1과 x_2의 이산적(離散的)인 수의 값에 대해서만 알려져 있다고 가정된다. 달리 말해, x_1의 값의 고정된 수 M과 x_2의 값의 고정된 수 N에 대해서만 함수 $y(x_1, x_2)$가 M × N개의 값으로 알려져 있다. 그러한 값의 지식으로부터, $x_1(1) < x_1 < x_1(M)$과 $x_2(1) < x_2 < x_2(N)$으로 제약된 변수의 쌍 (x_1, x_2)에 대응되는 $y(x_1, x_2)$의 값이 보간될 수 있다.

보간의 첫 번째 단계는 x_1이 포함되는 벡터 $[x_1(1), x_1(2), \cdots, x_1(M)]$의 구간을 구별하는 것이다. 이것은 $x_1 > x_1(h)$와 $x_1 < x_1(h+1)$인 수 h를 구별하는 것을 필요로 한다. 상사(相似)적으로, 두 번째 변수에 대해, $x_2 > x_2(k)$와 $x_2 < x_2(k+1)$인 수 k가 구별된다.

두 번째 단계는 그림 11.13에 그려진 바와 같이

변수 쌍(變數 雙) $x_1(h)$, $x_2(k)$에 대응하는 Y_1
변수 쌍 $x_1(h)$, $x_2(k+1)$에 대응하는 Y_2
변수 쌍 $x_1(h+1)$, $x_2(k)$에 대응하는 Y_3
변수 쌍 $x_1(h+1)$, $x_2(k+1)$에 대응하는 Y_4

와 같은 2개씩의 변수의 조합에 대응하는 함수 $y(x_1, x_2)$의 4개의 값을 계산하는 것이다.

마지막으로, 보간이 식 (11.16)에 의해 수행된다.

$$y(x_1, x_2) = y_1(x_1, x_2) + y_2(x_1, x_2) + y_3(x_1, x_2) + y_4(x_1, x_2) \tag{11.16}$$

여기서 $y_1(x_1, x_2)$, $y_2(x_1, x_2)$, $y_3(x_1, x_2)$ 및 $y_4(x_1, x_2)$는 각각 식 (11.17)~(11.20)과 같다.

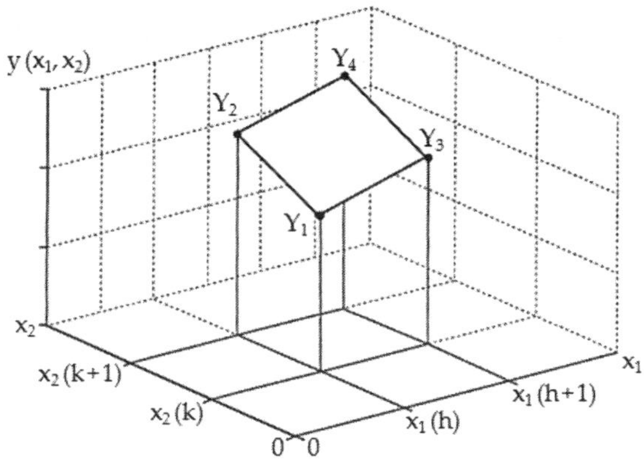

Figure 11.13
Interpolating plane.

$$y_1(x_1, x_2) = Y_1 \frac{x_1(h+1) - x_1}{x_1(h+1) - x_1(h)} \cdot \frac{x_2(k+1) - x_2}{x_2(k+1) - x_2(k)} \tag{11.17}$$

$$y_2(x_1, x_2) = Y_2 \frac{x_1(h+1) - x_1}{x_1(h+1) - x_1(h)} \cdot \frac{x_2(k+1) - x_2}{x_2(k+1) - x_2(k)} \tag{11.18}$$

$$y_3(x_1, x_2) = Y_3 \frac{x_1 - x_1(h)}{x_1(h+1) - x_1(h)} \cdot \frac{x_2(k+1) - x_2}{x_2(k+1) - x_2(k)} \tag{11.19}$$

$$y_4(x_1, x_2) = Y_4 \frac{x_1 - x_1(h)}{x_1(h+1) - x_1(h)} \cdot \frac{x_2 - x_2(k)}{x_2(k+1) - x_2(k)} \tag{11.20}$$

이 함수 각각은 오직 하나의 변수 쌍에 대해서만 0이 아닌 값을 갖는 한편, 나머지 세 개의 변수 (x_1, x_2) 쌍에 대해서는 0의 값을 갖는다. 예를 들면, 첫 번째 함수 y_1 (x_1, x_2)는 좌표 $x_1(h)$, $x_2(k)$의 점에서 값 Y_1을 가진다; 한편 좌표 $x_1(h)$, $x_2(k+1)$; $x_1(h+1)$, $x_2(k)$; $x_1(h+1)$, $x_2(k+1)$의 점에서는 0의 값을 갖는다.

보간 함수의 모양이 그림 11.14에 그려져 있다. 일단 점 (x_1, x_2)에 대응하는 4개의 보간 함수의 값이 구해지면, 최종(最終) 값은 그들의 합으로 주어진다.

11.7.1 Description of the Interpolating Algorithm

MatLab 소프트웨어를 사용하는 몇 가지 앨고리즘이 다음에 보고된다. 좀 더 쉽게 읽는 것을 목적으로 함수의 단순함이 택해졌다.

예에서는, 보간 앨고리즘이 FUNCTION `torque.m`에 적혔다. 이러한 FUNCTION의 入力은 실제 전류 *iact*와 각 위치 *tetamec*이며, 출력은 대응되는 토크이다. 행렬 *Torq*는 벡터 *VectI*에 적혀진 전류와 벡터 *VectA*에 적혀진 각 위치(角

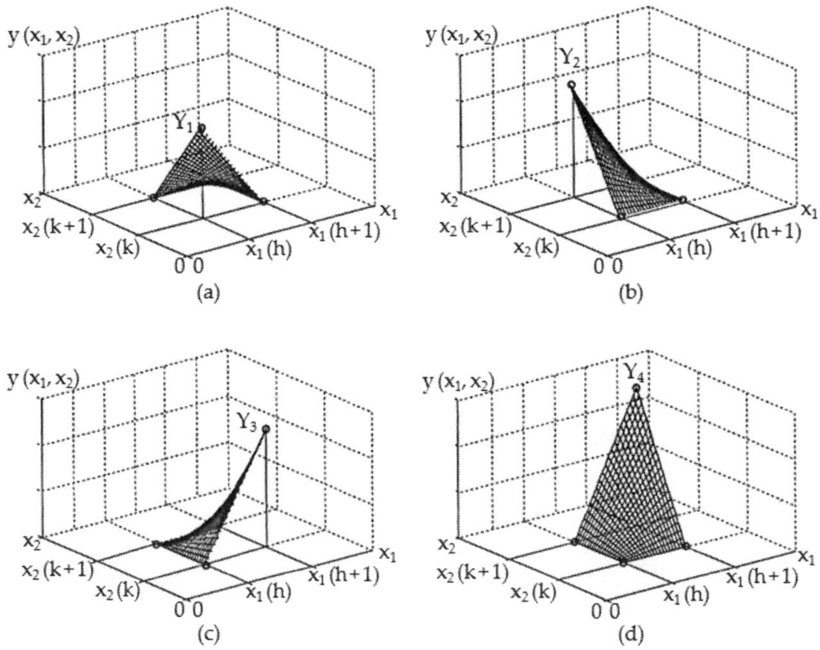

Figure 11.14
Shape of the interpolating functions.

位置)에서 계산된 값을 포함한다.

*VectI*에 있는 입력 전류 *iact*로부터 2개의 전류(*iact* 보다 낮고 높은)가 선택된다. 그 결과로서, 토크 행렬 내에서의 2개의 열이 선택된다. 같은 탐색이 *VectA*에 있는 실제 각 위치 *tetamec*에 대해 반복되어, 토크 행렬 내에서의 2개의 행이 선택된다. 이 두 개의 행과 두 개의 열의 교점으로부터, 보간을 위해 필요로 하는 4개의 토크의 값이 얻어진다: 결정되어야 하는 토크는 이 4개의 값 간격 내에 있다.

전류의 부호에 관해서는, 고정된 전류와 각 위치에 대응하는 토크는 반대 전류(反對 電流)와 π / p의 회전(回轉)으로 계산된 값과 같아야 한다. 즉, $\tau_m(\vartheta + \pi/p, -i) = \tau_m(\vartheta, i)$이다. 이것은 행렬의 차원을 상당히 줄이는 것을 허용한다.

FUNCTION `torque.m`이 다음에 보고된다.

```
torque.m

function value = torque(iact, tetamec);

%Interpolation of the motor torque
%In the matrix "Torq", there are the computed torque values
%corresponding to the currents reported in vector "VECTI",
%and to the angular positions, in radians, reported in vector "VECTA"

Torq =[
 -0.0199 -0.1181 -0.1991 -0.2824 -0.3540 -0.4353 -0.5209 -0.6018 -0.6887
 -0.3703 -0.3401 -0.3130 -0.2826 -0.2529 -0.2176 -0.1886 -0.1830 -0.1638
 -0.5952 -0.4534 -0.3149 -0.1718 -0.0353  0.1128  0.2469  0.3013  0.4250
 -0.6588 -0.4114 -0.1657  0.0852  0.3348  0.5853  0.7502  0.9783  1.2065
 -0.5578 -0.2168  0.1297  0.4777  0.8259  1.1717  1.5294  1.7640  2.0893
 -0.3540  0.0876  0.5192  0.9523  1.3854  1.8184  2.2353  2.6842  3.1178
```

```
  0.0272  0.5236  1.0197  1.5073  2.0051  2.4983  2.9818  3.4268  3.9067
  0.3777  0.8839  1.3895  1.8838  2.3901  2.8951  3.3917  3.8985  4.4046
  0.5891  1.0601  1.5304  1.9973  2.4642  2.9299  3.4005  3.8920  4.3682
  0.6945  1.0918  1.4894  1.8905  2.2862  2.6760  3.0759  3.4718  3.8642
  0.5901  0.8897  1.1887  1.4882  1.7891  2.0906  2.3927  2.7005  2.9935
  0.3231  0.5133  0.6991  0.8913  1.0878  1.2881  1.4801  1.6721  1.8619
 -0.0203  0.0604  0.1451  0.2260  0.3109  0.3902  0.4690  0.5427  0.6223
 -0.3645 -0.3963 -0.4255 -0.4644 -0.4906 -0.5186 -0.5459 -0.5756 -0.6033
 -0.6089 -0.7573 -0.8969 -1.0267 -1.1709 -1.3098 -1.4490 -1.5531 -1.7047
 -0.6686 -0.9161 -1.1638 -1.4114 -1.6627 -1.9120 -2.1584 -2.4063 -2.6453
 -0.5572 -0.9090 -1.2660 -1.6137 -1.9622 -2.3111 -2.6610 -3.0055 -3.3552
 -0.3561 -0.7805 -1.1635 -1.1588 -2.0822 -2.4954 -2.9406 -3.3722 -3.8163
  0.0212 -0.4722 -0.9652 -1.4525 -1.9518 -2.4460 -2.9427 -3.4392 -3.9367
  0.3763 -0.1310 -0.6395 -1.1479 -1.6571 -2.1612 -2.6639 -3.1714 -3.6780
  0.5953  0.1270 -0.3495 -0.8196 -1.2911 -1.7654 -2.1984 -2.6678 -3.1371
  0.6792  0.2940 -0.1014 -0.4999 -0.8977 -1.2966 -1.6961 -2.0675 -2.4615
  0.5894  0.2921 -0.0111 -0.3093 -0.6091 -0.9091 -1.2146 -1.5130 -1.8462
  0.3177  0.1208 -0.0708 -0.2639 -0.4556 -0.6505 -0.8508 -0.0405 -1.2357
 -0.0199 -0.1178 -0.1988 -0.2821 -0.3540 -0.4353 -0.5210 -0.6018 -0.6887
]*(1e-7);
VectI=[0 2.5 5 7.5 10 12.5 15 17.5 20]*1e-3;
VectA=[0 0.1309 0.2618 0.3962 0.5236 0.6545 0.7854 0.9163 1.0472 1.1781
1.3090 1.4390 1.5708 1.7017 1.8362 1.9635 2.0940 2.2250 2.3561 2.4870 2.6180
2.7490 2.8790 3.0100 pi];

% It is forced that a negative current produces the same torque of a
% corresponding positive current with identical magnitude
% with an angular displacement of π/p radians (here p=2)

k=1;
z=1;

% Research of the interval for the current

% Control of the sign
if iact<0,
   iact =- iact;
   tetramec=tetamec-pi/2;
end;

% Control of the maximum current value

if iact < max(VectI),
    while iact >= VectI(k)
        k=k+1;
    end
    else k=max(size(VectI));
 end;
 if iact > max(VectI)),
    fprintf('The actual current is higher than maximum current')
    fprintf('the results of the torque computation are not correct!')
    k=max(size(VectI));
    val=0;
  else

% Research of the interval of the angular position

%Control of thr angular position value

while tetamec < 0
    tetamec=tetamec+pi;
end;
while tetamec > pi
    tetamec=tetamec-pi;
end;
    if tetamec==pi,
       z=max(size(VectA));
    else
       while tetamec >= VectA(z)
         z=z+1;
       end
    end
```

```
% Research of the four values of the torque corresponding
% to the currents and angular position individuated above

   t1= Torq(z-1,k-1);
   t2= Torq(z-1,k);
   t3= Torq(z,k-1);
   t4= Torq(z,k);

% Interpolation of the torque corresponding to
% the current iact and the angular position tetamec

     com=(VectI(k)-VectI(k-1))*(VectA(z)-VectA(z-1));
     val1=t1*(VectI(k)- iact)*(VectA(z)-tetamec);
     val2=t2*( iact -VectI(k-1))*(VectA(z)-tetamec);
     val3-t3*(VectI(k)- iact)*(tetamec-VectA(z-1));
     val4=t4*( iact -VectI(k-1))*(tetamec-VectA(z-1));

% Value of the torque obtained by the interpolation

     value=(val1+val2+val3+val4)/com;

end;
```

11.8 Numerical Codes for the Motor Analysis

단상 전동기(單相 電動機)의 동적 성능(動的 性能)의 해석을 위해 사용되는 몇 가지 FUNCTION이 이제 보고된다.

11.8.1 Code of the Computation of the Torque at Constant Speed

```
% Simulation of the motor performance at given constant speed
% with torque interpolation (the function torque.m is called)
% N.B.: The load torque is posed to zero

clear;
close all;

% Constant declaration

 dt=1e-5;                 % time increment
 j=1.5e-12;               % rotor inertia
 vm=2;                    % maximum voltage
 we=2*pi*100;             % electrical speed 628.3185(100Hz)
 wm=we/2;                 % mechanical speed wm=we/p; p=pole pair)
 res=110;                 % resistance of the stator coil at 20°C
 la=1.6541e-3;            % winding inductance

% Initial values of the variables

 fi=pi/6;                 % voltage phase
 t=0;                     % initial instant
 dfdz=0;                  % PM flux linkage derivative
 tetam(1)=0.738;          % initial rotor angular position
 tavrg=0;                 % average torque
 tmot(1)=0;               % actual torque
 ip(1)=0;                 % actual current
 im(1)=0;                 % average current in the interval
 flux(1)=-1.4057e-5;      % magnetic flux of the PM

% Computation loop of the torque, speed, position and current

   for n=2:5000
```

```
      v=vm*sin(we*t+fi);                                % voltage in n-th time
      didt=(v-res*ip(n-1)-dfdz*wm)/la;                  % current increment
      ip(n)=ip(n-1)+didt*dt;                            % current in n-th time
      im(n-1)=(ip(n)+ip(n-1))*0.5;                      % c. average in interval
      tmot(n-1)= coppia(im(n-1),tetam(n-1));            % torque in the interval
      tetam(n)=tetam(n-1)+wm*dt;                        % position in n-th time
      tavrg=tavrg+tmot(n-1);                            % average torque
      flux(n)=(-1.431e-5)*cos(2*(tetam(n)-0.0277778*pi)); % PM flux
      dfdz=flux(n)-flux(n-1);                           % flux variation
      t=t+dt;                                           % time increment
   end;

  tavrg=tavrg/n                                         % average torque

  end
```

11.8.2 Code of the Computation of the Dynamic Performance

```
% Simulation of the dynamic performance of a single-phase permanent magnet motor
% with torque interpolation (the function torque.m is called)
% N.B.: The load torque is posed to zero

clear;
close all;

% Constant definition

dt=1e-5;                 % time increment
j=1.5e-12;               % rotor inertia
vm=2;                    % maximum voltage
we=2*pi*100;             % electrical speed 628.3185=100Hz
wm=we/2;                 % mechanical speed wm=we/p; p=pole pair
res=110;                 % resistance of the stator coil at 20°C
la=1.6541e-3;            % winding inductance
kB=1.8e-10;              % friction coefficient

% Initial values of the variables

fi=pi/6;                 % voltage phase
t=0;                     % initial instant
dwmdt=0;                 % speed derivative at t=0
dfdz=0;                  % PM flux linkage derivative at t=0
tetam(1)=0.738;          % initial rotor angular position
tmot(1)=0;               % actual torque
ip(1)=0;                 % actual current
im(1)=0;                 % average current in the interval
flux(1)=-1.4057e-5;      % magnetic flux of the permanent magnet
wm(1)=0;                 % angular speed (starting)

% Computation loop of the torque, speed, position and current

for n=2:5000
v=vm*sin(we*t+fi);                           % voltage in n-th time
didt=(v-res*ip(n-1)-dfdz*wm(n-1))/la;        % current derivative
ip(n)=ip(n-1)+didt*dt;                       % current in n-th time
im(n-1)=(ip(n)+ip(n-1))*0.5;                 % c. average in interval
tmot(n-1)= coppia(im(n-1),tetam(n-1));       % torque in the interval
dwmdt=(tmot(n-1)-kB*wm(n-1))/j;              % angular acceleration
wm(n)=wm(n-1)+dwmdt*dt;                      % angular speed
tetam(n)=tetam(n-1)+wm(n-1)*dt+dwmdt*(dt^2)*0.5;           % speed
flux(n)=(-1.431e-5)*cos(2*(tetam(n)-0.0277778*pi));        % PM flux
dfdz=flux(n)-flux(n-1);                      % flux linkage derivative
t=t+dt;                                      % time increment
end;

end
```

References

1. P. C. Krause, *Analysis of Electrical Machinery,* McGraw-Hill, New York, 1986.
2. K. Deng, M. Mehregany, A. S. Dewa, "A Simple Fabrication Process for Poly-silicon Side-Drive Micromotors," in *IEEE Journal of Micromechanical System,* vol. 3, no. 4, December 1994, pp. 125–133.
3. A. Teshigahara, M. Watanabe, N. Kawahara, Y. Ohtsuka, T. Hattori, "Performance of a 7 mm Microfabricated Car," in *IEEE Journal of Micromechanical System,* vol. 4, no. 2, June 1995, pp. 76–80.

12

Switched Reluctance Motors

이 장에서는 스위치드 릴럭턴스 전동기(switched reluctance motor, SRM)의 해석을 다룬다. 이러한 전동기는 높게 포화되어 동작하기 때문에, 이 장에서는 유한요소의 수를 어떻게 선택하고 전동기에 의해 생성되는 토크를 어떻게 계산하는 지에 대해 최대한 상세(詳細)하게 설명한다. 자계의 국소적(局所的)인 성분에 미치는 유한 요소의 수의 효과를 강조하고 이로부터 토크가 계산된다.

앞에서의 장에서 했던 것과 비슷한 방식으로, 유한요소법에 의해 전자기적 양(量)을 계산한 후, 그것들은 전동기의 동적 성능(動的 性能)의 예측에 사용된다.

12.1 Introduction

스위치드 릴럭턴스 전동기는 1842년에 생겼다. 하지만, 그것은 수십 년 후까지 채용되지 못했으며, 그 후 전력전자 장치(電力電子 裝置)의 개발이 이루어졌다. 최초의 가변 속도 응용(可變 速度 應用)은 1970년대에 Harris와 Lowrenson에 의해 提案되었다.

전동기는 2중(重) 돌극성(突極性)(double saliency), 즉 고정자와 회전자 모두에 돌극을 갖는다. 상 전류는, 매우 간단한 제어 책략(制御 策略, control strategy)에 의해, 회전자 위치에 따라 전환(轉換, 스위칭)된다(switched). 전동기는 다음과 같은 4가지 이유로 스텝 전동기(stepper motor)와 다르다:

1. 회전자와 고정자 극수(極數)가 더 작다.
2. 정격 토크와 출력이 더 높다.
3. 위치 센서(position sensor)가 회전자 위치를 검출하기 위해 사용되는(근래의 약간의 센서리스(sensorless) 제어 응용은 제외하고) 반면, 스텝 전동기에서는 위치 궤환(位置 饋還, position feedback)이 없다.
4. 전류 제어 루프(current control loop)가 보통 적용되는 반면, 스텝 전동기는 전류 제어 없이 전압 펄스(voltage pulse)에 의해 구동된다.

12.2 Operating Principle

그림 12.1 (a)는 $Q_s = 8$의 고정자 극과 $Q_r = 6$의 회전자 극을 갖는 전동기를 보인다. 이것은 8 / 6 스위치드 릴럭턴스 전동기라고도 불린다. 극수 비(極數 比, pole number ratio) Q_s / Q_r의 전형적인 값은 6 / 4, 8 / 6, 10 / 4, 10 / 6이다. 고정자와 회전자는 모두, 변화하는 자속이 통과하기 때문에, 박판 적층이 통용된다. 권선은 코일이 고정자 주위에 감겨 있는 간단한 형태이다. 그러면 전동기는, 매우 짧은 단부권선(端部 捲線) 길이를 가진, 매우 단순하고 튼튼한 구조이다. 고정자 코일은, 상(相) 수가 고정자 극 수의 절반(折半)과 같도록, 즉 $m = Q_s / 2$가 되도록, 정반대로 마주 보는 고정자 극 주위에 같은 방향으로 배치된다. 전동기의 기하 구조와 권선의 이격(離隔)에 기인하여, 상(相) 사이의 상호 결합(相互 結合)은 없다.

전동기 토크는 본질적으로 자기회로의 자기저항(磁氣抵抗, 릴럭턴스, reluctance)에 기인한다. 회전자는 그 자극이 코일이 여자된 고정자 극과 정렬하여 쇄교 자속이 최대가 되도록 움직인다.

순시(瞬時) 전기(電機) 토크는 회전자 위치와 상 전류의 상태 함수이다. 그것은 식 (12.1)과 같이 자기 수반 에너지의 회전자 위치에 대한 편미분(偏微分)으로 계산될 수 있다.

$$T(\vartheta_m, i) = \frac{\partial W'_m(\vartheta_m, i)}{\partial \vartheta_m} \tag{12.1}$$

여기서, ϑ_m은 회전자 극과 고정자 극 사이의 기계적 각도이며, i는 고정자 코일을 통하여 흐르는 전류이다. 해석은 변수 ϑ_m과 i에 대한 종속성을 고려하여 수행된다.

12.2.1 Linear Model

스위치드 릴럭턴스 전동기는 높게 포화된 방식으로 작동(作動)하는데도 불구하고,

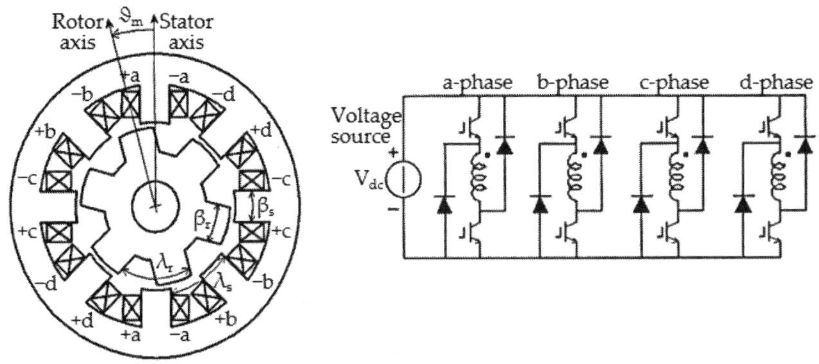

(a) (b)

Figure 12.1
Structure of a switched reluctance motor with $Q_s = 8$ and $Q_r = 6$ (a); sketch of the static power electronic converter (b).

우선 선형 자기회로의 가정으로 동작 원리를 설명하는 것이 유용하다. 이 경우에는 자기 에너지와 수반 에너지가 일치하고 모두 인덕턴스 계수 L (ϑ_m)을 사용하여 설명될 수 있다. 자기 에너지와 수반 에너지는 각 위치 ϑ_m의 함수이지만 전류의 함수는 아니다. 그것은 식 (12.2)이며 따라서 전기(電機) 토크 식 (12.1)은 식 (12.3)으로 된다.

$$W'_m = W_m = \frac{1}{2}L(\vartheta_m)i^2 \tag{12.2}$$

$$T(\vartheta_m, i) = \frac{1}{2}\frac{dL(\vartheta_m)}{d\vartheta_m}i^2 \tag{12.3}$$

토크는 전류의 제곱에 비례하여, 그 방향에는 상관없다. 이것은, 단(單) 방향의 전류(unidirectional current)만이 요구되기 때문에, 전력전자(電力電子) 변환기(變換器, 콘버터, converter)를 위한 장점이다. 전력전자 콘버터의 가능한 배치가 그림 12.1 (b)에 보여졌다. 더욱이, 다시 전류의 제곱에 종속하는 것을 생각하면, 직류 직렬 여자(直列 勵磁)(직권(直捲)) 전동기(direct-current series-excited motor)와 비슷하게, 기동 토크가 매우 높다.

식 (12.3)에서 보이는 바와 같이, 전동기와 발전기 동작이 모두 허용된다. 토크의 부호는 인덕턴스의 미분으로부터 생긴다. 토크는 인덕턴스가 증가할 때 코일에 전류가 공급되면 양(陽)이며, 인덕턴스가 감소할 때 코일에 전류가 공급되면 그 역(逆)이다. 회전 방향은 선택된 상(相) 순환 순서(循環 順序, cyclic sequence)에 의해 결정된다.

그림 12.1 (a)에서 $\beta_r > \beta_s$인 전동기에 따라, 그림 12.2는 각 위치 ϑ_m에 대한 a-상

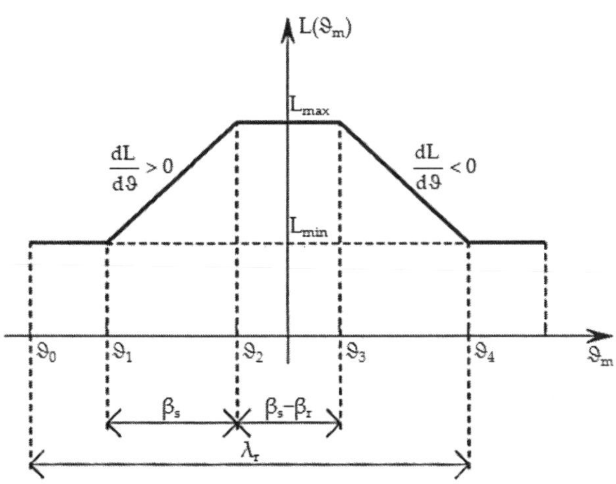

Figure 12.2
Phase inductance versus the rotor position.

인덕턴스의 이상적인 거동을 보인다. 정렬된 위치는 ϑ_m = 0에 대응하는 한편, 정렬되지 않은 위치는 $\vartheta_m = \vartheta_0$에 대응한다. 4가지 영역이 구별될 수 있다:

1. ϑ_0로부터 ϑ_1 까지 회전자와 고정자 자극 쌍 사이에 겹치는 부분이 없어, 인덕턴스는 최소(最小)이다.
2. ϑ_1으로부터 ϑ_2 까지, 두 자극 쌍이 겹치기 시작하는 ϑ_1으로부터 출발하여, 그들이 완전히 겹치는 ϑ_2 까지, 고정자와 회전자 자극 쌍은 부분적으로 겹친다. 상 인덕턴스는 최소치로부터 최대치까지 선형적(線形的)으로 변화한다.
3. ϑ_2로부터 ϑ_3 까지, 서로 다른 자극 폭에 기인하여, 두 자극 쌍은 정렬 위치 주위에서 완전히 겹친다. 인턱턴스는 그 최대치에서 일정한 값을 유지한다.
4. ϑ_3으로부터 ϑ_4 까지, 회전자 자극 쌍은 고정자 자극 쌍에 대해 겹침이 감소하는 방향으로 움직이고, 인덕턴스는 최소치까지 선형적으로 감소한다.

식 (12.4)에 따라, 인덕턴스가 증가할 때 (ϑ_1과 ϑ_2 사이) 코일에 전류가 흐르면, 정(正) 토크가 얻어짐이 관측된다. 이에 반하여, 인덕턴스가 감소할 때 (ϑ_3와 ϑ_4 사이) 코일에 전류가 흐르면, 부(負) 토크가 얻어진다. 인덕턴스가 일정한 두 영역에서는, 전류가 어떤 토크도 생성하지 않는다. 하지만, 이 영역들은 전류(轉流, current commutation)를 위해서 필요하게 된다. 인덕턴스가 일정한 주기에서는, 전류가 0에서부터 원하는 값까지 증가하거나, 0이 아닌 값으로부터 0으로 감소하도록 강제된다.

12.2.2 Dynamic Performance

각 상의 등가 전기회로는 RL-회로로서 모델링될 수 있다. $+V_{dc}$ 또는 $-V_{dc}$와 같은 전압이, 그림 12.1 (b)의 콘버터의 스위치에 의해, 그 단자에 인가된다. 전압 방정식은 식 (12.4)이다.

$$v(t) = Ri(t) + \frac{d\lambda(t)}{dt} \tag{12.4}$$

5장에서 설명된 바와 같이, 쇄교 자속 λ는 전류 i와 회전자 위치 ϑ_m에 의해 한 가지로 결정되기 때문에, 즉 $\lambda = \lambda(i, \vartheta_m)$이기 때문에, 식 (12.4)는 식 (12.5)로 된다.

$$v(t) = Ri(t) + \frac{\partial\lambda(i,\vartheta_m)}{\partial\vartheta_m}\frac{d\vartheta_m}{dt} + \frac{\partial\lambda(i,\vartheta_m)}{\partial i}\frac{di(t)}{dt} \tag{12.5}$$

여기서 $\omega_m = d\vartheta_m / dt$는 회전자 속도이다. 선형 조건에서는, 식 (12.5)는 식 (12.6)과 같이 다시 써질 수 있다.

$$v(t) = Ri(t) + \omega_m(t)i(t)\frac{dL(\vartheta_m)}{d\vartheta_m} + L(\vartheta_m)\frac{di(t)}{dt} \tag{12.6}$$

전동기 동작에서는, 상(相) 코일에는, 특정한 도전 주기(導電 週期)로 고정되어, 인덕턴스가 증가(增加)하는 동안에 공급된다. ϑ_{on}을 턴-온 각(角)(turn-on angle) 그리고 ϑ_{off}를 턴-오프 각(turn-off angle)이라 하자. 그림 12.1 (b)에 따라, 스위치는 회전자가 각 위치(角 位置) ϑ_{on}에 도달했을 때 켜진다(turned on). 전압 $v = +V_{dc}$가 전류가 증가하는 것을 강제하도록 코일 단자에 인가된다. 그다음에는 스위치가 회전자가 각 위치 ϑ_{off}에 도달했을 때 꺼져(turned off), 전류가 0으로 낮아지는 것을 강제하도록 전압 $v = -V_{dc}$가 코일 단자에 자동적으로 인가되어, 전류는 두 개의 다이오드(diode)를 통하여 흐른다.

12.3 Field Problem Statement

상(相)들이 상호 결합되지 않기 때문에, 그것들은 따로따로 고려될 수 있다. 하나의 시간에는 오직 하나의 상(相) 만이 해석되고 그 결과는, 간단히 각 변위(角 變位)를 고려하여, 다른 상으로 확장된다. 실제로는, 계철(繼鐵)의 포화가 상(相)들 사이의 상호 작용(相互 作用)의 원인이 될 수 있다. 하지만, 상(相)의 전류는, 줄어든 겹침(reduced overlap)으로, 독립적으로 먹여진다; 그러므로 상호 결합은 종종 무시될 수 있다.

전동기의 해석은 회전자 위치와 전류의 함수로서 쇄교 자속, 자기 수반 에너지, 그리고 토크의 계산을 포함한다.

회전자와 고정자 사이의 대칭성(對稱性)의 결핍(缺乏)에 기인하여, 그림 12.3 (a)에 보여준 바와 같이, 해석은 전체 전동기 구조에 대하여 수행된다. 하지만, 검토는 해석 영역의 형편 좋은 축소(advantageous reduction)로, 그림 12.3 (b)에 보여준 바와 같이, 구조의 절반(折半)만으로 줄어들 수 있다.

영역의 요소 망에 주목하면, 자계의 세기의 더 높은 변화도(higher gradient)가 공극에 대응하여 찾아진다. 이와 같은 영역에서는, 요소의 수가 당연히 증가된다. 전동기의 자기회로가 극히 포화되기 때문에, 장 해의 요구되는 정밀도(精密度)의 보장을 겨냥하여, 특히 부분적으로 겹쳐질 때, 고정자와 회전자 자극에서도 높은 요소 수를 갖는 것이 필요하다. 요소의 수는 일견(一見)하여 수립될 수 있다; 하지만, 다음의 예제에서 보여주는 바와 같이, 장 해에 미치는 요소 망의 요소 수의 영향에 대한 예비 해석(豫備 解析)을 수행하는 것이 더 좋다.

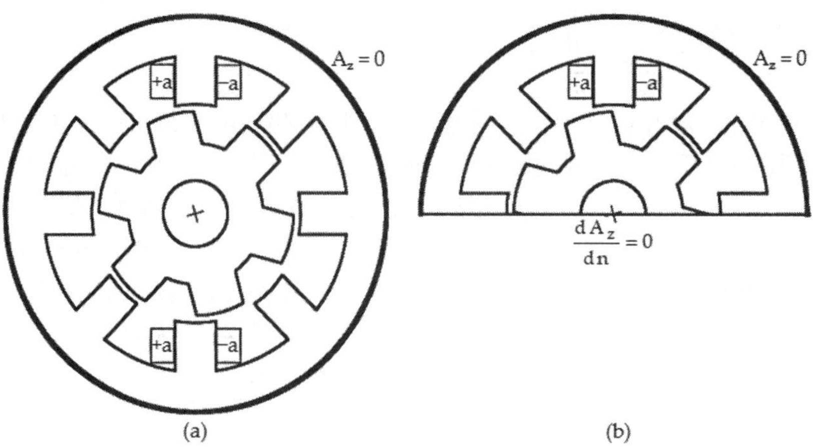

Figure 12.3
Structure of the switched reluctance motor for the finite element analysis.

12.4 Computation on the Solved Structure

쇄교 자속(鎖交 磁束) $\lambda(\vartheta_m, i)$, 자기(磁氣) 수반(隨伴) 에너지 $W_m'(\vartheta_m, I)$ 및 정(靜) 토크(static torque) $T(\vartheta_m, i)$가 장 해(場 解)로부터 계산된다. 이 양(量)들은 각 위치 ϑ_m과 전류 i의 함수로서 계산되어야 한다. 그 계산은 앞에서의 장에서 설명되었으며, 여기에서는 생략된다.

토크는 식 (12.1)로부터 또는 그 대신으로, Maxwell 응력 텐서를 사용하여 장 해로부터 직접 구해질 수 있다. 첫 번째 경우에는, 각 변위 $\Delta\vartheta_m$에 주의하는 것이 중요하다. 두 번째 경우에는, 계산이 공극과 그것을 둘러싸는 영역에서의 유한 요소 밀도(finite element density)에 크게 의존한다는 것을 밝히는 것이 가능하다. 이 의존성의 주된 이유는 유한요소법을 사용하여 계산되는 공극에서의 자속밀도의 접선 방향 성분의 불규칙(不規則)하고 뾰족한 거동(sharp behavior)이다. 반대로, 반경 방향 성분은 상당히 균일한 거동을 유지하며 채용된 요소 망의 요소 수에 거의 무관하다. 따라서, 적분 선의 선택은 Maxwell 응력 텐서의 계산에 영향을 준다. 그러한 계산은 공극을 둘 또는 세 부분으로 세분함으로써 개선된다.

12.4.1 Dynamic Analysis

자기 정수(상태 변수 ϑ_m과 i의 상태 함수인)는 서로 다른 값의 ϑ_m과 i에서의 정자장 해로부터 결정된다. 특히, 쇄교 자속 λ와 토크 T는 상태 변수로서 찾아진다. 그것들은 전동기의 정상 상태 및 동적 성능에 대한 뒤따르는 예측을 위해 필요하다.

스위치드 릴럭턴스 전동기의 동적 해석은, 상 전류(相 轉流, phase commutation)와 자기회로의 비선형성에 기인하여, 사실상 필수적이다. 동적 해석의 목적은 주어진 턴-온 각 ϑ_{on}과 턴-오프 각 ϑ_{off}에 대한 전동기 토크의 파형을 구하는 것이다. 또한 평균 토크를 최대화(最大化)하고 토크 리플을 최소화(最小化)하도록 이 두 각도를 결정하는 것도 가능하다.

유한 요소 단계적 해석(finite element step-to-step analysis)이 가능하지만, 그것이 편리하지는 않다. 사실, 제어 책략의 임의의 변화에 대해, 필연적인 긴 시간의 소비와 함께, 새로운 유한 요소 시뮬레이션이 요구된다. 거꾸로, 상태 함수가 알려지도록 전동기의 자기 모델이 세워지면, 미분 방정식의 적분이 더 이상의 유한 요소 해석 없이 수행된다. 예가 이 장의 끝에서 보고된다.

기계적 양(量)의 변화는 무시하고, 회전자 속도 ω_m은 고정된 것으로 가정된다. 그에 비해, 일반적으로 더 빠르게 응답하는 전기적인 양(量)의 동적 거동에 초점을 맞춘다.

식 (12.5)에서 출발하면, 식 (12.7)이 얻어진다.

$$\frac{di(t)}{dt} = \frac{1}{\left[\dfrac{\partial\lambda(i,\vartheta_m)}{\partial i}\right]}\left[v(t) - Ri(t) - \omega_m(t)\frac{\partial\lambda(i,\vartheta_m)}{\partial\vartheta_m}\right] \tag{12.7}$$

여기서 식 (12.8)은 코일의 겉보기 인덕턴스(apparent inductance)를 나타내며, 식 (12.9)는 운동 기전력(運動 起電力, motional EMF)을 나타낸다.

$$L_{app} = \frac{\partial\lambda(i,\vartheta_m)}{\partial i} \tag{12.8}$$

$$E_m = \omega_m(t)\frac{\partial\lambda(\vartheta_m)}{\partial\vartheta_m} \tag{12.9}$$

이들은 모두 상태 변수인 전류 i와 각 위치 ϑ_m의 함수이다. 식 (12.7)은, 적분 변수로서 각 위치 $\vartheta_m = \omega_m t$를 고려하여, 수치적으로 적분되어야 한다. L_{app}와 E_m의 값은 각 적분 단계 $\Delta\vartheta_m$마다 경신(更新)된다. 마지막으로, 전류는 식 (12.7)을 적분함으로써 계산되며, 쇄교 자속 $\lambda(\vartheta_m, i)$와 전동기 토크 $T(\vartheta_m, i)$는 정자장 해석으로부터 세워진 모델로부터 얻어진다.

보간법이 장 해석의 횟수를 제한하기 위해 사용된다. 상태 변수의 몇 가지 값은 선택된다; 그러면 대응하는 쇄교 자속과 토크의 표가 세워지고, 다른 값들은 보간에 의해 얻어진다. 2차원 보간의 예가 11장의 11.7절에서 설명되었다.

12.5 Example

예제로서, Q_s / Q_r = 8 / 6인 스위치드 릴럭턴스 전동기가 해석된다. 그 주 치수는 표 12.1에 보여졌다.

그림 12.4는 a-상 코일에 공급되었을 때의 자속 선을 보인다. 그림 12.4 (a)는 전동기의 완전한 단면을 보이고, 그림 12.4 (b)는 단면의 절반(折半) 만을 보이며, 그리고 그림 12.4 (c)는 고정자와 회전자 자극이 부분적으로 정렬되었을 때의 고정자와 회전자 자극 영역의 자속 선의 상세도(詳細圖)를 나타낸다. 두 극(極)이 매우 포화된 方式으로 동작하기 때문에, 이 영역을 점검하는 것이 중요하다. 더 높은 전류에서는, 그것들은 미분 자기 비투자율이 단위 값(1)에 접근하는 높은 포화 수준에 도달한다.

Table 12.1
Main dimension of the switched reluctance motor

	Quantity	Value		Quantity	Value
Q_s	Stator pole number	8	g	Air-gap	0.625 mm
Q_r	Rotor pole number	6	N_t	Number of turns	93
β_s	Stator pole arc	20.1 deg	R	Resistance	3 Ω
β_r	Rotor pole arc	21.6 deg	P_n	Rated power	4 kW
L_{Fe}	Axial length	152 mm	I_{max}	Maximum current	18 A

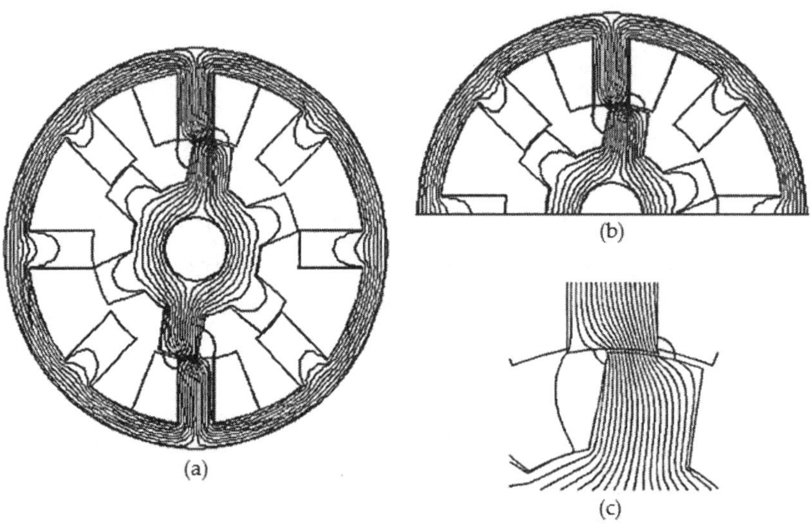

Figure 12.4
Flux lines in a switched reluctance motor.

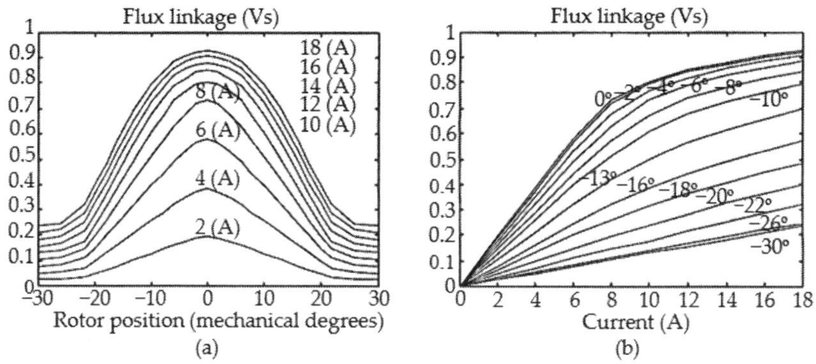

Figure 12.5
Flux linkage as a function of the rotor position (a) and of the current (b).

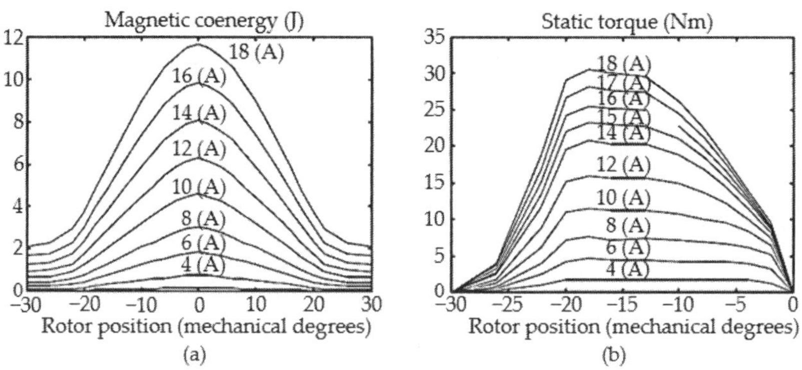

Figure 12.6
Magnetic coenergy (a) and static torque (b) versus rotor position and current.

그림 12.5는 정자장 해석으로부터 얻어진 쇄교 자속을 각 위치와 전류의 함수로써 보인다. 자극 쌍이 겹쳐지지 않거나 전류가 낮을 때, 쇄교 자속이 낮음이 관측된다. 전동기는 선형 조건에서 동작하며 쇄교 자속은 전류에 비례(比例)한다. 이에 반하여, 전류가 높을 때와 자극 쌍이 겹쳐질 때에는, 자기 포화의 효과가 명백하다. 쇄교 자속은 더 이상 전류에 비례하지 않고, 곡선의 기울기가 감소한다.

그림 12.6 (a)는 자기 수반 에너지를 회전자 각 위치와 상 전류의 함수로써 보인다. 주어진 ϑ_m에서 자기 수반 에너지는 전류가 낮고 자극이 정렬되지 않았을 때에만 전류의 제곱에 비례한다. 전류가 증가했을 때에는, 포화에 기인하여, 전류에만 비례하게 된다. 그것은 전류 대 토크 비(比)가 거의 일정하게 되는 결과를 가져온다.

그림 12.6 (b)는 정(靜) 토크를 회전자 각 위치와 상 전류의 함수로써 보인다. 그것은, 고정된 전류로, 자기 수반 에너지의 ϑ_m에 대한 미분으로서 각각의 위치 ϑ_m에서 얻어졌다. 회전자 위치가 ϑ_m = −5°와 ϑ_m = −20° 사이의 범위일 때 토크가 거

의 일정함에 유의하는 것이 중요하다.

12.5.1 Effect of the Number of Elements of the Mesh

그림 12.7 (a)는, 두 가지 다른 유한 요소의 수로 영역이 분할되었을 때, 공극의 중간에서의 자속밀도의 반경 방향 성분 B_r의 거동을 보인다. 두 거동이 본질적으로 동일하며 요소 망의 요소 수에 무관하다. 이에 대비하여, 그림 12.7 (b)는, 같은 조건에서, 공극의 중간에서의 자속밀도의 접선 방향 성분 B_t의 거동을 보인다. 그 거동이 자극의 단부 가까이에서 매우 뾰족함에 유의하는 것이 중요하다. 덧붙여, 요소 수에 따라 그 모양의 상당한 변화가 있다. 이것은 선택된 요소 망에서 Maxwell 응력 텐서에 의해 계산되는 토크의 강한 의존성을 가져온다. 그 결과, 요소 망의 요소 수는 주의 깊게 선택되어야 한다.

토크 계산에 사용된 두 가지 방법이 다음에 비교된다. 그림 12.8은, 고정된 회전자 위치 ϑ_m과 요소 망의 서로 다른 요소 수에서, 12 A와 18 A에 대응하는 정(靜)

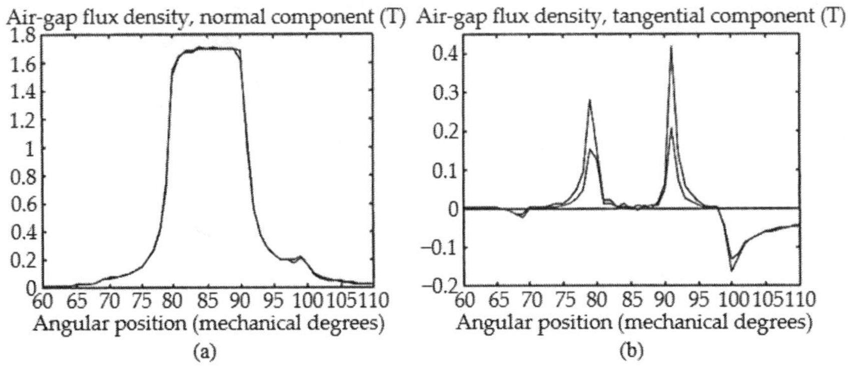

Figure 12.7
Normal component (a) and tangential component (b) of the air-gap flux density with different numbers of elements of the mesh.

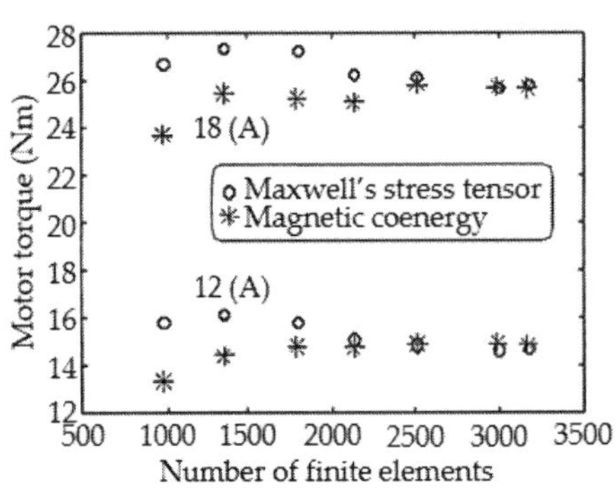

Figure 12.8
Dependence of the motor torque on the number of finite elements of the mesh.

토크를 보인다. 토크는 자기 수반 에너지의 변화와 Maxwell 응력 텐서에 의해 계산되었다. 계산된 토크의 유한 요소의 수에 대한 강한 의존성에 유의하는 것이 중요하다.

토크는 요소 수의 증가에 따라서만 점근치(漸近値, asymptotic value)로 수렴(收斂)한다. 자기 수반 에너지의 변화(적분 양)에 의한 계산이, Maxwell 응력 텐서(미분 양을 다루는)에 의한 계산과 비교하여, 더 적은 수의 요소 수에서 점근치로의 수렴을 나타냄에 주목하는 것이 흥미롭다.

12.5.2 Simulation of the Dynamic Performance

이 절은 전동기의 동적 성능의 몇 가지 시뮬레이션 결과를 보고한다. 상(相) 전류, 쇄교 자속, 그리고 토크의 파형은 V_{dc} = 400 V와 같은 직류 전압이 인가된 것으로 고려하여 계산되었다.

그림 12.9는 몇 가지 고정된 회전자 속도 ω_m(동적 해석에서는 일정한 것으로 고려된)과 전류 각(轉流 角) ϑ_{on}과 ϑ_{off}에 관련된 인가 전압, 쇄교 자속, 전류, 그리고 전동기 토크의 파형을 보인다. 그 값들이 표 12.2에 요약되었다. 시뮬레이션 (b)와

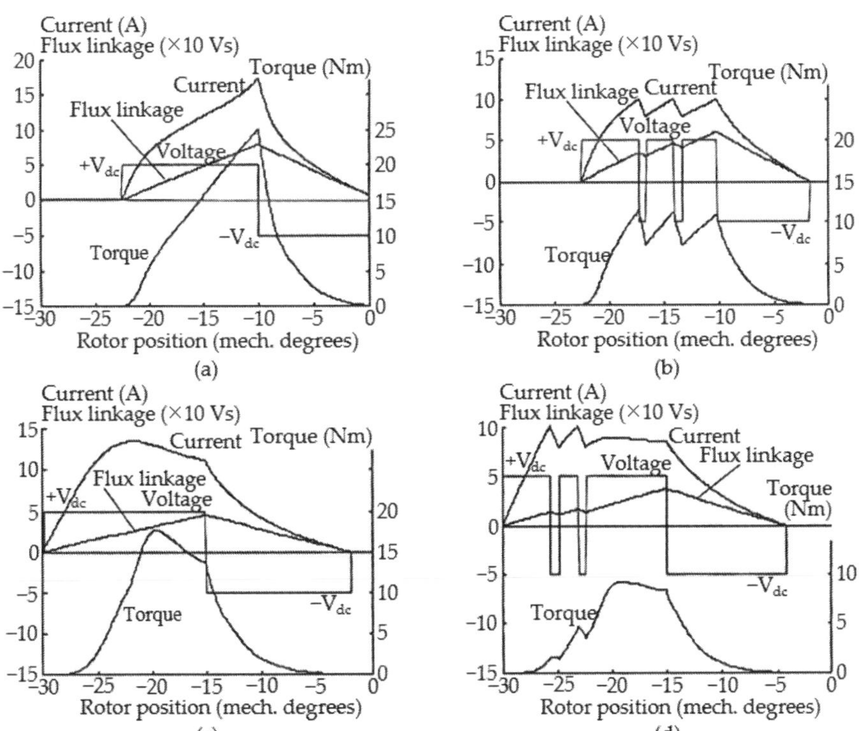

Figure 12.9
Simulations of the switched reluctance motor at constant rotor speed.

Table 12.2
Speed and control angles for the dynamic simulations

	n (rpm)	ϑ_{on} (deg)	ϑ_{off} (deg)	Current Limitation
(a)	1000	−22.5	−10.0	No
(b)	1000	−22.5	−10.0	Yes
(c)	2000	−30.0	−15.0	No
(d)	2000	−30.0	−15.0	Yes
(e)	3000	−30.0	−15.0	No
(f)	6000	−30.0	−15.0	No

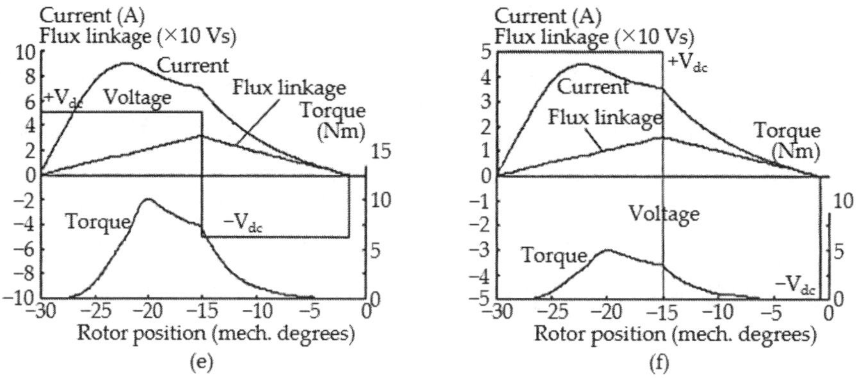

Figure 12.9
Simulations of the switched reluctance motor at constant rotor speed(continued).

(c)에서는, 전류가 제한된다: 최대 전류 값을 10 A로 제한하기 위하여, 히스테리시스 전류 제어(hysteresis current control)가 도입되었다.

References

1. P. J. Lawrenson, et al., "Variable Speed Switched Reluctance Motors," in *IEE Proc. Pt. B, Electr. Power Appl.*, vol. 127, no. 4, 1980, pp. 253–265.
2. J. F. Linsay, R. Arumugam, R. Krishnan, "Finite-Element Analysis Characterization of a Switched Reluctance Motor with Multitooth per Stator Pole," in *IEE Proc. Pt. B, Electr. Power Appl.*, vol. 133, Nov. 1986, pp. 347–353.
3. P. Materu, R. Krishnan, "Estimation of Switched Reluctance Motor Losses," in *Conf. Rec. IEEE Ind. Applicat. Soc. Annu. Meeting,* Pittsburgh, Pennsylvania, October 1988, pp. 79–90.
4. I. D. Mayergoyz, "Dynamic Preisach Models of Hystersis," in *IEEE Trans.*

on Magnetics, vol. MAG-24, 1988, pp. 2925–2977.

5. T. J. E. Miller, *Switched Reluctance Motor Drive*, Clarendon Press, Oxford, 1989.
6. T. J. E. Miller, *Brushless Permanent-Magnet and Reluctance Motor Drive*, Clarendon Press, Oxford, 1989.
7. I. Husain, M. Ehsani, "Torque Ripple Minimization in Switched Reluctance Motor Drives by PWM Current Control," in *Proc. Power Electr. Conf.*, Orlando, Florida, 1996, pp. 72–77.
8. P. C. Kjaer, P. Nielson, L. Anderson, F. Blaabjerg, "A New Energy Optimizing Control Strategy for Switched Reluctance Motor," in *IEEE Trans. on Ind. Appl.*, vol. IA-31, no. 5, 1995, pp. 1088–1095.
9. N. Bianchi, S. Bolognani, M. Zigliotto, "Prediction of Iron Losses in Switched Reluctance Motors," in *Proc. of 7th International Power Electronics and Motion Control Conference, PEMC '96*, Budapest, Hungary, 2–4 September 1996, vol. 3, pp. 223–228.
10. R. Krishnan, P. Vijayraghavan, "State of the Art: Acoustic Noise in Switched Reluctance Motor Drives," in *Proc. of IEEE-IECON Conf.*, Aachen, Germany, 1998, pp. 929–934.
11. P. G. Barrass, B. C. Mecrow, "Flux and Torque Control of Switched Reluctance Machines," in *IEE Proc. Pt B, Electr. Power Appl.*, vol. 145, no. 6, November 1998, pp. 519–527.

13

Three-Phase Induction Motors

이 장에서는 정현 전압이 공급되는 3상 유도전동기의 정상 상태 해석을 다룬다. 해석의 두 가지 다른 접근 방법이 설명된다. 첫 번째 방법은 장 해(場 解)와 등가회로의 조합에 기초를 두는 한편, 두 번째 방법은 오로지 장 해에만 기초를 둔다. 두 방법 모두 2차원 영역에 적용된다. 따라서, 3차원 효과는 해석적으로 계산된다.

두 가지 방법은 그 해석 접근 방법에 의해 구별된다. 첫 번째 방법은 간접 전동기 시험(間接 電動機 試驗, indirect motor test), 즉 무부하 시험과 구속 회전자(또는 단락 회로) 시험을 재현한다. 강제 전류 원에 의해 특성지어진 장 해로부터, 등가회로가 세워지도록 전동기 정수가 결정된다. 등가회로로부터 부하 하에서의 전동기의 주(主) 특성이 주어진 전압에 따라 검토된다.

거꾸로, 두 번째 방법은 장 해를 전동기 단자에 전압 원이 강제된 전기회로 해석과 직접 결합한다. 따라서, 부하 하에서의 전동기 동작이 재현(再現)된다.

13.1 Introduction

장 양(場 量)의 각 성분은 시간에 따라 정현적(正弦的)으로 변화하는 것으로 가정된다. 기호 표기(記號 表記, symbolic notation)가 채택된다. 복소(複素) 페이서(complex phasor)를 나타내기 위해 점(點, dot) 표시가 각 장 양(場 量)의 위에 위치된다. 점 P (x, y, z)와 시간 t에 종속되는 일반적인 장 양(場 量) G(P, t)의 성분 G_x, G_y 및 G_z로 가정되는 순시(瞬時) t에서의 값은 식 (13.1)과 같이 주어진다.

$$\begin{aligned} G_x(P,t) &= \mathrm{Im}\left[\dot{G}_x(P,t)\right] = \mathrm{Im}\left[\hat{G}_x(P)e^{j(\omega t+\vartheta_x(P))}\right] \\ G_y(P,t) &= \mathrm{Im}\left[\dot{G}_y(P,t)\right] = \mathrm{Im}\left[\hat{G}_y(P)e^{j(\omega t+\vartheta_y(P))}\right] \\ G_z(P,t) &= \mathrm{Im}\left[\dot{G}_z(P,t)\right] = \mathrm{Im}\left[\hat{G}_z(P)e^{j(\omega t+\vartheta_z(P))}\right] \end{aligned} \tag{13.1}$$

그림 13.1을 참조(參照)하여, 전류밀도 벡터 **J**와 자기 벡터 포텐셜 **A**는 고려되는 (x, y) 평면에 수직이다. 즉, z-축에 평행한 성분만을 갖는다. 그것은 식 (13.2)이다.

$$\begin{aligned} \mathbf{J} &= \left(0, 0, \dot{J}_z\right) \\ \mathbf{A} &= \left(0, 0, \dot{A}_z\right) \end{aligned} \tag{13.2}$$

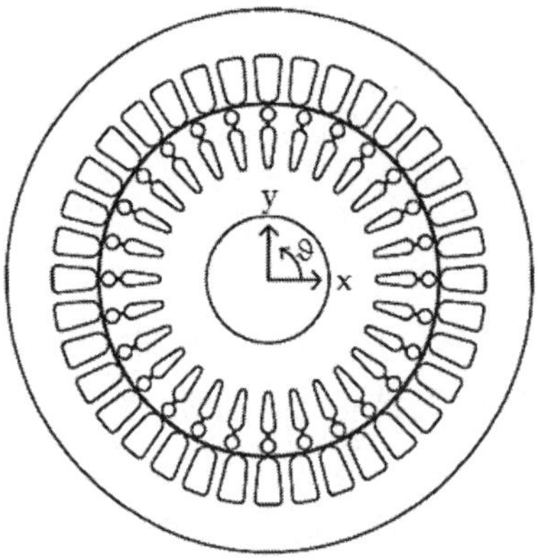

Figure 13.1
Frontal section of the three-phase induction motor.

이것은 자계의 세기 벡터 **H**와 자속밀도 벡터 **B**가 식 (13.3)과 같이 z-축에 수직인 (x, y) 평면에 있는 성분만을 갖는다는 것을 의미한다.

$$\mathbf{H} = \left(\dot{H}_x, \dot{H}_y, 0\right)$$
$$\mathbf{B} = \left(\dot{B}_x, \dot{B}_y, 0\right) \tag{13.3}$$

이렇게 하여, 더 짧은 계산 시간과 더 쉽게 해석되는 장 해를 산출하는 2차원 해석이 수행된다. 3D 효과는 3상 유도전동기 성능의 결정에 특히 중요하며 무시될 수 없다. 그것들은 유한한 축 방향 길이, 즉 고정자 단부 권선과 회전자 단락환(rotor ring)은 물론 회전자 사구(回轉子 斜溝, rotor slot skewing)에 기인한다.

이러한 3D 효과는 등가회로에, 장 해의 바깥에 있는, 적절한 요소를 포함하여 고려된다. 이러한 부가적인 요소의 존재는, 3D 효과를 고려하는 전기 정수와 함께 2D 유한요소법(2D-FEM)에 의해 해석되는 전동기 단면을 보이는, 그림 13.2에 그려져 있다.

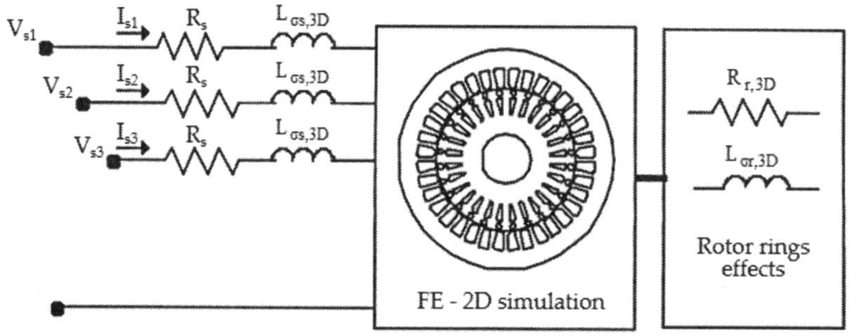

Figure 13.2
Sketch of the analysis of the three-phase induction motor.

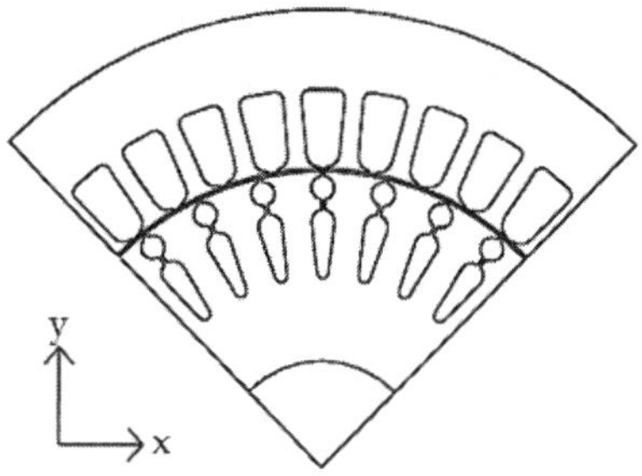

Figure 13.3
A quarter of the induction motor section of Figure 13.1.

고정자 권선과 관련하여, 그림 13.2는 저항 R_s와 단부 권선 누설 인덕턴스 $L_{\sigma s,3D}$를 강조한다. 회전자 권선과 관련하여, 그림 13.2는 회전자 단락 환의 저항성 및 누설 인덕턴스, 즉 $R_{r,3D}$ 및 $L_{\sigma r,3D}$를 강조한다. 덧붙여, 정수들은 가능한 회전자 사구를 고려하여 수정될 수 있다.

유도전동기의 기하학적 및 자기적 대칭을 생각하면, 해석 영역은 항상 전동기 단면의 일부분으로 줄어든다. 그러한 부분은 본질적으로 고정자와 회전자 슬롯 수와 고정자 권선에 의해 확립된다. 종종 해석 영역은 한 개의 극 부분과 같다. 그림 13.1의 4극 유도전동기의 경우에는, 그림 13.3에 보여진 바와 같으며, 앞으로의 절에서 참조(參照)할 것이다.

기하학적 대칭에 관련되는 한, 특히 슬롯 수가 극 수의 배수라면, 보통은 어려움이 없다. 이에 반하여, 본질적으로 고정자 권선에 기인하여, 자기적 대칭에는 특별한 주의가 기울여져야 한다.

적절한 주기 경계 조건이 부여되어, 해석 영역이 줄어들 수 있다. 더욱이, 고정자와 회전자는 따로따로 해석될 수 있다. 이러한 종류의 장 해석은 참고문헌에 보고된 S. Williamson 교수의 연구에 기초를 두지만, 이하에서는 생략된다.

13.2 Simulations of the Indirect Tests

이와 같은 첫 번째 해석 접근에서는, 유도전동기는 단순화된 등가회로에 의해 모델링되고 장 해석은 회로의 정수를 결정하는 것을 목표로 수행된다. 일단 후자의 것이 완전히 수립되고 나면, 넓은 운전 범위에서 좋은 정밀도로 유도전동기의 특성을 평가하는 것이 가능하다.

간접 시험의 시뮬레이션을 포함하는 유한 요소 해석이 유도전동기에 대해 수행된다: 무부하 시험과 구속 회전자 시험. 등가회로에서는, 비선형 정수가 채택된다. 그러한 정수는 유한 요소 해석에 의해 쉽게 찾아지며 등가회로 접근의 몇 가지 한

계를 극복하는 것을 허용한다. 예를 들면, 회전자 봉에서의 전류의 불균일 분포는 회전자 저항에 변화를 주며, 자성체의 포화는 자화 인덕턴스에 변화를 준다.

일단 등가회로가 세워지면, 유도전동기의 종합적인 성능, 특히, 각각이 회전자의 기계적 속도의 함수인, 토크, 고정자 전류, 역률(力率), Joule 손실(Joule losses) 등이 해석된다. 기계적 손실 및 철손을 고려한 전동기 효율의 추정(推定)에 특별한 주의가 기울여진다. 후자는 장 해석에서는 고려되지 않는다; 그것들은 고전적인 해석적 방법에 의해 계산되어야 한다.

13.2.1 Equivalent Circuit

그림 13.4의 가변 정수(可變 定數) 등가회로가 고려된다. 이러한 회로에서는, 2D 장 해석에 의해 얻어진 정수가 파선(破線) 내부에 두어지는 한편, 외부에는 3D 효과에 기인한 정수가 있다.

그림 13.4는 상자(箱子) 내부에 있는 모든 정수가 일정하지 않음을 강조한다. 자화(磁化) 인덕턴스 L_M은, 비록 고정자 전류 만에 의하기는 하지만, 포화 효과를 고려한 고정자 쇄교 자속의 함수이다. 총 누설(漏洩) 인덕턴스 $L_{\sigma,2D}$와 회전자 저항 $R_{r,2D}$는 회전자 봉에서의 전류 분포의 효과를 고려한 회전자 주파수 f_r, 즉 회전자 슬립(slip) s의 함수이다.

반대로, 3D 효과를 고려하는 정수는 일정한 것으로 고려된다. 고정자 권선 저항 R_s와 단부 권선 누설 인덕턴스 $L_{\sigma s,3D}$는 전류의 불균일 분포와는 무관한 것으로 가정된다. 비슷하게, 회전자 정수 $R_{r,3D}$와 $L_{\sigma r,3D}$는 일정한 것으로 고려된다. 거기에는 회전자 단락 환(短絡 環)(rotor ring)과 봉의 사구(斜溝) 효과(bar skewing)도 참작된다. 그것들은 해석적으로 계산되고 이리하여 등가회로에 포함된다. 철손은 따로

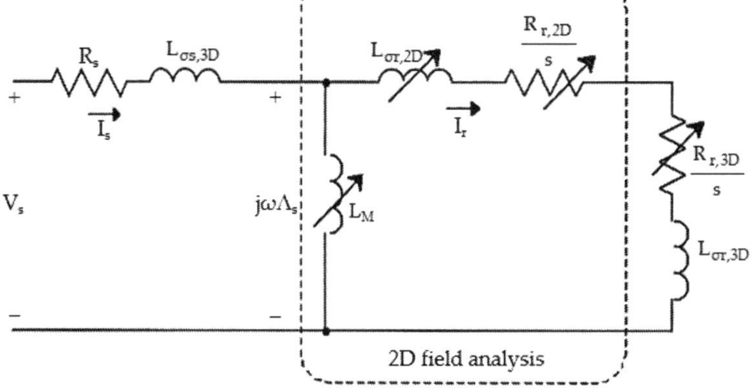

Figure 13.4
Equivalent circuit of the three-phase induction motor, highlighting the parameters obtained from the 2D finite element analysis.

따로 고려된다; 그러므로 그러한 손실을 나타내는 저항 R_0는 고려되지 않는다.

마지막으로, Γ-형 표현이 2D 정수(파선(破線) 상자 내부)에 관련된 회로의 부분에 채택되었음에 주목하자. 전통적인 T-형 표현으로부터 Γ-형 표현으로의 변환(變換)이 연산(演算)된다(6장을 보라).

13.2.2 No-Load Test

먼저 무부하 시험이 시뮬레이션된다. 이러한 시뮬레이션의 목적은 비선형 자화 인덕턴스 L_M을 구하는 것이다.

자계의 고조파를 무시할 수 있으며 회전자 속도가 고정자 권선에 의해 생성되는 회전 자계에 동기화(同期化)되었다고(즉, 슬립 s = 0) 가정하면, 그러면 회전자 봉에는 전류가 유도되지 않는다. 회전자는 오로지 자속을 위한 비선형 자기 경로의 부분으로만 된다. 그러면 정자장 해석이 가능하다. 전기적인 양(量)들은 유용한 순시(瞬時)(useful time instant) t* 내에서 고정된다. 이것은 자기적 대칭 조건을 만족하도록 선택된다. 장 문제는 그러면 비선형이며 시변 양(時變 量)으로 묘사된다. 무부하 시험의 시뮬레이션은 그림 13.5의 회로에 대응한다.

식 (13.2)와 (13.3)을 사용하고 J_{0sz}를 무부하에서의 고정자 전류밀도의 z-축 성분이라 하면, 자기 벡터 포텐셜 분포는 다음 미분 방정식의 적분에 의해 얻어질 수 있다:

$$\frac{\partial}{\partial x}\left(\frac{1}{\mu}\frac{\partial A_z}{\partial x}\right)+\frac{\partial}{\partial y}\left(\frac{1}{\mu}\frac{\partial A_z}{\partial y}\right) = J_{osz} \tag{13.4}$$

여기서 μ는 자기 투자율이다; 그것은 공극과 도체 내에서는 μ_0인 한편, 자성체 내에서는 B-H 곡선에 의해 주어진다. 축(shaft)이 자성(磁性)이라면, 그것이 영역 *D*의 부분으로 고려되며 그 B-H 곡선에 의해 특성지어 진다; 그것이 비자성(非磁性)

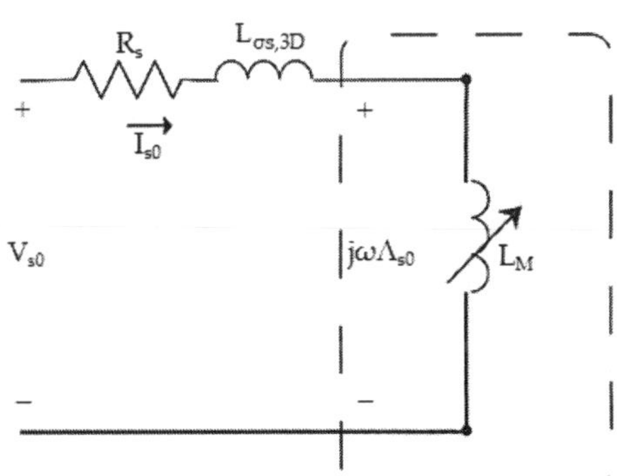

Figure 13.5
Reduction of the equivalent circuit during the no-load simulation.

이라면, 그것은 장 해석에서 생략될 수 있다.

동기 인덕턴스의 계산과 비슷한 방법(8장을 보라)으로, 3상 전류 I_a, I_b, I_c가 고정되고 대응하는 쇄교 자속 Λ_a, Λ_b, Λ_c가 계산된다. 각 슬롯 내에서 등가 코일 변(邊)이 고려된다. 그러한 코일 변에는 슬롯 자체 내에 있는 실제 도체에 흐르는 전류의 대수 합(代數 合)으로 주어지는 등가 전류가 흐른다. n_q를 슬롯 당 도체 수라 하면, k_{jq} n_q는 q-번째 슬롯 내에 있는 j-번째 상의 도체 수를 가리킨다. k_{jq}의 정의는 8장에서 주어졌다. i_{0j} (t*)를, 주어진 RMS 상 전류 I_{s0}에 대응하는, 순시 t*에서의 j-번째 상의 전류라 하자. 그러한 전류는, 고정자 권선 결선이 성형(星形, star, Y) 또는 삼각(三角, delta, Δ) 결선인지에 따라 각각 비(比) 1 또는 1/√3을 사용하여, 선 전류로 환산될 수 있다.

그러면 q-번째 슬롯 내의 등가 전류(等價 電流)는 식 (13.5)와 같이 주어진다.

$$I_q = \sum_{j=a,b,c} \frac{n_q}{n_{pp}} k_{jq} i_{0j}\left(t^*\right) \qquad q = 1, 2, \cdots, Q/2p \tag{13.5}$$

여기서 n_{pp}는 고정자 권선의 병렬 경로의 수이다.

전류 $I_q(q = 1, 2, \cdots, Q_s / 2p)$가 슬롯 내에 강제되고 장 문제가 풀어진다. 따라서, 고정자 쇄교 자속은 자기 벡터 포텐셜 A_z의 폐곡선 적분(loop integral)에 의해 얻어진다. 모두 같은 단면적 $S = S_q$를 갖는 등가 코일 변을 사용하여, 무부하 시험 동안의 j-번째 상 쇄교 자속의 순시치(瞬時値)는 식 (13.6)과 같이 주어진다.

$$\Lambda_{0j} = 2p L_{Fe} \frac{n_q}{n_{pp}} \sum_{q=1}^{Q/2p} k_{jq} \frac{1}{S_q} \int_{S_q} A_z \, dS \quad j = a, b, c \tag{13.6}$$

여기서 L_{Fe}는 박판 적층의 순(純) 축 방향 길이이다. 3상 쇄교 자속으로부터, 무부하 쇄교 자속의 RMS 치 Λ_{s0}가 얻어진다.

같은 고정자 쇄교 자속이 공극 자속밀도로부터 출발해서도 얻어질 수 있다. 이 경우에는 공극의 중간에서의 원주를 따른 자속밀도의 반경 방향 성분 $B_r(\vartheta, t^*) = \mathbf{B}(\vartheta, t^*) \cdot \mathbf{u}_r$을 구하는 것이 필요하다. Fourier 급수 전개를 이용하여, 分布 $B_r(\vartheta, t^*)$로부터, 기본파의 크기 B_{r1}이 계산된다. 그러면, 극 간격 내에서의 기본파 분포의 평균치(平均値)는 $(2/\pi)\, B_{r1}$이다. 대응하는 평균 극당 자속은 식 (13.7)이며, 그러면 대응하는 고정자 쇄교 자속(첨두치)은 식 (3.18)이 된다.

$$\Phi_{01} = \left(\frac{2}{\pi} B_{r1}\right) \frac{\pi D L_{Fe}}{2p} = B_{r1} \frac{D L_{Fe}}{p} \tag{13.7}$$

$$\hat{\Lambda}_{s0} = \frac{k_w N}{p} \Phi_{01} \tag{13.8}$$

여기서 k_w는 기본파의 권선 계수이며 N은 상(相)당 직렬 도체의 수이다. 쇄교 자속은 정현적으로 변화하는 변수이다. 그러면, 자속밀도의 기본파 성분 만에 기인한 유도 기전력의 RMS 치(値)는 식 (13.9)와 같이 주어진다.

$$E_0 = \omega\Lambda_{s0} = \omega\frac{\hat{\Lambda}_{s0}}{\sqrt{2}} = \frac{\pi}{\sqrt{2}} f k_w N\Phi_{01} \tag{13.9}$$

마지막으로, 그림 13.4의 비선형 자화 인덕턴스 L_M은 식 (13.10)이다.

$$L_M(\Lambda_{s0}) = \frac{\Lambda_{s0}}{I_{s0}} \tag{13.10}$$

포화에 대한 L_M의 의존성은 무부하 시와 부하 시가 같은 것으로, 즉 $L_M(\Lambda_s) = L_M(\Lambda_{s0})$인 것으로 가정(假定)되었다.

13.2.3 Locked Rotor Test

구속 회전자 시험이 시뮬레이션된다. 시험 동안, 회전자는 고정된 위치에 묶이고 3상 정현 전류가 고정자 권선에 강제된다. 그림 13.4의 정수 $R_{r,2D}$와 $L_{\sigma,2D}$의 회전자 주파수 f_r에 대한 의존성은 전원 주파수의 변화에 의해 부과될 수 있다. 구속 회전자이기 때문에 회전자 주파수는 전원 주파수 f와 같다.
구속 회전자 시험에서는, 정격 전류는 비교적 낮은 전원 전압과 그러면 낮은 자속에 대응한다. 그 결과로서, 자성체는 선형으로 가정된다. 장 문제는 그러면 선형이며 전기 주파수 $\omega = \omega_r = 2\pi f_r$에서 정현적으로 변화하는 장 양(量)에 의해 특성지어 진다. 자기 벡터 포텐셜은 식 (13.2)에서 보여준 바와 같이 z-축 성분 만을 가지며, 식 (13.1)의 페이서 표기에 의해 $\omega = \omega_r$로 식 (13.11)과 같이 표현될 수 있다.

$$\dot{A}_z = \hat{A}_z e^{j(\omega t+\vartheta)} \tag{13.11}$$

따라서, 일정한 자기 투자율 μ로, 장 문제는 미분 방정식 식 (13.12)와 같이 표현된다.

$$\frac{1}{\mu}\left(\frac{\partial^2 \dot{A}_z}{\partial x^2} + \frac{\partial^2 \dot{A}_z}{\partial y^2}\right) = \dot{J}_{sz} - j\omega_r\sigma\dot{A}_z \tag{13.12}$$

여기서 σ는 전기 도전율이며 ω_r은 전원 전기 주파수이다

대응하는 등가회로가 그림 13.6에 나타나 있다. 그림 13.6에 보여준 바와 같이, 장 해석으로부터 회전자 3D 효과는 고려되지 않았다. 그것들은 나중에 해석적으로 계산되고 등가회로에 더해진다. 바꾸어 말하면, 장 해석에 의해 계산되는 정수

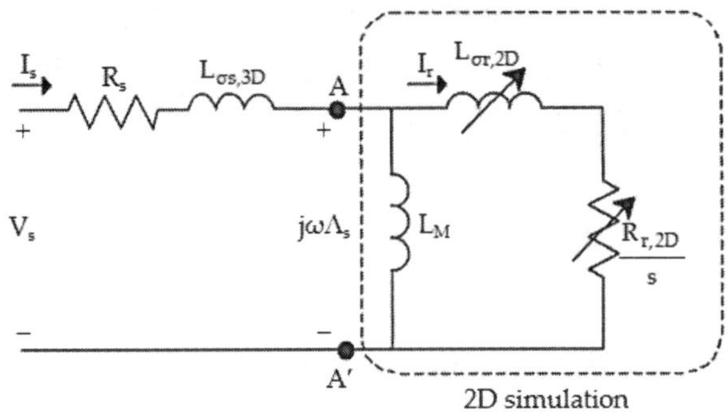

Figure 13.6
Equivalent circuit corresponding to the locked rotor test.

는 $R_{r,2D}$와 $L_{\sigma,2D}$ 뿐이다. 문제가 선형인 것을 고려하여, 인덕턴스 L_M은, 미리 무부하 시험 동안에 계산되었던, 일정한 값으로 가정한다. 해석은 회전자 정수에 집중된다. 서로 다른 주파수 f_r로 수행된 구속 회전자 시뮬레이션으로부터, 서로 다른 운전 속도에서 회전자 봉(回轉子 棒)에서의 전류의 불균일 분포(不均一 分布)의 효과를 고려한 함수 $R_{r,2D}$ (f_r)과 $L_{\sigma,2D}$ (f_r)을 부과하는 것이 가능하다.

또한 이 경우에는, 장 문제는 등가 코일 변(邊)으로 환산하여 풀린다. 축(軸)은 장 해석에서 무시해도 된다. 사실, 회전자 봉에 유도되는 전류는 주로 회전자 내부 부분에 영향을 준다.

장 해로부터, 회전자 봉의 Joule 손실은 식 (13.13)이다.

$$P_{Jr} = \frac{1}{2\sigma_{Al}} 2p L \int_{S_{Al}} \dot{J}_z \cdot \tilde{\dot{J}}_z \, dS \tag{13.13}$$

여기서 L은 회전자 봉의 총 길이, σ_{Al}은 알루미늄의 도전율, 그리고 S_{Al}은 시뮬레이션되는 자극 부분에 있는 회전자 봉의 총 단면적이다. 인자(因子) 2p는 한 개의 자극 부분만이 시뮬레이션되는 것을 고려한 것이다.

자성체 내에서의 자기 에너지의 평균치는 식 (13.14)이다.

$$W_m = 2p L_{Fe} \int_D \frac{\hat{B}}{\sqrt{2}} \frac{\hat{H}}{\sqrt{2}} dS \tag{13.14}$$

완전히 정현적으로 분포하는 회전 자계의 가설(假說)에서, P_{Jr}과 W_m은 모두 시간에 대해 일정하다. 그림 13.7에 $R_{eq} + j\,\omega_r L_{eq}$로 나타내어진, 그림 13.6의 비선형 회로의 단자 쌍 AA′에서의 등가 임피던스의 실수와 허수 성분이 얻어진다. 이러한 정수는 장 해와 집중 정수 회로(lumped-parameters circuit)에 의한 표현 사이의 연결 요소(connection element)를 나타낸다. 그것들은 식 (13.15)로 계산된다.

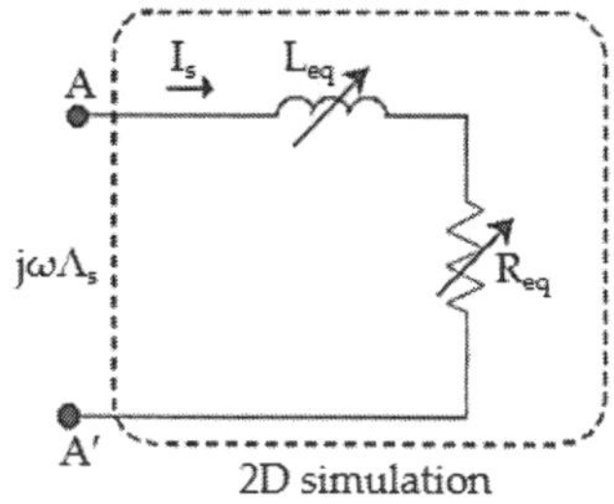

Figure 13.7
Electrical parameters corresponding to the locked rotor test.

$$R_{eq} = \frac{P_{Jr}}{3I_s^2} \qquad L_{eq} = \frac{2W_m}{3I_s^2} \tag{13.15}$$

여기서 I_s는 시험에서 사용된 전류의 RMS 치(値)이다.

이제, L_M이 무부하 시뮬레이션으로부터 알려져 있고 비포화 값과 같기 때문에, 그림 13.6에 있는 회로의 저항 $R_{r,2D}(f_r)$과 인덕턴스 $L_{\sigma,2D}(f_r)$이 계산될 수 있다.

13.2.4 Construction of the Equivalent Circuit

무부하 시험으로부터 얻어진 정수 $L_M(\Lambda_s)$는 구속 회전자 시험으로부터 얻어진 $R_{r,2D}(f_r)$, $L_{\sigma,2D}(f_r)$과 함께 그림 13.4의 비선형 회로의 파선 상자 내부에 있는 전기 정수에 기여한다. 회로를 완성하기 위하여, 고정자 단부 권선, 회전자 봉의 사구, 그리고 회전자 단락 환 효과에 대응하는 정수가 회로 내에 포함되어야 한다.

누설 인덕턴스 $L_{\sigma s,3D}$는 고정자 단부 권선 누설 인덕턴스와 사구로 인한 누설 인덕턴스를 포함한다. 고정자 단부 권선의 누설 인덕턴스의 추정치는 식 (13.16)이다.

$$L_{\sigma s,ew} = \mu_0 \frac{N^2}{2p} L_{ew}\, \lambda_{ew} \tag{13.16}$$

여기서 L_{ew}는 유효(有效) 단부 권선 길이, 그리고 λ_{ew}는 비(比) 퍼미언스 계수 (specific permeance coefficient)이다. 그 값은 권선의 형태에 따라 0.35와 0.55 사이의 범위(範圍)이다.

사구(斜溝)로 인한 누설(漏洩) 인덕턴스는 식 (13.17)로 추정(推定)된다.

$$L_{\sigma s,sk} = L_M\left(1 - k_{sk}^2\right) \tag{13.17}$$

여기서 자화 인덕턴스 L_M은 식 (13.10)으로 주어졌으며, k_{sk}는 식 (13.18)과 같이 주어지고, ε_{sk}는 전기 호도(電氣 弧度)(electrical radian)로 나타낸 사구 각(斜溝 角, skewing angle)이다.

Table 13.1
Main data of the three-phase induction motor

Rated power	22000 W
Rated voltage	280 / 485 V
Line rated current	32.7 A
Rated frequency	60 Hz
Rated speed	1750 rpm
Number of poles	4
Stack length	300 mm
Air-gap length	0.5 mm
Rotor bar skewing	1 slot
Service	S1
Protection	IP55
Insulation	Class F
Cooling	IC 41

$$k_{sk} = \frac{\sin(\varepsilon_{sk}/2)}{\varepsilon_{sk}/2} \tag{13.18}$$

단락 환(短絡 環) 저항은 식 (13.19)와 같이 주어진다.

$$R_{r,3D} = \rho_{Al} \frac{3(k_W N)^2}{2\pi p^2 S_{ring}} \tag{13.19}$$

일단 유도전동기의 모델이 얻어지면, 즉 그림 13.4의 등가회로의 모든 정수가 찾아지면, 다른 운전 조건에서의 전동기 성능을 예측하는 것이 가능하다. 전동기 특성, 예를 들어, 기계적 특성, 전류-속도 곡선 등등이 계산된다. 앞에서 설명된 바와 같이, 효율의 계산을 위해 필요한 철손과 기계 손은 따로따로 고려되어야 한다.

13.2.5 Example

유한요소법이 2중 봉 회전자를 가진 상용(商用) 3상 유도전동기에 적용된다. 기하 구조가 그림 13.1에 보여졌다. 유도전동기의 주 데이터는 표 13.1에 주어졌다.

고정자 슬롯의 수는, 극당 상 슬롯 수는 $q_s = 3$이며 전기적 슬롯 각(slot angle)은 $\alpha_c = 20°$인, $Q_s = 36$이다. 고정자 권선은, 각 코일 변이 14개의 구리 도체로 이루어진, 슬롯당 2개의 코일 변(邊)이 있는 2층권으로, 따라서 $n_q = 28$이다. 코일 절(節)(coil pitch)은 1 슬롯 단절권에 대응하는 $y_q = 9$이다. 마지막으로, 2개의 병렬 경로가 있어 $n_{pp} = 2$이다. 삼각(delta) 결선이 채용되었다. 회전자 알루미늄 봉의 수는 $Q_r = 18$이다.

13.2.5.1 No-Load Simulation

무부하 시뮬레이션에서는, 많은 요소 수의 요소 망이 가장 높은 장 변화도(field

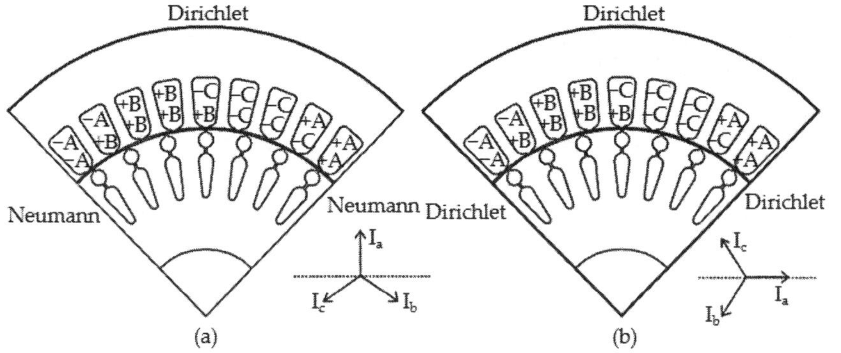

Figure 13.8
Two solutions assignment of the stator currents and the boundary conditions for the no-load test: solution (a) and solution (b).

gradient)가 예측되는 공극과 철 영역에 사용되었다. 포화가 없거나 낮은 철 경로의 경우에는, 공극에서의 자기 에너지가 총 에너지의 거의 80 %와 같다는 것이 관측된다. 자성체는 TERNI 2650이다.

삼각(三角) 결선 때문에, 상 전류는 $I_0 = I_{L0} / \sqrt{3}$이다. 여기서 I_{L0}는 무부하 선 전류이다. RMS 치(値)가 고려되었다. 각 코일에 흐르는 전류는, $n_{pp} = 2$의 병렬 경로가 있기 때문에, $I_c = I_0 / 2 = I_{L0} / (2\sqrt{3})$으로 주어진다.

무부하 시험은, 적절한 기준 시간 t*와 일관된 경계 조건을 선택하여, 서로 다른 방법으로 수행될 수 있다. 무부하 해석의 경우에는 전동기의 더 적은 부분이 시뮬레이션될 수 있기는 하지만, 시뮬레이션은, 전류와 경계 조건이 그림 13.8에 그려진 바와 같이 부여될 수 있는, 고정된 권선 분포로 무부하와 구속 회전자 해석에서 같은 영역을 사용하도록, 전동기의 한 개의 자극 부분에 대해 수행된다. 그것은 8장에서 사용된 것에 대응한다. 등가 코일이 사용되었다: 대응되는 전류 분포는 일단 순시 t*가 고정되면 표 13.2에 보고된 바와 같이 직접 찾아진다. 여기서 I_c는 각 코일에 흐르는 RMS 전류이다.

두 가지 무부하 시험에 대응하는 자속 선과 공극 자속밀도가 그림 13.9와 13.10에 보여졌다. 두 시뮬레이션 모두에서 자속 선도의 대칭성이 쉽게 관측된다. 이 대칭성은 해석 영역을 절반(折半)으로 줄이는데 적절하게 사용될 수 있다. 마지막으로, 공극 자속밀도 분포에서 슬롯 개구(開溝)(slot opening)의 효과가 명백하다.

자화 전류가 전원 전압의 함수임을 보이는 자화 곡선이 그림 13.11에 그려졌다. 공극 길이의 효과를 강조하기 위하여, 무부하 시뮬레이션이 서로 다른 공극을 가진 유도전동기에 대해 수행되었다.

마지막으로, 그림 13.5의 등가회로를 참조(參照)하여, 자화 인덕턴스 L_M이 고정자 쇄교 자속 $\Lambda_s = \Lambda_{s0}$의 함수로서 계산되었다. 그것은 그림 13.12에 보여졌다.
전류 원을 사용하는 것은 얻어진 결과를 다른 적층 길이를 갖는 전동기에 적용하는 것을 허용하기는 하지만, 같은 박판과 같은 권선 분포이어야 함에 유의하는

Table 13.2
Three-phase currents at the time t* for the no-load simulation

Phase	No-load simulation	
	Solution (a)	Solution (b)
A	$+\sqrt{2}I_c$	0
B	$-\frac{\sqrt{2}}{2}I_c$	$+\sqrt{2}\frac{\sqrt{3}}{2}I_c$
C	$-\frac{\sqrt{2}}{2}I_c$	$-\sqrt{2}\frac{\sqrt{3}}{2}I_c$
-A	$-\sqrt{2}I_c$	0
-B	$+\frac{\sqrt{2}}{2}I_c$	$-\sqrt{2}\frac{\sqrt{3}}{2}I_c$
-C	$+\frac{\sqrt{2}}{2}I_c$	$+\sqrt{2}\frac{\sqrt{3}}{2}I_c$

것이 중요하다. 사실, 결과는 같은 슬롯 전류를 유지하며 다른 적층 길이를 갖는 전동기로 확장된다. 물론, 선 전류와 전압의 값은 실제 도체의 수에 따라 배열되어야 한다.

13.2.5.2 Locked Rotor Simulation

구속 회전자 시험에서는, 많은 수의 유한 요소가 공극 주위의 영역과 회전자 봉으로 선택된다. 사실, 공극에서는 높은 장 변화도가 있으며, 회전자 봉에서는 운전

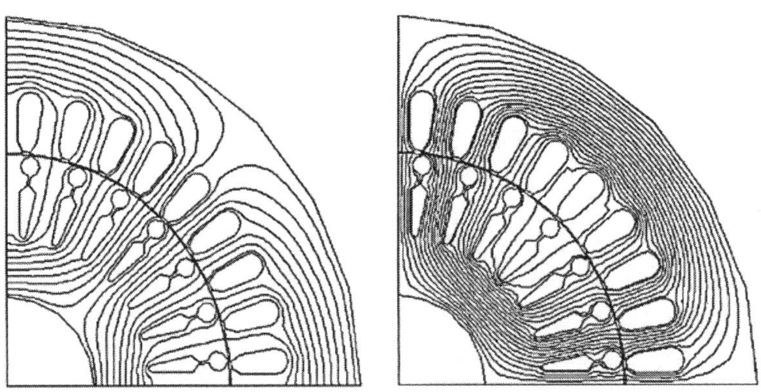

(a) (b)

Figure 13.9
Flux plots in the two no-load simulations: referring to Table 13.2, solution (a) and solution (b).

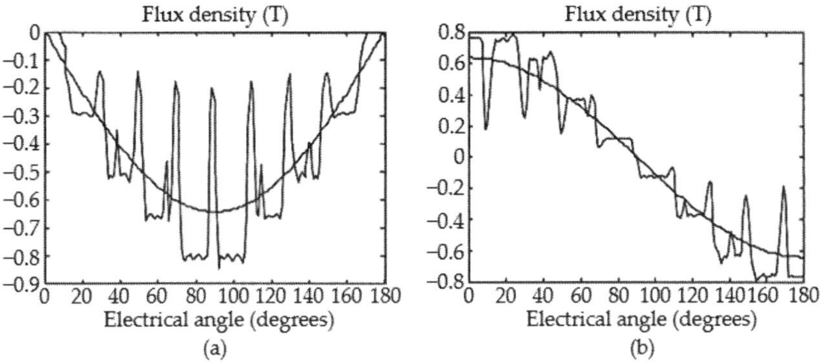

Figure 13.10
Air-gap flux density distributions in the two no-load simulations: referring to Table 13.2, solution (a) and solution (b).

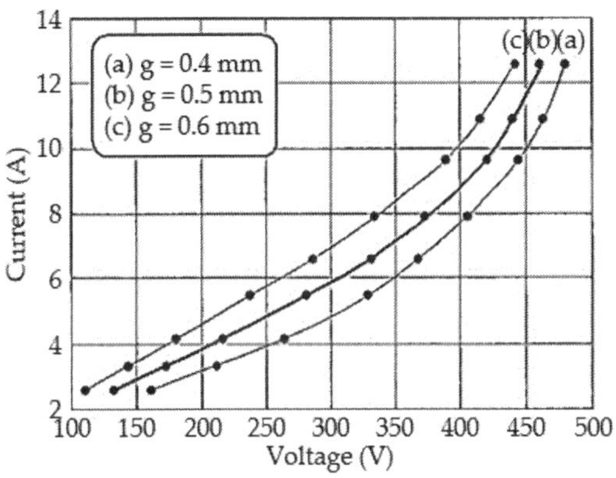

Figure 13.11
Magnetizing current versus source voltage with different air-gap lengths.

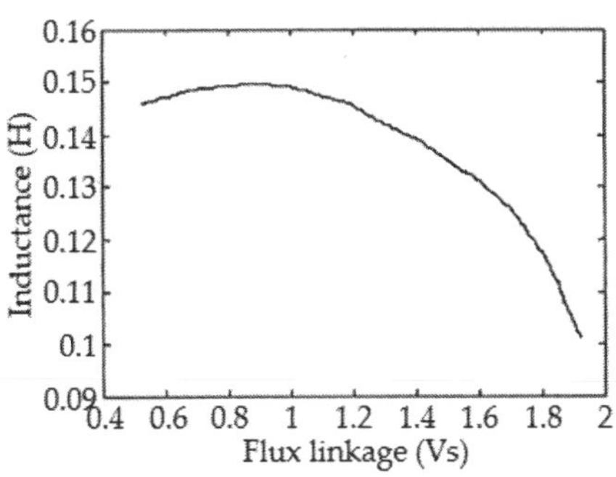

Figure 13.12
Magnetizing inductance L_M versus stator flux linkage Λ_s.

주파수(運轉 周波數)가 원인이 되는 전류의 불균일 분포가 있다.

위에서 묘사한 바와 같이. 자화 인덕턴스의 값을 고정할 목적으로, 자성체는 일

Table 13.3
Three-phase currents for the locked rotor simulation

Phase	Locked rotor simulation
A	$+\sqrt{2}\,I_c + j0$
B	$-\frac{\sqrt{2}}{2}I_c - j\frac{\sqrt{6}}{2}I_c$
C	$-\frac{\sqrt{2}}{2}I_c + j\frac{\sqrt{6}}{2}I_c$
–A	$-\sqrt{2}\,I_c - j0$
–B	$+\frac{\sqrt{2}}{2}I_c + j\frac{\sqrt{6}}{2}I_c$
–C	$+\frac{\sqrt{2}}{2}I_c - j\frac{\sqrt{6}}{2}I_c$

정한 자기 비투자율로 묘사되었다. 그 값은 사용된 B-H 곡선의 초기 투자율과 같게, 즉 μ_r = 4000으로 고정되었다. 알루미늄의 도전율은 120°C의 온도에 대응하는 σ_{Al} = 2.549 · 10^7 S/m로 고정되었다. 회전자 농형(籠形) 도전율의 적당한 값은 유도전동기의 옳은 해석을 위해 매우 중요하다.

유도전동기는 한 위치에 고정된다. 하지만, 이제 강제 전류는 정현적이며, 복소 표기에 의해 표현된다. I_L을 선 전류의 고정된 RMS 치(値)라 하면, 각 코일의 전류의 RMS 치는, n_{pp} = 2의 병렬 경로가 있기 때문에, $I_c = I_L / (2\sqrt{3})$으로 주어진다. 3상 전류는 표 13.3에 보고된 바와 같이 직접 계산된다.

경계 조건에 관련해서는, 자속 선이 고정자 계철(繼鐵) 내에 제한되어 남아 있게 강제하도록, Dirichlet 조건이 고정자의 외부 주변에 부여된다. 비슷하게, 같은 경계 조건이 축과 회전자 박판 사이에 부여된다(축(軸)은 해석 영역에서 제외된다). 마지막으로, 측면 경계를 따라 주기 경계 조건이 부여된다.

그림 13.13은 구속 회전자 시뮬레이션에 관련된 자속 선도를 보인다. 그림 13.13 (a)는 주파수 $f = f_r$ = 60 Hz에 대응하는 한편, 그림 13.13 (b)는 주파수 $f = f_r$ = 5 Hz에 대응한다. 회전자 봉의 차폐(遮蔽) 효과가 주파수 증가에 따라 명백하다.

이 시뮬레이션으로부터, 그림 13.4의 등가회로의 저항 $R_{r,2D}$ (f_r)과 총 누설 인덕턴스 $L_{\sigma,2D}$ (f_r)의 거동이 회전자 주파수 f_r의 함수로서 얻어진다. 위에서 설명된 바와 같이, 회전자가 고정되어 있기 때문에, 전자가 전원 주파수에 대응한다. 두 값의 거동이 그림 13.14에 보여졌다.

13.2.5.3 Motor Performance

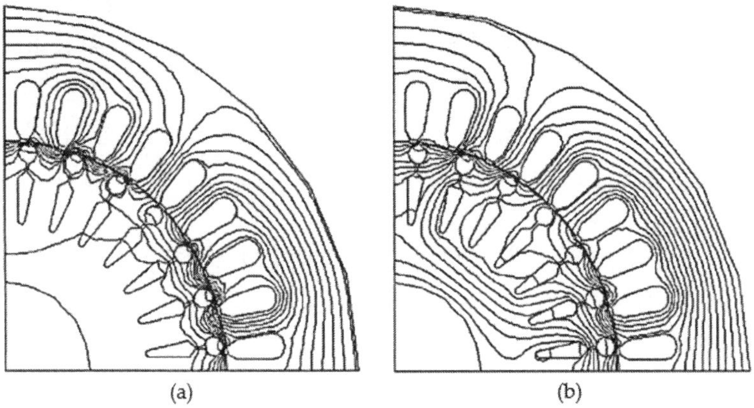

Figure 13.13
Flux plots of the locked rotor simulation, with source frequency (a) $f = f_r = 60$ Hz, and (b) $f = f_r = 5$ Hz.

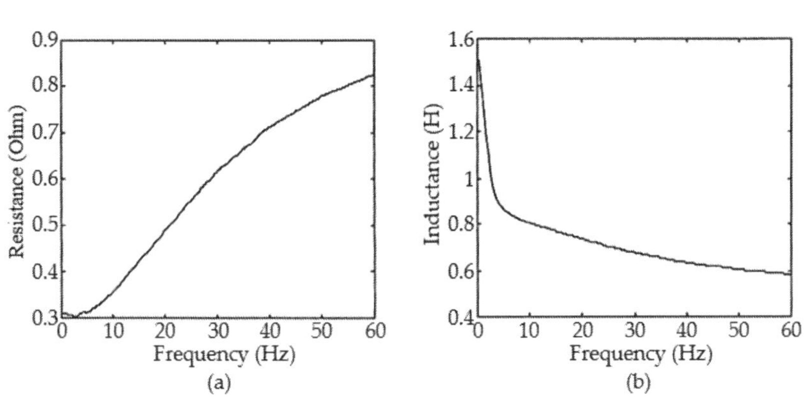

Figure 13.14
Variation of the resistance $R_{r,2D}$ and of the total leakage inductance $L_{\sigma,2D}$ with the rotor frequency f_r.

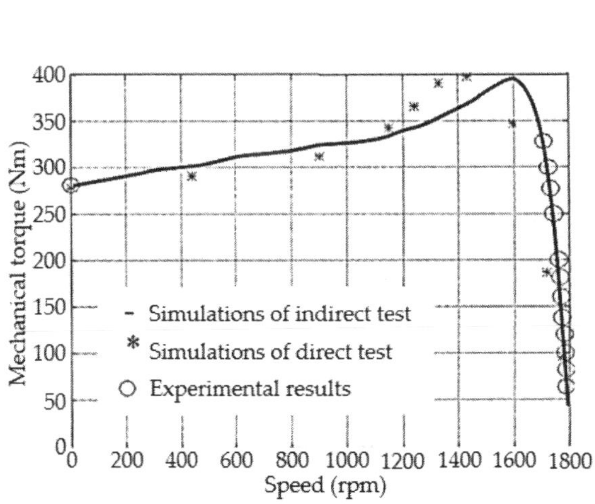

Figure 13.15
Torque-speed characteristic.

일단 가변 집중 정수 등가회로가 세워지면, 전동기의 전체 성능을 평가하는 것이 가능하다. 특히, 그림 13.15에 실선(實線)으로 나타낸 바와 같이, 기계적 특성이 공칭(公稱) 전압(nominal voltage)과 공칭 주파수(nominal frequency)에서 계산된다.

같은 그림 13.15에서, 몇 가지 실험 결과가 원(圓)으로 표시되었다. 시뮬레이션과 측정(測定) 데이터를 비교하면, 정지(停止) 시와 부하 하에서 운전하는 동안의 일치가 만족스럽다.

상사적(相似的)으로, 그림 13.16은 전동기 속도의 함수로서 고정자 전류를 보이는 한편, 그림 13.17은 상 전류의 함수로써 역률을 보인다.

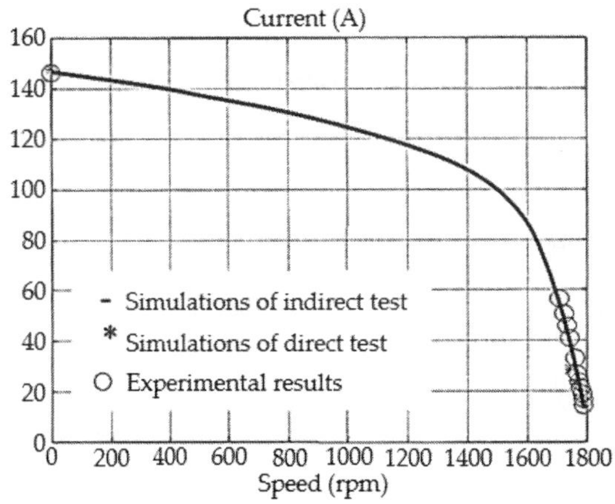

Figure 13.16
Stator current versus speed.

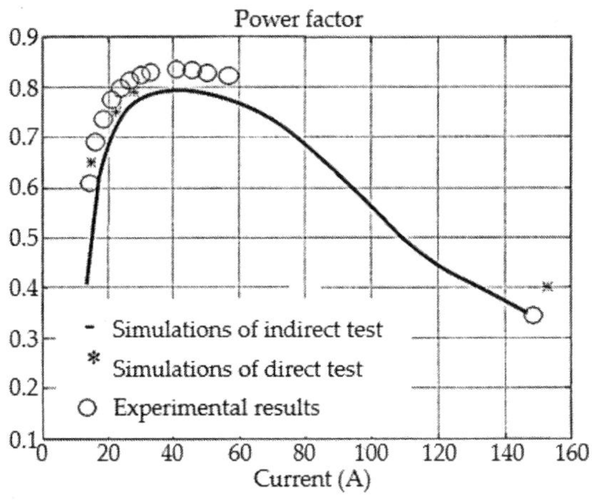

Figure 13.17
Power factor versus stator current.

13.3 Motor Analysis Using Simulations Under Load

13.2절에서 제안된 것을 대신하는, 두 번째 접근은 간접 시험의 시뮬레이션에 기초를 둔다. 부하 하에서의 전동기 동작이 직접 시뮬레이션된다. 이러한 해석 접근의 목적은 정현 전압 원(正弦 電壓 源)을 고려하여 각 동작 점을 평가하는 것이다. 전동기 특성은 일련의 전동기 시뮬레이션에 의해 얻어진다.

13.3.1 Magnetic Field Equations Under Load

일반적인 동작 점이 조사되기 때문에, 시뮬레이션은, 회전자 이동 뿐만 아니라, 자성체의 비선형성과 회전자 봉에서의 전류의 불균일 분포를 모두 고려해야 한다.

장 문제는 비선형이고 시변(時變)이며, 운동 효과에 기인한 유도 전류를 계산할 것을 요구한다. 전류밀도는, 비(比) 전기력의 함수로서, 식 (1.87)에 주어진 σ가 포함된 구성 법칙(構成 法則, constitutive law)에 의해 표현될 수 있다. 유도 및 운동 비(比) 전기력의 표현에서 식 (1.87)의 $\mathbf{E}_t$를 식 (1.81)의 $\mathbf{E}_i$ 및 식 (1.85)의 $\mathbf{E}_m$으로 각각 치환하고, $\mathbf{J}_s = \sigma (\mathbf{E}_c + \mathbf{E}_{n.e.})$로 표현될 수 있는 강제 전류밀도를 고려하면, 식 (13.20)의 결과가 된다.

$$\mathbf{J} = \mathbf{J}_s - \sigma\frac{\partial \mathbf{A}}{\partial t} + \sigma \mathbf{v} \times \mathbf{B} \tag{13.20}$$

식 (13.2)에서 가리키는 바와 같이 전류밀도 벡터 **J**와 자기 벡터 포텐셜 **A**가 z-축 성분뿐인 2D 문제이기 때문에, 장 문제는 다음의 미분 방정식으로 표현된다:

$$\frac{\partial}{\partial x}\left(\frac{1}{\mu}\frac{\partial \dot{A}_z}{\partial x}\right) + \frac{\partial}{\partial y}\left(\frac{1}{\mu}\frac{\partial \dot{A}_z}{\partial y}\right) = \dot{J}_{sz} - \sigma\frac{\partial \dot{A}_z}{\partial t} + \sigma \mathbf{v} \times \mathrm{curl}\left(0, 0, \dot{A}_z\right) \tag{13.21}$$

우변(右邊)에서,

$$\dot{J}_i = -\sigma\frac{\partial \dot{A}_z}{\partial t}$$

는 유도 전류밀도(誘導 電流密度)에 대응하는 한편,

$$\dot{J}_m = \sigma \mathbf{v} \times \mathrm{curl}\left(0, 0, \dot{A}_z\right)$$

는 운동(運動) 전류밀도에 대응함에 유의하기 바란다.

13.3.2 Alternative Formulation

본질적으로 회전자에서 나타나는 운동 항은 벡터 장을 정의하지는 않는다. 하지만, 그것은 채용된 특정 기준계에 종속된다. 운동 항을 대응하는 유도 항으로 변환하는 기준계로 바꾸는 것이 유용하다.

식 (13.1)에서와 같이, 전류밀도 원(源)의 z-축 성분은, 식 (13.22)의 관계에 따라, 시간의 정현 함수(正弦 函數)임을 상기하자.

$$\dot{J}_{sz} = \hat{J}_{sz}\, e^{j\omega t} \tag{13.22}$$

같은 방식으로, 자기 벡터 포텐셜의 z-축 성분은 식 (13.23)이다.

$$\dot{A}_z = \hat{A}_z\, e^{j(\omega t - \vartheta)} \tag{13.23}$$

자기 벡터 포텐셜의 시간 미분(時間 微分)은 식 (13.24)가 된다.

$$\frac{\partial \dot{A}_z}{\partial t} = -j\omega \hat{A}_z e^{j(\omega t - \vartheta)} = -j\omega \dot{A}_z \tag{13.24}$$

첫 번째 Maxwell 방정식 식 (1.102)로부터, 낮은 주파수 때문에 변위(變位) 전류 밀도를 무시하면, 식 (13.25)가 얻어진다.

$$\mathrm{curl}\,\mathbf{H} = \mathbf{J} \tag{13.25}$$

식 (13.20)을 식 (13.25)에 대입하면 식 (13.26)이 된다.

$$\mathrm{curl}\,\mathbf{H} + \sigma\frac{\partial \mathbf{A}}{\partial t} - \sigma\mathbf{v}\times\mathbf{B} = \mathbf{J}_s \tag{13.26}$$

복소 표기와 특히 식 (13.24)를 사용하면, 식 (13.26)은 식 (13.27)이 된다.

$$\mathrm{curl}\,\mathbf{H} + j\omega\sigma\mathbf{A} - \sigma\mathbf{v}\times\mathbf{B} = \mathbf{J}_s \tag{13.27}$$

좌표 단위 벡터 ($\mathbf{u}_r$, $\mathbf{u}_\vartheta$, $\mathbf{u}_z$)로 정의되는 그림 13.18의 원통 좌표계(圓筒 座標系)에서는, 회전자의 임의의 점 P의 속도 $\mathbf{v}$는 식 (13.28)과 같이 주어진다.

$$\mathbf{v} = r\,\omega_r\,\mathbf{u}_\vartheta \tag{13.28}$$

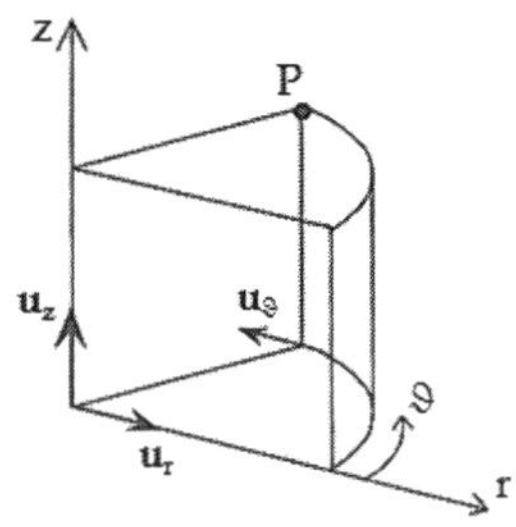

Figure 13.18
Cylindrical coordinate system.

여기서 ω_r은 회전자 속도이다.

따라서, $\mathbf{B}$ = curl $\mathbf{A}$이기 때문에, 내적(內積) $\mathbf{u}_r \cdot \mathbf{u}_r$ = 1임을 명심하면 운동 비 전기력(運動 比 電氣力) $\mathbf{E}_m$은 식 (13.29)와 같이 표현될 수 있다.

$$\mathbf{v} \times \mathbf{B} = r\omega_r \mathbf{u}_\vartheta \times (\text{curl}\,\mathbf{A} \cdot \mathbf{u}_r)\mathbf{u}_r \tag{13.29}$$

자기 벡터 포텐셜 $\mathbf{A}$가 z-축 성분만을 가짐을 감안하면, 원통 좌표계에서 $\mathbf{A}$의 회전(回轉, curl)은 식 (13.30)이다.

$$\text{curl}\,\mathbf{A} = \frac{1}{r}\frac{\partial \dot{A}_z}{\partial \vartheta}\mathbf{u}_r - \frac{\partial \dot{A}_z}{\partial r}\mathbf{u}_\vartheta \tag{13.30}$$

식 (13.30)을 식 (13.29)에 대입하면, 그 결과는 식 (13.31)이다.

$$\mathbf{v} \times \mathbf{B} = r\omega_r \mathbf{u}_\vartheta \times \left[\left(\frac{1}{r}\frac{\partial \dot{A}_z}{\partial \vartheta}\mathbf{u}_r - \frac{\partial \dot{A}_z}{\partial r}\mathbf{u}_\vartheta\right) \cdot \mathbf{u}_r\right]\mathbf{u}_r \tag{13.31}$$

$\mathbf{u}_r \cdot \mathbf{u}_r$ = 1과 $\mathbf{u}_\vartheta \times \mathbf{u}_r = -\mathbf{u}_z$이기 때문에, 식 (13.31)은 식 (13.32)와 같이 간단하게 된다.

$$\mathbf{v} \times \mathbf{B} = -\omega_r \frac{\partial \dot{A}_z}{\partial \vartheta}\mathbf{u}_z \tag{13.32}$$

이제, 자기 벡터 포텐셜 $\mathbf{A}$가 식 (13.23)에 따라 시간과 회전자 좌표의 정현 함수라고 가정된다. 여기서 ϑ는 그림 13.18의 방위각(方位角) 좌표이다. 식 (13.23)은 공극을 따라 정현-분포되며(sine-distributed) 속도 ω로 회전하는 자계의 묘사로서 설명될 수 있다.

식 (13.23)을 식 (13.27)에 대입하면 식 (13.33)의 결과가 얻어진다.

$$\text{curl}\,\mathbf{H} + j\omega\sigma\,\mathbf{A} - j\omega_r\,\sigma\mathbf{A} = \mathbf{J}_s \tag{13.33}$$

마지막으로, 등가 도전율 $\sigma_{eq} = \frac{\omega - \omega_r}{\omega}\sigma$을 도입하면, 식 (13.33)은 식 (13.34)와 같이 쓰는 것이 가능하다.

$$\text{curl}\,\mathbf{H} + j\omega\sigma_{eq}\mathbf{A} = \mathbf{J}_s \tag{13.34}$$

식 (13.34)를 자기 벡터 포텐셜 **A**만으로 나타내면, 식 (13.35)의 결과가 된다.

$$\frac{\partial}{\partial x}\left(\frac{1}{\mu}\frac{\partial \dot{A}_z}{\partial x}\right) + \frac{\partial}{\partial y}\left(\frac{1}{\mu}\frac{\partial \dot{A}_z}{\partial y}\right) = \dot{J}_{sz} - j(\omega\sigma)_{eq}\,\dot{A}_z \tag{13.35}$$

최후로, 식 (13.21)에 의해 표현되는 동적 복소 자계 문제(動的 複素 磁界 問題, magneto-dynamic complex field problem)는 유도 전류를 사용하여 복소 정자계 문제(magnetostatic complex field problem)로 변환된다: 그것은 각 운전 조건에서 항 $(\omega\sigma)_{eq}$에 적당한 값을 할당하는 것으로서 간단하게 될 것이다.

항 $(\omega\sigma)_{eq}$는 $(s\omega\sigma)$에 대응한다. 여기서 s는 회전자 슬립이다. 그것은, 어떤 경우든 전동기의 특정한 운전 조건(슬립 s에 의해 구별되는)에 종속하여, 회전자 봉의 도전율을 바꾸거나(등가 도전율 $\sigma_{eq} = s\sigma$를 가정하여) 또는 전원 주파수를 바꿈으로써(시뮬레이션에서 등가 주파수 $f_{eq} = sf$를 부과하여) 얻어질 수 있다.

첫 번째 경우에는, 해석 주파수가 고정자 주파수 f와 같게 되며 도전율 $\sigma_{eq} = s\sigma$가 회전자 봉에 할당된다. 두 번째 경우에는, 해석 주파수는 회전자 주파수 $f_{eq} = sf$와 같게 하고, 물질의 도전율은 일정하게 유지한다. 달리 말해, 첫 번째 접근에서는 회전자가 고정자 기준 좌표계에 고정되는 한편, 두 번째 접근에서는 고정자가 회전자 기준 좌표계의 속도로 회전하는 것으로 고려된다.

13.3.3 Nonlinearity of the Magnetic Materials

자성체의 비선형성은 장 해에 크게 영향을 미친다. 장 양(量)이 시변(時變) 양이기 때문에, 문제 식 (13.35)는 때때로 단계적(step-to-step) 방법을 사용하여 풀어진다. 하지만, 이 방법은 시간을 크게 소비한다.

그 대신으로서, 장 양의 변화가 정현적이라는 사실의 이점을 취하는 것이 가능하다. 그렇게 하기 위해서는, B-H 곡선이 주기 내에서 투자율 μ의 변화를 고려하도록 적절하게 조정된다. 물질의 직류 자화 특성 $B_m(H_m)$에서 출발하여, 시간에 대해 정현적인 자계 $H = H_m \sin(\omega t)$에 대응하는, 등가 곡선 $B_{eq}(H)$가 계산된다. 이것은, 그림 13.19에 보고된 바와 같이, 등가 곡선 $B_{eq}(H_m)$에서 계산된 자기 에너지 밀도와 같아지는 직류 B-H 곡선에서 계산된 자기 에너지 밀도의 시간 주기 T에서

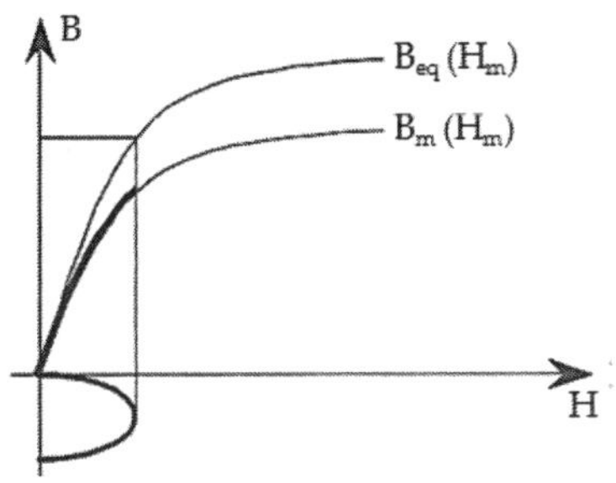

Figure 13.19
Equivalent B-H curve assuming a sinusoidal waveform of the magnetic field strength.

의 평균치를 부과함으로써 이루어진다.

대응하는 자기 에너지 밀도는 식 (13.36)이다.

$$\frac{1}{2}\int_0^{B_{eq}} H_m dB_{eq} = \frac{1}{T}\int_0^T\int_0^{B(t)} H\, dB\, dt \tag{13.36}$$

H_m의 다른 값들에 대해 식 (13.36)을 적용함으로써 곡선 $B_{eq}(H_m)$이 얻어지고, 곡선 $\mu_{eq}(H)$가 구해진다. 후자의 곡선은 시간 고조파로 모델링되는 것을 허용한다.

13.3.4 Link to an External Circuit

식 (13.35)로 묘사된 장 문제는 완전한 운전 점을 검토하기 위하여 외부 회로와 결합되어야 한다.

달리 말해, 장 해는 그림 13.2의 중앙 구역에 대응하는 장 해의 양(量)들과 외부 회로의 집중 정수, 즉 그림 13.2의 중앙 구역 외부의 요소를 동시에 고려해야 할 것이다. 유한 요소 해석에서는 고려되지 않았던, 3D 효과(단부 권선과 사구)와 고정자 권선 저항의 가운데에 있는 영역(領域, domain) *D* 이외의 영역(領域, region)과 외부 회로의 집중 정수 사이의 일치를 정하는 것이 필요하다.

장 문제를 묘사하는 행렬에 장 해가 얻어진 후에만 딴 방법으로 적용 가능한 몇 가지 적분 조건을 직접 도입하는 것이 가능하다.

외부 회로의 사용은 식 (13.37)의 미분 방정식으로 묘사된 장 문제로 전압이 인가(印加)된(voltage-fed) 유도전동기의 시뮬레이션이 수행되는 것을 허용한다.

$$\frac{\partial}{\partial x}\left(\frac{1}{\mu}\frac{\partial \dot{A}_z}{\partial x}\right)+\frac{\partial}{\partial y}\left(\frac{1}{\mu}\frac{\partial \dot{A}_z}{\partial y}\right) = \sigma\frac{\partial \dot{V}}{\partial z} - j(\omega\sigma)_{eq}\dot{A}_z \tag{13.37}$$

13.3.5 Computation of the Mechanical Torque

토크가 등가회로에 의해 평가되었던 앞에서의 접근과는 반대로, 이 경우에는 토크가 장 해로부터 직접 얻어진다. Maxwell 응력 텐서 또는 가상(假想) 일의 원리 어느 것이든 사용될 수 있다. Maxwell 응력 텐서는 고정된 부분(고정자)와 움직이는 부분(회전자) 사이에 위치하는 모든 유한 요소에 대한 적분을 요구한다; 가상 일의 원리는 회전자의 가상 각 변위(假想 角 變位) $d\vartheta$를 기초로 한다.

13.3.6 Example

두 번째 해석 접근이 앞에서의 예제와 같은 유도전동기에 적용된다. 시뮬레이션은, 그림 13.2와 같이, 전동기 단자에 RMS 치(値) V_s = 385 V인 3개의(3상) 대칭 정현 전압이 강제되어 수행된다. 3D 효과를 고려하기 위하여 여러 가지 전기 집중 정수가 부가되며, 자화 특성이 세워진다. 각 시뮬레이션은 고정된 회전자 속도에서 수행된다.

앞에서의 접근과의 쉬운 비교를 위하여, 결과가 그림 13.15부터 13.17까지 별 표시(*)를 사용하여 보여졌다. 이 접근에 의해 얻어진 결과가 측정(測定) 결과와 일치하는 것이 관측된다. 가장 큰 오차(誤差)는 최대(最大) 토크의 비교로 기계적 특성에서 관측된다. 최대 토크의 값은 두 해석 접근에서 같은 반면, 이 값에 도달되는 속도가 다르다.

References

1. T. Trnhuvud, K. Reichert, "Accuracy Problems of Force and Torque Calculation in FE-Systems," in *IEEE Trans. on Ind. Appl.*, vol. IA-24, no. 1, 1988, pp. 443–446.
2. G. R. Slemon, "Modelling of Induction Machines for Electric Drives," in *IEEE Trans. on Ind. Appl.*, vol. IA-25, no. 6, 1989, pp. 1126–1131.
3. E. Vassent, J. C. Sabonnadiere, "Simulation of Induction Machine Operating Using Complex Magnetodynamic Finite Elements," in *IEEE Trans. on Magnetics*, vol. MAG-25, no. 4, 1989, pp. 3066–3066.
4. R. Belmans, D. Verdyck, T. B. Johansson, W. Geysen, R. D. Findlay, "Calculation of the No-Load and Torque Speed Characteristic of Induction Motors Using Finite Elements," in *Int. Conf. on Electrical Machines*, Boston, Massachusetts, 1990, pp. 2724–2729.
5. S. Williamson, M. J. Robinson, "Calculation of Induction Motor Equivalent Circuit Parameters Using Finite Elements," in *IEE Proc. Pt. B, Electr. Power*

Appl., vol. 138, no. 5, 1991, pp. 264–276.

6. P. L. Alger, *Induction Machines: Their Behavior and Uses,* 2nd edn., Gordon and Breach, Basel, 1995.
7. S. Williamson, D. R. Gersh, "Finite Element Calculation of Double-Cage Rotor Equivalent Circuit Parameters," in *IEEE Trans. on Energy Conversion,* vol. EC-11, no. 1, 1996, pp. 41–48.
8. N. Bianchi, S. Bolognani, "Design Procedure of a Vector-Controlled Induction Motor for Flux-Weakening Applications," in *IEEE Ind. Appl. Conf. Records, IAS '97,* New Orleans, Louisiana, 4–9 October 1997, vol. 1, pp. 104–111.
9. S. L. Ho, W. N. Fu, "Review and Future Application of Finite Element Methods in Induction Motors," in *Electrical Machine and Rower System,* vol. 26, 1998, pp. 111–125.
10. N. Bianchi, S. Bolognani, G. Comelato, "Finite Element Analysis of Three-Phase Induction Motors: Comparison of Two Different Approaches," in *IEEE Trans. on Energy Conversion,* vol. EC-14, no. 4, December 1999, pp. 1523–1528.

Appendix

Material Data

이 부록에서는 시뮬레이션에 유용한 도전 물질, 절연 물질 및 자성체의 몇 가지 특성을 보고한다.

Main data of the more common conductive materials

	Resistivity	α	Specific Weight	Specific Heat	Thermal Conduct.	Expansion Coeff.	Breaking Load
	$10^{-8}\ \Omega m$	$°C^{-1}$	kg/m^3	J/kg °C	W/m °C	$10^{-6}\ °C^{-1}$	kg/mm^2
Copper	1.72	0.0043	8 900	383	389	16.5	21–24
Aluminum	2.78	0.0042	2 700	904	229	23.8	7–10
Iron	9.8	0.0065	7 800	452	66	11.7	30–45
Nickel	7.3	0.0065	8 900	444	88	13.3	45–50
Platinum	10.5	0.0039	21 400	134	71	8.9	34
Gold	2.4	0.0038	19 300	126	314	14.2	25
Silver	1.6	0.0040	10 500	234	420	19.3	30
Tungsten	5.5	0.0046	19 300	138	130	4.4	60–100
Molybdenum	4.8	0.0046	10 200	264	151	5.1	80
Tin	12.0	0.0044	7 300	226	65	23.0	1.6–3.8
Lead	21.0	0.0040	11 400	128	35	28.7	1.6
Zinc	5.9	0.0037	7 100	385	110	30.7	7–12
Aldrey	3.2	0.0036	2 700	920	188	23.0	30–35

Main data of the more common insulatinq materials

Material	Braking Electric Field (kV/mm)	Relative Permeability	Maximum Operating Temperature (°C)
Asbestos	2.5–3.5	—	200
Air	2–3	1	—
Distillate water	5–10	80	—
Asphalt	12–16	2.5	40
Bakelite	10–18	5–9	120
Paper	6–11	1.6–5	85
Paper bachelised	5–15	5	95
Wax paper	40–50	2.5–4	85
Pressed pan cardboard	8–10	2.5–4	90
Cellonite	8–10	4–5	95
Ebonite	5–25	1.4	100
Fiber	2–10	2.1–2.3	100
Vulcanized rubber	8–20	2.5–3	60
Rubber (varnish)	10–35	1	90
Impregnated wood	8–30	3–3.5	90
Mica	60–160	5–5.5	700–800
Micalex	13–15	7–8	600
Micanite	20–40	3–3.5	90–120
Flax oil	8–18	3.5	—
Mineral oil	10–16	2–2.5	100
Apiroil	10–25	4.5–5	—
Solid paraffin	14–45	2	45–50
Porcelain	20–40	4.5–6	200
Steatite	14–16	5.6–6.5	600
Bachelised cloth	10–20	4.5–6	95
Sterlingata cloth	25–50	3.5–5.5	95
Glass fiber	45–50	4.5	150
Glass Pyrex	30–150	5	400

Note: The maximum electric field varies with the material quality. In addition, it decreases when the dimensions of the sample are used in the test.

Magnetic behaviors of some massive magnetic materials

Flux Density	Forged Steel and Melted Steel		Gray Cast Iron and Tempered Steel		Iron Steel		Nickel	
B (T)	H (A/m)	μ_r	H (A/m)	μ_r	H (A/m)	μ_r	H (A/m)	μ_r
0.1	70	1140	200	400	25	3200	215	372
0.2	90	1780	450	355	50	3200	420	380
0.3	100	2400	800	300	85	2820	1020	235
0.4	120	2660	1300	246	115	2780	2660	120
0.5	140	2860	2000	200	160	2500	8000	50
0.6	170	2820	2800	171	200	2400	24000	20
0.7	220	2500	4000	140	250	2240	88000	6.4
0.8	270	2370	5500	117	310	2060		
0.9	320	2260	8000	90	380	1900		
1.0	400	2000	11000	73	490	1630		
1.1	500	1750	15000	58	640	1380		
1.2	620	1550	20000	48	850	1130		
1.3	850	1230	—	—	1480	705		
1.4	1200	930	—	—	2800	400		
1.5	2000	600	—	—	5000	240		
1.6	3500	365	—	—	9300	138		
1.7	6000	226	—	—	17000	80		
1.8	10000	144	—	—	29000	50		
1.9	16000	95						
2.0	25000	64						

Magnetic behaviors of some magnetic laminations

Flux Density	Normal Iron Thickness 0.5 mm c_p = 3.6 W/kg		Silicon Iron Thickness 0.5 mm c_p = 2.5 W/kg		Silicon Iron Thickness 0.35 mm c_p = 1.1 W/kg		Silicon Iron Thickness 0.35 mm c_p = 0.6 W/kg	
B (T)	H (A/m)	μ_r	H (A/m)	μ_r	H (A/m)	μ_r	H (A/m)	μ_r
0.8	230	2770	120	5305	140	4545	40	15920
0.9	330	2170	160	4475	200	3580	80	8950
1.0	470	1695	240	3315	290	2745	140	5685
1.1	630	1390	340	2575	430	2035	230	3805
1.2	800	1195	510	1870	680	1405	320	2985
1.3	1050	985	780	1325	1150	900	460	2250
1.4	1350	825	1320	845	1960	568	630	1770
1.5	1750	680	2360	505	3240	370	840	1420
1.6	3500	365	3720	340	5430	235	1110	1145
1.7	6200	220	5670	240	7160	190	1560	865
1.8	9000	160	8450	170	9000	160	2060	695

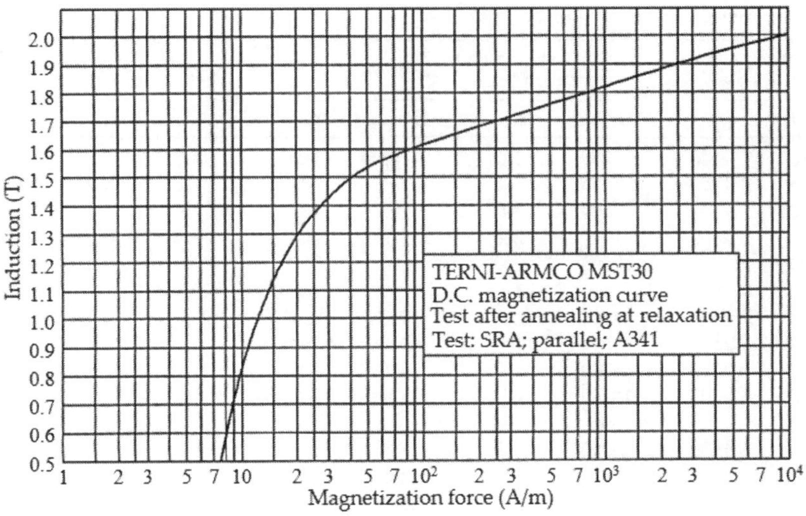

Figure A.1
Grain-oriented lamination.

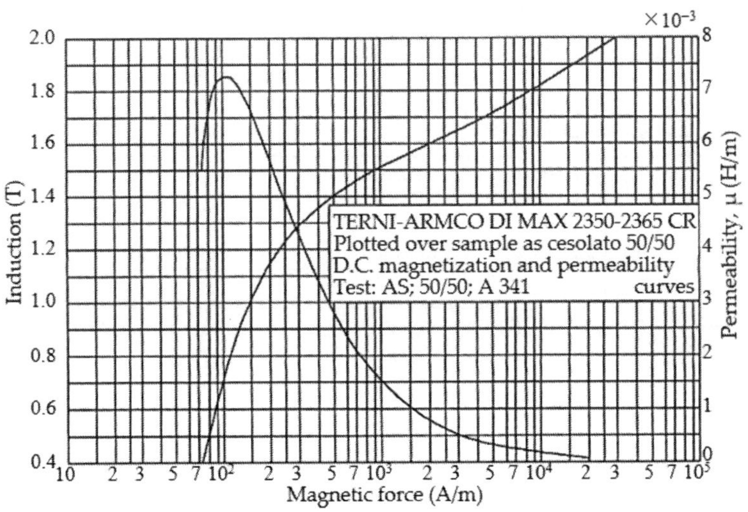

Figure A.2
Silicon iron laminations for rotating machines.

Main data of the more common permanent magnets

	Residual B_r (T)	Coercive H_c (kA/m)	Thermal Factor for B_r (%/°C)	Thermal Factor for H_c (%/°C)	Temperature ϑ_{max} (°C)	Specific Weight (kg/m³)
Ferrite	0.40	300	−0.2	0.4	200	4800
Alnico 5	1.30	60	−0.02	0.02	250	7300
Alnico 8	1.15	110	−0.02	0.02	250	7300
MnAlC	0.57	180	−0.12	0.25	300	5100
$SmCo_5$	0.90	700	−0.045	−0.250	250	8200
Sm_2Co_{17}	1.00	600	−0.035	−0.200	300	8300
NdFeB	1.20	900	−0.12	−0.70	150	7400

Note: The data refer to sample, obtained by sintered magnetic material. Ferrite, SmCo, and NdFeB could be found bonded in plastic material. In this case, the value of B_r, H_c, and specific weight are practically halved. The maximum operating temperature ϑ_{max} is determined by the plastic material.

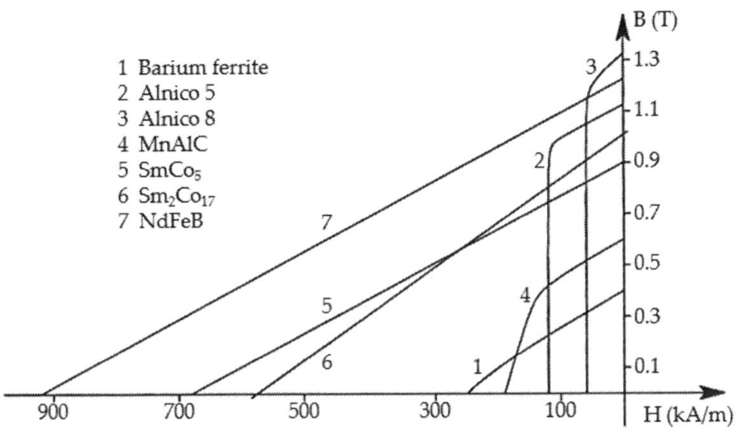

Figure A.3
B-H curves of some permanent magnet materials.

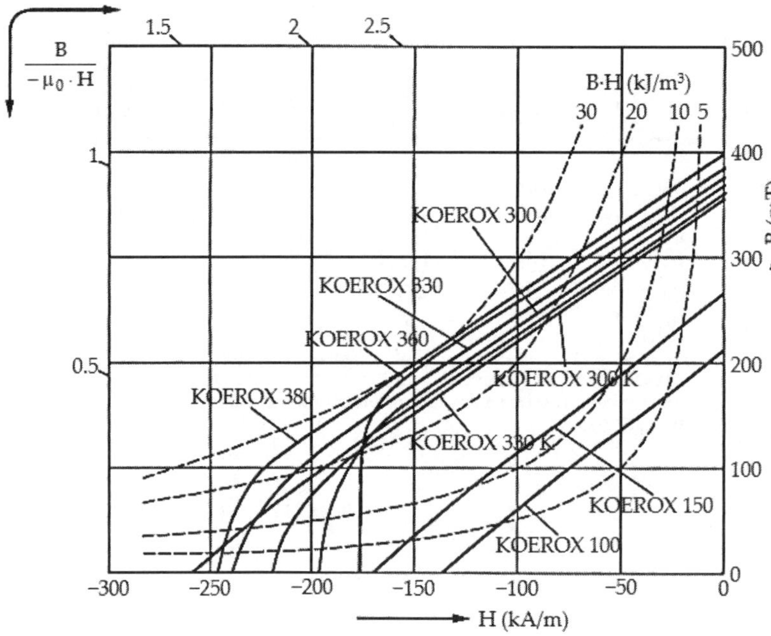

Figure A.4
Ferrite permanent magnet.

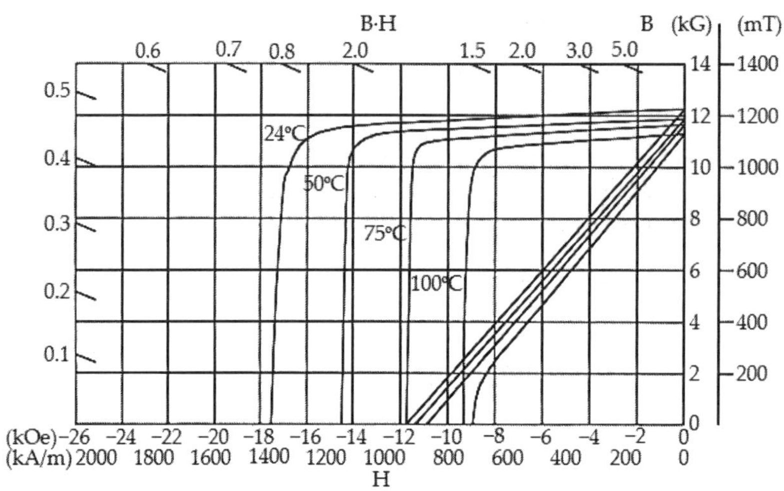

Figure A.5
Neodymium-iron-boron permanent magnet.

Index